普通高等教育“十三五”规划教材

智能矿山概论

李国清　主编
胡乃联　主审

北京
冶金工业出版社
2023

内容提要

本书针对现代信息技术、自动控制技术、大数据以及智能分析技术等在我国金属矿山生产、运营与管理中的深层次应用，以两化融合和智能制造2025为切入点，全面介绍了智能矿山的产生与发展、智能化的生产条件准备、智能采矿与无人采矿、无人化设备设施、智能选厂、智能化安全保障、生产系统的智能管理与优化、矿业大数据与商务智能等内容。

本书为采矿工程专业、智能采矿专业和矿物资源工程专业教材，也可供相关领域的研究生和工程技术人员参考。

图书在版编目(CIP)数据

智能矿山概论/李国清主编. —北京：冶金工业出版社，2019.4(2023.8重印)

普通高等教育“十三五”规划教材

ISBN 978-7-5024-8119-3

Ⅰ.①智… Ⅱ.①李… Ⅲ.①智能技术—应用—矿山建设—高等学校—教材 Ⅳ.①TD2-39

中国版本图书馆CIP数据核字（2019）第064106号

智能矿山概论

出版发行 冶金工业出版社　**电　话** (010)64027926

地　址 北京市东城区嵩祝院北巷39号　**邮　编** 100009

网　址 www.mip1953.com　**电子信箱** service@mip1953.com

责任编辑 张耀辉 宋 良 高 娜 美术编辑 郑小利

版式设计 孙跃红 责任校对 郑 娟 责任印制 窦 唯

北京印刷集团有限责任公司印刷

2019年4月第1版，2023年8月第4次印刷

787mm×1092mm 1/16；13.25印张；314千字；200页

定价 29.00元

投稿电话 (010)64027932 投稿信箱 tougao@cnmip.com.cn

营销中心电话 (010)64044283

冶金工业出版社天猫旗舰店 yjgycbs.tmall.com

(本书如有印装质量问题，本社营销中心负责退换)

前　言

随着现代采矿技术、大型无轨设备、计算机技术、网络通信技术的进步及广泛应用，矿山面貌发生了显著变化，高新技术一直在引领和推动着矿业的发展。进入21世纪，大数据、物联网、云计算、人工智能、自动定位与导航技术、虚拟现实技术等高新技术逐步在矿山集成应用，使矿山的生产方式发生了根本性的变革，从传统的手工作业和机械化作业，逐步发展到了自动化、数字化和智能化阶段。

智能采矿是矿山技术变革、技术创新的一种必然。经过不断的研究与探索，矿业发达国家在智能采矿领域已经取得了丰硕成果，并广泛应用。近年来，我国对智能矿山技术的研究与应用也非常重视，在政策、资金等方面给予了大力支持。矿山的智能化应用体现在多个领域，包含地质、采矿、选矿、管理、决策等，智能化手段可以极大地提高矿山生产效率，保障矿山安全生产，减少生命和财产损失，从而实现我国矿业的安全、高效、经济、绿色与可持续发展。

本书由北京科技大学李国清主编，胡乃联主审；博士研究生马朝阳、侯杰、刘迪、黄树巍、王浩、郭对明，硕士研究生路亚雄、凌嘉鸿、蒋淑云等参加了本书的撰写工作，在编写过程中，作者参阅了国内外有关文献，在此谨向文献作者表示感谢。

本书立足于展现智能矿山技术的最新进展，由于现代信息、人工智能技术的发展日新月异，不断推动着智能矿山技术的发展与创新，加之作者水平所限，书中不妥之处，敬请读者指正。

李国清

2019年3月10日

于北京科技大学

目　　录

1 绪　论

本章学习要点：深部、绿色和智能开采已成为金属矿业的三大主题。我国的智能矿山建设起步较晚，明显落后于矿业发达国家，其技术研发要在数字矿山研究成果基础上进行，从智能生产、智能管理和智能决策三个层面展开。智能矿山的建设，应以物联网、人工智能、大数据和云平台为支撑，围绕智能化生产条件准备、开采作业自动化、固定设备无人值守、选矿智能化与智能选厂、智能化安全保障体系、生产系统智能管理与优化以及智能生产决策支持系统等应用体系展开。

矿业泛指从地球特别是地壳中提取具有经济价值的矿产资源的产业。从产业范畴看，矿业涉及冶金、有色、黄金、煤炭、油气、核原料、化工、建材等相关部门；从生产过程看，矿业包括矿产资源的地质勘查、设计建设、矿床开采、矿物加工等工艺环节。矿山是指有一定开采境界的采掘矿石的独立生产经营单位，可以是企业法人，也可以是企业所属生产单位/车间。矿山一般包括若干个坑口、矿井、露天采场、选矿厂及其他辅助生产单元。

无论是矿业还是矿山，其发展与扩大矿产资源的开发利用，对客观世界和经济社会的发展与进步都产生了巨大的、无可替代的促进作用。不同于其他产业，矿山企业具有以下特征：

(1) 资源特征：矿山是以自然资源开发利用为对象的生产企业。赋存于地壳浅层中的矿产资源，不仅其所赋存的地质环境非常复杂，而且其空间位置、形态、有用元素品位分布等极富变化。人们对资源的认识程度会随着开采的不断进行而逐步深入；随着市场价格和开采技术条件的变化，矿体的边界也会随之变化，并需及时进行变更和修正。

(2) 动态特征：由于工作场地多、工序复杂，矿山生产要素具有动态特征，即除了少部分人员设备工作位置固定以外，大多数人员和设备的位置在生产过程中不断变更。

(3) 工艺离散：与加工企业的工艺流程相比，矿山企业的生产工艺具有离散（即工艺不连续）和分散（即作业场所多）的特点，各工序之间的协调运行是确保矿山高效、安全生产的基础。

(4) 环境恶劣：矿山生存环境恶劣、作业空间狭小，与露天开采相比，地下矿山的电磁屏蔽性强、噪声大，正常通信难以实现，生产指挥困难。

(5) 信息复杂：不仅生产系统内部存在大量的多源、异质信息流动，而且系统内部与外部环境之间，如电力、设备供应、矿产品需求市场等，均存在着信息的交换和流动。

伴随着我国经济的飞速发展，矿业支撑着我国成为世界第二大经济体的可持续发展，成绩斐然。然而近年来国际经济提振乏力，国内经济增速放缓，企业内涵发展不足，伦敦金属交易所价格持续下跌等因素，给我国的金属矿业发展带来巨大冲击。此外，矿床开采带来的生态环境恶化，尚未得到根本好转，安全事故频发。更为突出的是我国正面临日益复杂的深井开采问题。据统计，目前全球采深超过1000米的矿山有126座，其中中国有15座。南非的Western deep level金矿已开采到4800米，是目前全球开采最深的矿山，而我国深部开采才刚刚开始。据不完全统计，未来10年内，我国将有1/3以上金属矿山开采深度达到或超过1000米。深井开采将遇到高地应力集中诱发的岩爆、高温热害、竖井提升、通风、排水、支护、充填工艺环节等一系列的技术难题，矿业发展正是朝着克服这些困境的方向在迈进，深部、绿色和智能，已成为我国矿业发展的三大主题。信息化则成为衡量一个行业、一个企业的先进程度、文明程度的重要标志，矿业信息化的发展，必然驱使矿业走向智能采矿。

从20世纪开始，计算机、大型无轨设备、通信技术、网络技术、软件技术等研究成果进入矿业领域，使矿山生产方式发生了显著变化，现代高新技术便一直在引领和推动着矿业发展。大数据、互联网、遥感探测等新技术与矿业不断交叉融合，为矿业发展带来日益强劲的新动能。新时代背景下，智能化是彻底解决矿山安全隐患、提高效率、节约能耗、降低成本、提升企业竞争能力的关键，成为矿业发展的必由之路，也是提高矿企核心竞争力、实现可持续发展的必然选择，是矿业发展的方向。据不完全统计，正在开展地下矿山智能化遥控采矿试验和技术应用的有南非、澳大利亚、瑞典、芬兰、加拿大、智利等10多个国家。在我国，一批具有远见卓识的企业，已把信息化列为矿山的基础设施工程，取得突出成绩，初步建成了集多功能于一体的矿山综合信息平台。

随着微电子技术和卫星通信技术的飞速发展，采矿设备的自动化和智能化的进程明显加快，无人驾驶的程式化控制和集中控制的采矿设备正进入工业应用阶段，为无人采矿的变革提供了重要的技术条件。在矿床开采中，以开采环境数字化、采掘装备智能化、生产过程遥控化、信息传输网络化和经营管理信息化为基本内涵，以安全、高效、经济、环保为目标的集约化、规模化的采矿工程，构成了智能化采矿的核心内容。

智能采矿，以智力资源为依托，以知识和技术创新为动力，打造了矿业发展由工业经济向知识经济过渡的新型产业形态。实现智能采矿，就是一场矿业的技术革命。

1.1 智能矿山的发展

信息技术的突飞猛进、矿产资源的持续消耗以及开采条件的逐渐恶化，正在推动着采矿业不断采用高新技术来改造传统工艺和发展新型工艺。智能矿山作为一种发展中的概念，对其具体内涵的界定尚无广泛共识，缺少普遍适用性和精确性。但可以认为，智能矿山作为学术研究与工程应用的结合，正在经历着一个伴随着自动化、数字化和智能化技术的发展和演化过程。截至目前，矿山生产模式大致经历了四个阶段：

一是原始阶段，主要通过手工和简单挖掘工具进行矿产采掘活动，无规划、低效率、资源浪费极大；

二是机械化阶段，大量采用机械设备完成自动化生产任务，机械化程度较高，但仍无规划，生产较粗放，资源浪费比较严重；

三是数字矿山阶段，采用自动化生产设备进行作业生产，采用信息化系统作为经营管理工具，实现数字化整合、数据共享，但仍面临系统集成、信息融合等诸多问题，并且核心目标仍着眼于扩大开采量，对绿色矿山、人文关怀、可持续发展等方面不够重视；

四是智能矿山阶段，以两化融合、智能制造为指引，通过信息技术的全面集成应用，使矿山具有人类般的思考、反应和行动能力，实现物物、物人、人人的信息集成与智能响应，主动感知、分析，并快速做出正确处理。

矿业在为经济社会可持续发展和人类生活水平不断改善而提供物质财富及生产资料的过程中，积极引入和发展高新技术，大力提升生产力水平，高效开发利用矿产资源，全面保障生产安全及职业健康，努力实现零环境影响，已经成为矿山企业在21世纪的奋斗目标。与科技发展相融合，矿业引入了一种全新理念，即构建一种新的无人采矿模式，实现资源与开采环境数字化、技术装备智能化、生产过程控制可视化、信息传输网络化、生产管理与决策科学化。在此目标的实现过程中，智能矿山已经成为矿业科技和矿山管理工作者的美好憧憬，人们希冀未来的采矿设备能够在井下安全场所或地面进行遥控，乃至全面采用无人驾驭的智能设备进行井下开采，使采矿无人化，逐步实现智能矿山。

1.1.1 自动化采矿沿革

作为矿山智能开采核心技术之一的自动化采矿技术，在国外的发展已有40余年历史。

瑞典卢基矿业公司（LKAB）的基律纳矿（Kiruna）早在20世纪70年代初期便开始实施地下矿轨道运输的自动控制技术。

自20世纪80年代中后期起，地下矿无轨设备自动化技术迅速发展。加拿大诺兰达（Noranda）技术中心基于蒙特利尔大学实验室的原型设计，为金属矿地下开采研制了多种自动设备，包括铲运机（Load Haul Dump，LHD）和卡车光导系统、LHD遥控辅助装载系统、自动行走系统等。这些技术及系统最初于20世纪90年代中期，通过SRAS公司在Noranda的Bell Allard矿和Brunswick矿的矿石铲装过程中应用，前者由自动采矿技术实现的矿石产量一度达到70%，后者曾一度达到80%。2001年，Noranda公司在Brunswick矿采场运输卡车上试用了自动采矿系统SIAM。Noranda公司的自动采矿技术及系统可以在不同的采矿条件下独立运用，也可以用于中央集群多车遥控系统，适应了Noranda多个矿山开采、不同生产规模和复杂矿体条件的实际需要。

1994年，澳大利亚联邦科学和工业研究组织（CSIRO）发起了采矿机器人研究项目，开展了用于矿山采掘及装运作业的复杂传感系统和高级遥控系统的研究。CSIRO研发了用于索斗铲巡航操作的回转辅助（DSA）系统和用于索斗铲精确卸载的数字地表模型（DTM）；开发了用于地下开采的LHD自动控制系统，技术成果已由卡特彼勒（Caterpillar）商业化，形成了MINEGEM系统，装备有该技术的LHD称为Smart Loader。

1996年，加拿大英柯国际镍公司（Inco）、芬兰汤姆洛克（Tamrock）和挪威太诺（Dyno）等企业合作发起采矿自动化计划（MAP），投资2270万美元，开发、示范和商业化自动采矿技术，目的是有效地开发深部或难采的矿产资源，减少交接班及进出矿井等无效工时，提高劳动生产率，降低作业成本，保障矿工安全。Inco还进一步研发了高级通信系统、采矿设备定位与导航系统、机器人掘进与回采、先进工艺与监控等方面的自动采矿新技术，包括井下LHD、凿岩车等机动设备的遥控技术，并在Stobie矿和Creighton矿应用，使其成为地下采矿自动化实践的先驱之一；与其他有关机构合作，于2000年开始了一个井下爆破自动装药项目（ELAP）的研究与开发工作，系统原型于2002年通过井下工业试验。

南非德比尔斯（Dc Bcers）的芬斯金刚石矿（Finsch），在2000年露天开采转地下开采的工程设计中，投资2000万美元采用了山特维克之汤姆洛克（Sandvik Tamrock）的自动采矿技术系统（AutoMine），包括自动卡车运输系统的设计、建设、设备购置和安装。该矿采用崩落法放矿、LDH和卡车联合装运系统，其中卡车系统由地面遥控，通过无线射频系统（MineLan）与矿井主干通信网连接。卡车自动控制系统的采用，使井下卡车运行速度和设备生产率得到提高；地表操作员能够同时操作多台卡车，使井下人员的数量显著减少，极大地改善了矿山安全生产状况，提高了劳动生产率。目前，Sandvik Tamrock正在Finsch矿实施LHD自动系统。

在美国，卡内基梅隆大学在美国宇航局（NASA）和乔伊（Joy）公司的资助下，对地下煤矿连续采煤机的自动定位与导航技术进行了研究，获得了可供商业化的研究成果。克劳多大学研究了井下矿石爆堆的体视成像模型，以便控制LHD自动装载。

此外，加拿大萨斯客彻温省（Saskatchewan）的铀矿，通过遥控作业使矿工免受辐射；澳大利亚的艾萨山（Mt，Isa）矿和南非深部矿井，通过遥控使矿工免受高温和潮湿空气侵害；智利的国家铜业公司（Codelco）埃尔特尼恩特矿（El Teniente）通过遥控作业使矿工免受岩爆威胁。

截至目前，矿业发达国家从凿岩、装药、爆破、支护、出矿到井下运输，已全部实现了机械化配套作业，各道工序无手工操作，无繁重体力劳动。

我国矿山的自动化工作起步较晚，但也取得了一定成果。在固定设备的运行自动化方面，许多矿山已经具备了成功的经验，减少了大批的操作人员，如提升、运输、通风、排水、充填、供风、供电、供水、选矿等自动化系统。在移动设备的自动化方面，成功经验相对较少。首钢矿业公司杏山铁矿、云南迪庆普朗铜矿、铜陵公司冬瓜山铜矿等一些矿山，已经实现了井下电机车运行自动化；山东黄金、中国黄金、梅山铁矿等矿山，部分实现了铲运机、凿岩台车的视距遥控；个别矿山正在试验自动运行铲运机出矿。

1.1.2 数字矿山的出现

随着信息及计算机技术，特别是海量信息处理技术、可视化、遥感（Remote Sensing，RS）、全球定位（Global Positioning System，GPS）、地理信息（Geographic Information System，GIS）和虚拟现实（Virtual Realing，VR）等技术的发展，系统数字化及可视化，成为科技工作者的研究热点领域，乃至引起了政府的关注。

1998年底，前美国副总统戈尔在一次题为“数字地球：展望21世纪我们这颗行星”的演讲中，提出了“数字地球（Digital Earth，DE）”的概念，指出将各种与地球相关的信息集成起来，可以实现对地球的数字化、可视化表达，以及多尺度、多分辨率动态交互；同时提出，数字地球的技术与功能将随着时间而演变，不会一蹴而就。例如，计算科学与模拟、海量存储及处理、卫星成像、宽带网络、互通（interoperability）、元数据（metadata）等数字地球技术以及虚拟外交、打击犯罪、保护多样性、预测气候变化、提升农业生产力等数字地球功能都在发展中。同年，我国前国家主席江泽民在中国科学院和中国工程院院士大会期间，也谈及了“数字地球”问题。

政府的关注引发了数字地球概念的拓展。中国政府于1999年提出了数字中国战略，随即以一系列“金”字工程为代表的数字中国（Digital China，DC）项目建设有序铺开，带动了一批行业或领域信息技术的创新发展和工作模式的改造提升，数字区域、数字国土、数字行业、数字工程等数字中国子集的建设与实施如火如荼。受数字地球与数字中国概念的启发，对于古老的采矿业而言，其机遇与挑战并存，采矿业的创新发展——数字矿山（Digital Mine，DM），成为必然趋势。

1999 年 11 月，在北京召开的“首届国际数字地球会议”上，吴立新教授率先提出了数字矿山的概念，并围绕矿山空间信息分类、矿山空间数据组织、矿山 GIS 等问题进行了分析和讨论。所谓数字矿山，是“对真实矿山整体及其相关现象的统一认识与数字化再现，是一个硅质矿山”。数字矿山是矿山系统的一种数字化、计算机化表征系统，是智能矿山的一部分；它也包括实现矿山数字化的各种技术手段，如自动化采矿技术。

据此分析可知，数字矿山一方面是在统一的时间和空间坐标下，科学合理地将各类矿山信息进行分类，把矿山工程地质勘查数据、采矿工程数据、管理数据等海量异质的矿山信息资源转换为计算机能够识别、存储、传输和加工处理的格式，并进行全面、高效和有序的管理与整合，组建成一个功能齐全的矿山信息数据仓库。另一方面，充分利用现代空间分析、数字仿真、知识挖掘、虚拟现实、可视化、网络、多媒体和科学计算技术，对矿山系统进行各种方式的再现，包括平面图、剖面图、地质地形图、三维仿真图、设计方案、状态分析、控制策略等，以便在更快、更广、更深、更直观的信息基础上，为矿产资源评估、矿山规划、开拓设计、生产安全和决策管理进行模拟、仿真、评估和优化提供新的技术平台和强大工具，使矿山企业生产呈现安全、高效、低耗的局面，取得更好的经济社会效益。

数字矿山的基本特征如下：

（1）有高效可靠的计算机网络平台，用于传输和管理矿山安全生产的多元异质海量数据和信息。

（2）有完善的数据采集系统和手段，用于实时收集和获取矿山安全生产中一切有用的信息和数据，主要技术包括航测、遥感、卫星定位、钻探、物探、化探、电测、射频，以及常规的测量方法和各种监测监控技术等。

（3）有功能齐全的数据库，用于全方位存储、管理地面地下的气象、交通、水文、地形、地物、地质、采掘工程、危险源、生产设施和生产进度等内容的静态和动态模型和数据，实现各种空间分析、网络分析、综合查询和专题统计。

（4）有高性能的三维建模引擎和图形工作站，用于矿山模型的建立、展现和透明管理，通过强大的可视化分析功能实现对地层环境、矿山实体、采矿活动、采矿影响等进行直观、有效的 3D 可视化再现、模拟与分析。

（5）有多功能的数据挖掘工具及核心应用软件，用于矿山勘察、规划、设计、计划、生产、安全、管理、经营和生产过程监控的优化及决策支持。

1.1.3 智能矿山技术进展

从 1999 年提出数字矿山概念，经过近 20 年的发展，很多矿业大国已认识到，在通过提高机械化、自动化水平来提高矿山的生产能力、效率和安全性的同时，必须利用信息技术改造传统矿山的生产和管理模式。数字矿山的内涵经不断丰富、演变和提升，形成了智能矿山概念，新一代互联网、云计算、智能传感、通信、遥感、卫星定位、地理信息系统等各项技术的成熟与融合，实现数字化、智能化的管理与反馈机制，为智能矿山的发展提供了技术基础，矿山智能化已经成为一种必然趋势，成为全球矿业领域的技术热点和发展方向。

纵观全球矿业数字化与智能化建设成果，因技术水平发展阶段与资源禀赋条件的限制，国内外针对矿业的发展有着不同的战略设想，在建设目标、建设规划、功能体系等方面，分别形成不同的侧重点。

1.1.3.1 国外的智能矿山与无人采矿

发达国家在数字化、智能化矿山建设方面研究起步较早，其中，选矿技术发展十分迅速，已基本实现了自动化生产。而在矿物资源的开采方面，则着力推进了矿山生产的自动化进程，如遥控铲装、无人驾驶、自动导航等技术已完成实验并进入应用阶段。就信息技术在生产、管理和经营中应用的程度和发挥的作用而言，发达国家的矿山企业已在很大程度上实现了数字化、智能化生产。从 20 世纪 80、90 年代开始，矿业发达国家的矿山智能化建设就已经出现了许多成功的案例。如瑞典的基律纳铁矿基本实现了“自动化采矿”，依靠远程计算机集控系统，工人和管理人员可实现在远程执行现场操作，在井下作业面除了检修工人在检修外，几乎看不到其他工人；在澳大利亚，力拓开展的“未来矿山”计划，将知名的皮尔巴拉矿区的控制中心设在了 1500km 外的珀斯市，屏幕上显示着 15 座矿山、4 个港口和 24 条铁路的运转情况，现场只有设备的运转声和寥寥可数的工作人员。智利的特尼恩特（El Teniente）铜矿、加拿大的国际镍公司（Inco）、南非的芬斯（Finsch）金刚石矿、澳大利亚的奥林匹克坝（Olympic Dam）铜铀矿、芬兰的奥托昆普（Otokumpu）公司、印度尼西亚的 Grasberg 深部矿带、美国的 Bingham 铜矿、蒙古的 Oyu Tolgoi 铜矿、巴布亚新几内亚的 Wafi 金铜矿、智利的 Chuquicamata 铜矿等矿山的智能化也非常成功，实现了工作面无人（或少人）的目的。

此外，为取得在矿山生产行业中的竞争优势，芬兰、加拿大、澳大利亚和瑞典等矿业强国也在同步开展矿山自动化和智能化的战略规划，先后制定了“智能矿山”或“无人化矿山”的发展规划。

芬兰于 20 世纪 90 年代初提出了智能矿山技术研究计划（IM），从 1992 年至 1997 年历时 5 年完成。项目的主要目标是通过实时生产控制、采矿设备自动化和高新技术的应用来提高硬岩露天矿和地下矿的生产效率和经济效益。该计划共分 28 个研究开发项目，预算 1200 万美元，通过对资源和生产的实时管理、设备自动化和生产维护自动化三个领域的研究，初步建立智能矿山技术体系。在此之后，芬兰继续提出了智能矿山实施研发技术计划（IMI），其目的是对智能矿山计划中研制完成的设备和系统在试验矿山进一步试验和完善。从 1997 年开始，历时 3 年，通过先进技术的实施、数据利用和对矿山人员的培训三大方面的研究，再结合计划的协调、先进开采工艺设计两大支撑计划研究，开发出了可用的机械装备与系统，并在奥托昆普公司（Otokumpu）公司凯米地下矿进行了应用试验，显著提高了矿山的劳动生产率，降低了矿山生产总成本，明显改善了工人的工作条件。

加拿大国际镍公司研制了一种基于有线电视和无线电发射技术相结合的地下通信系统，并在斯托比矿（Stobie）投入试用。这种功能很强的宽带网络与矿山各中段的无线电单元相结合，可传输多频道的视频信号，操作每台设备。该矿除了固定设备已实现自动化外，铲运机、凿岩台车、井下汽车均已实现了无人驾驶，工人在地面遥控这些设备。中央控制系统安装有数据库系统、模拟系统和规划设计软件，直接向采矿设备发送工作指令。设备基本上是自主运行，整个井下工作面基本上不需工作人员。

1993 年，加拿大完成论证并开始实施采矿自动化项目（MAP）五年计划，该计划预算近 2000 万美元，基于国际镍公司研发的地下高频宽带通信系统，研发遥控操作、自主操作和自调整系统等核心技术。矿体圈定机器人装置通过通信系统与智能地质模型连接，开拓过程则是根据矿体圈定结果建立的矿体模型，自动化工程开拓模型向进行工作的遥控设备直接提供信息。同时，遥控设备的信息也直接提供给矿山模型，并作用到生产过程，直接给机器人技术设备提供信息，并最终发送信息返回到模型。实现所有上述功能的装置是采矿机器人控制器，它既是一个连接监控传感器与局部遥控执行器的计算装置，又是一个射频调制解调器，为控制数据、监视数据、位置数据及图像提供信道。另一方面，建立了矿山基本辅助系统，如通风、泵送、地层控制、配电、矿山排水、压缩空气以及工艺用水等。在这些辅助系统中，布设在现场的传感器将信息通过与通信系统相连接的信息控制装置发送到中心控制计算机。该计算机按照模型处理数据并发出信号到各个水平的远距遥控的执行机构进行调节。通过上述内容的研究开发，使加拿大在采矿技术方面处于领先地位，保持了采矿业的竞争能力，并形成了新的支柱技术产业。此后，加拿大还制定出一项拟在 2050 年实现的远景规划，即将加拿大北部边远地区的一个矿山实现为无人矿井，从萨德里通过卫星操纵矿山的所有设备，实现机械自动破碎和自动切割采矿。

澳大利亚 CSIRO 开发了由控制装置、监测设备、网络灯标和矿工异频雷达收发机组成的矿工人身安全定位与监测系统，具有无线通讯能力，即使在发生瓦斯爆炸等井下灾害之后，仍能报告井下矿工的位置和安全状况。此外，还开发了一种名为 Numbat 的遥控无人驾驶急救车，用于爆炸之后对伤员进行紧急抢救。

瑞典制定了“Grountecknik 2000”战略计划，并开发大量具有良好的自动化或智能化功能的采矿设备和多种智能矿山的装备系统，着力提高矿山智能化生产水平。

此外，智能采矿技术的发展与设备制造厂家有密切关系。近十年来，国际著名的几家采矿设备公司，如 Sandvik、Atlas Copco、Caterpillar 等，均在大力发展各自的自动化采矿装备及相关技术，在解决自动定位与导航等方面发挥了重要作用。如瑞典的 Sandvik 公司，不仅开发的大量采矿设备具有很好的自动化或智能化功能，而且开发了多种智能矿山的技术与装备系统，如 AutoMine 系统、OptiMine 系统等。它们和一些知名的矿业公司合作，正逐步由单一的设备供应商向技术解决方案供应商转变。

1.1.3.2 我国的智能矿山建设

我国对矿山智能化生产的实现，则是以数字矿山建设为基础，以信息化、自动化和智能化带动矿山生产行业的改造与发展，开创安全、高效、绿色和可持续发展的新模式，这也是中国矿山企业生存与发展的必由之路。

尽管我国矿山的智能化工作起步较晚，但也取得了可喜的成果。目前，国内部分大中型矿山企业数字化设计工具普及率、关键工艺流程数控化率已经得到一定程度的提高，智能化水平也在不断提升。我国的新疆阿舍勒铜矿、内蒙古的乌努格吐山（乌山）铜钼矿、山东三山岛金矿、云南普朗铜矿等，代表了国内目前智能矿山建设的较高水准。

中国黄金集团内蒙古矿业有限公司乌山铜钼矿以智能矿山建设为载体，以采选、管理数字化为目标，利用信息化、智能化与互联网技术，实现采选工艺数字化管控，形成立体化办公、信息共享、市场分析、成本管控的深度融合。在采矿数字化方面，建立了包括年度采剥施工计划、月度采剥施工计划、矿岩穿爆系统、生产管控平台、三维配矿平台、采矿 MES 系统和文件数据库等在内的采矿管控系统。选矿智能化从三个层面实现：一是运用大型先进设备，为实现自动化控制奠定基础；二是配备先进的仪表，为实现智能化控制提供保障；三是建立数据库，为实现智能化分析提供依据。管理智能化的实现主要通过建立涵盖生产经营全过程的、业务财务一体化的、信息流贯通的企业信息化管理系统，把管理理念固化在工作流程中，实现可靠的安全环保管理、高效生产过程管理、精准的财务管理和全过程的成本管理。

同样走智能矿山建设之路，实现企业高质量发展的，还有位于莱州湾畔的山东黄金集团三山岛金矿。三山岛金矿是海底开采的黄金矿山，也是目前国内机械化程度和整体装备水平最高的现代化金矿，其智能矿山建设总体规划以物联网平台为支撑，包含生产系统智能化、生产管理智能化和运营决策智能化三个层次。目前建设了信息综合服务平台、集成化安全管理系统、地质储量管理系统等信息化系统，实现了地质储量、采掘过程、现场安全、生产信息、决策分析等有效管理。

与此同时，为了实现我国从矿业大国到矿业强国的转变，政府和相关部门对智能矿山的研究也非常重视。“十二五”期间，科技部将“地下金属矿智能开采技术研究”列入了国家“863”计划，取得了一些研究成果。“十三五”期间，在“深地资源开采”专项下，设置了“地下金属矿规模化无人采矿关键技术研发与示范”项目，国家通过重点研发计划，继续在政策、资金等方面予以支持。此外，国家还先后立项开展了多项与智能化采矿相关的重点或专项科技攻关项目，如“数字化采矿关键技术与软件开发”“地下无人采矿设备高精度定位技术和智能化无人操纵铲运机的模型技术研究”“井下（无人工作面）采矿遥控关键技术与装备的开发”“千米深井地压与高温灾害监控技术与装备”等，为进一步全面开展智能矿山建设奠定了良好的基础。

总之，我国在智能矿山建设上整体处于前进上升的趋势，也有了领先发展的企业。可以说，我国矿山的智能化建设已经在稳步推进中。

1.2 从数字矿山到智能矿山

1.2.1 数字矿山的建设内容

基于数字矿山概念与特征可知，数字矿山建设是一个典型的多学科技术交叉的新领域，它涵盖了矿山企业生产经营的全过程。加之，矿山企业普遍具有生产对象（资源）的不确定性、生产过程的动态性和生产环境的恶劣性。因此，数字矿山建设是一项复杂、系统而艰巨的工作，既有人的观念影响，也有技术因素的影响；既有资金的影响，也需法规的约束。借鉴国内外矿山的先进建设经验，基于矿山的自身特点和安全生产的特殊需求，可以从以下 4 个角度阐释数字矿山的建设目标：

（1）使现代信息技术与传统矿山企业的现代工业化变革相融合；

（2）实现矿山企业生产经营增长方式由劳动密集型向技术密集型的转变；

(3) 实现矿山可支配资源，包括人员、设备、物资、资金以及地质资源等的优化配置；

(4) 达到效率提高、成本下降、人员安全的目标。

因此，数字矿山建设的终极目标是实现矿山的高效、安全开采，而这其中的核心，集中在安全、效率和经济这三个核心目标。对这三个目标进行深层次的解释如图 1-1 所示。

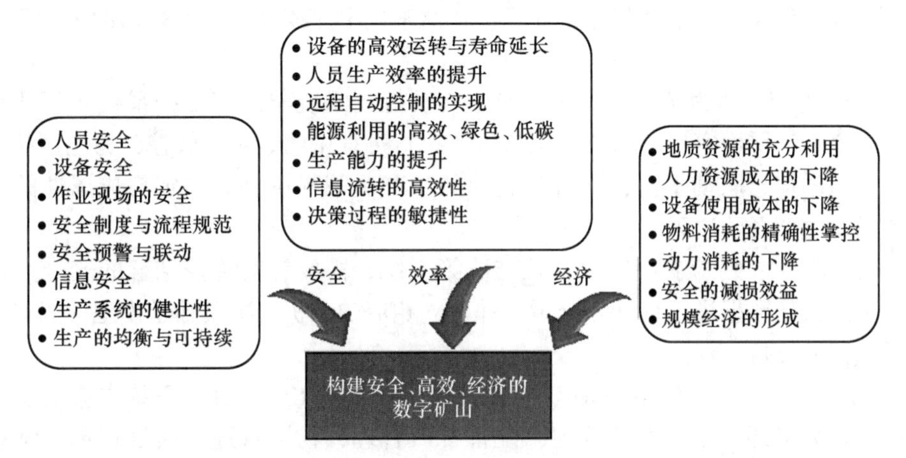

图 1-1 数字矿山建设的目标定位

图 1-1 所示的三个方面既是数字矿山建设的目标定位，也是系统建设的各个环节中需要遵循的原则。在搭建数字矿山系统架构时，需要紧密围绕目标定位中的核心内容，按照管控一体化的思路，在自动化技术、信息技术、计算机技术和各种生产技术的基础上，通过计算机网络和数据库将矿山全部生产经营活动所需的信息加以集成，形成集控制、调度、管理、经营、决策于一体的，以保证矿山高效、安全生产为目的的数字矿山生产系统。图 1-2 所示为数字矿山系统的逻辑架构，表明了数字矿山的整体应用逻辑关系。

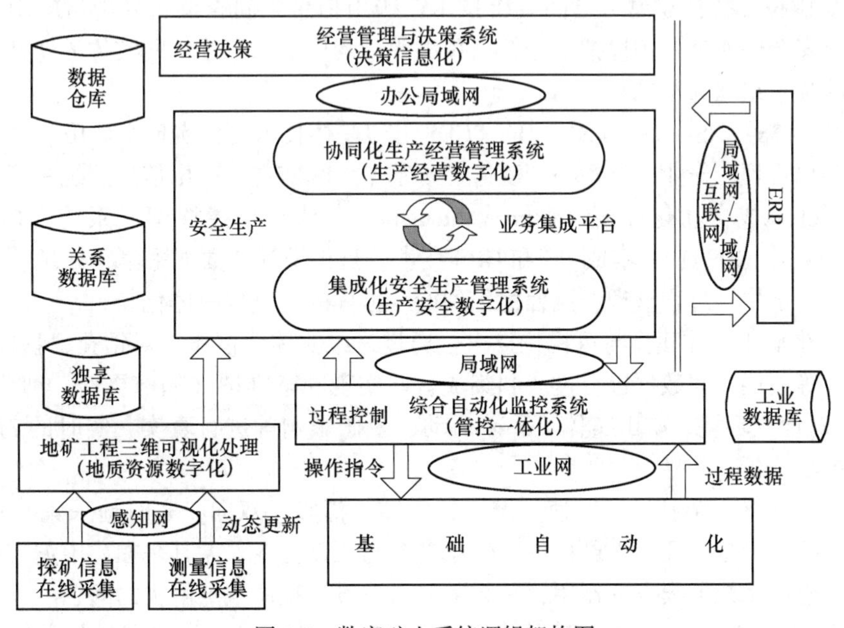

图 1-2 数字矿山系统逻辑架构图

由图 1-2 可知，典型数字矿山系统的应用逻辑主要包括 5 个建设层面：

（1）过程控制：对应生产综合自动化监控系统，需要实现生产现场作业的集中监测与调度控制。

（2）地矿工程三维可视化。用于管理矿山企业的最基础的生产加工对象——地质资源信息，需要实现地质信息与测量信息的在线采集，借助矿业软件完成地矿工程信息的三维可视化处理及矿床品位估计与储量计算，在此基础上完成开采设计并辅助采掘生产计划的编制等。

（3）安全生产：作为矿山数字化建设中自动控制系统与决策支持系统之间的重要衔接环节，安全生产层面实现了生产组织与生产执行过程中的数字化管控，为生产执行过程管理提供全面的信息联动平台，同时为企业的生产决策提供具有一定集成属性的生产信息，用于辅助生产经营决策。

（4）经营决策：对应矿山经营管理与决策系统，需要针对管控结合的安全生产管理系统所产生的大量数据进行统计和分析，并建立相应的分析与决策数学模型，以对生产经营决策形成辅助支持。

（5）企业资源计划（Enterprise Resources Planing，ERP）：ERP 系统中应具备各管理系统，包括人力资源管理、财务管理、设备资产管理、物资管理、项目管理、预算管理等，数字矿山中与生产和安全相关的信息，需要与 ERP 集成和共享，以保证矿山生产与安全相关信息的整体一致性。

1.2.2 数字矿山涉及的关键技术

数字矿山以矿产资源开发过程数字化信息为基础，对资源、规划、设计、生产和管理进行数字化建模、仿真、评估和优化，并持续应用于矿山生产全过程。作为一种新型矿山技术体系和生产组织方式，数字矿山涉及了诸多技术难题与关键技术：

（1）矿山三维拓扑建模与空间分析技术：矿山信息空间查询、分析与应用，以及矿山在生产与安全中所涉及的模拟、分析与预测等，均以矿山三维空间实体的属性、几何与拓扑数据的统一组织为基础。

（2）矿山 3S（RS/GIS/GPS）、OA、CDS 五位一体技术：为实现全矿山、全过程、全周期的数字化管理、作业、指挥与调度，必须基于 GIS 实现对矿山信息的统一管理与可视化表达，无缝集成自动化办公（Office Automation，OA）与指挥调度系统（Control and Dispatch System，CDS）；并集成 RS 和 GPS 技术，真正做到从数据采集、处理、融合、设备跟踪、动态定位、过程管理、流程优化到调度指挥的全过程一体化。

（3）三维矿山实体建模与可视化技术：通过三维实体建模技术对钻孔、物探、测量、传感、设计等地层空间数据进行过滤和集成，并实现动态维护（局部更新、细化、修改、补充等），对地层环境、矿山实体、采矿活动、采矿影响等进行真实、实时的 3D 可视化再现、模拟与分析。

（4）井下通信保障技术：快速、准确、完整、清晰、双向、实时地采集与传输井下各类环境指标、设备工况、人员信息、作业参数与调度指令，尤其是在矿山灾变环境下如何保障井下通信系统继续发挥作用，是数字矿山建设过程中重点解决的问题。

（5）井下快速定位与自动导航技术：基于 GPS 的露天矿山快速定位与自动导航问题

已基本解决，而在卫星信号不能到达的地下矿井，则通过建立井下精细化的人员定位与导航系统，以满足矿山工程精度与自动采矿要求的地下快速定位与自动导航要求。

(6) 数据仓库与数据更新技术：针对矿山信息“五性四多”（复杂性、海量性、异质性、不确定性和动态性，多源、多精度、多时相和多尺度）的特点，引入数据仓库技术。实现矿山数据分类组织、分类编码、元数据标准、高效检索、快速更新与分布式管理等，以及便捷的数据动态更新，即局部快速更新、细化、修改、补充等。

(7) 数据挖掘技术：为了从海量的矿山数据中发现矿山系统中内在的、有价值的规律和知识，基于专家知识实现数据挖掘，对矿山的安全、生产、经营与管理发挥预测和指导作用。

(8) 组件化矿山软件与模型：矿山信息的分析与应用、生产评估与监控、矿山工程模拟与决策等，均以各类应用软件与相关模型为工具。面对数字矿山体系架构中所涉及的多平台、多层面、异构型的系统集成与数据融合，组件化的软件模型是解决这一问题的主要方式。

1.2.3 现代矿山面临的智能化需求

国内外矿山存在着工业化水平的不同，集中表现在装备水平、管理模式等方面的差异。因而，在矿山数字化、智能化的问题上，国内外采用不同的形式来表达现代信息技术与采矿工业之间的技术融合与应用拓展，但是最终都统一到了矿山企业的智能化建设这一核心问题上，涵盖了包括资源管理数字化、技术装备智能化、过程控制自动化、生产调度可视化及生产管理科学化等在内的矿山企业生产、经营与管理等方面的诸多内容。

与国际先进矿山相比，我国矿业在数字化与智能化建设方面还普遍存在以下问题：

(1) 矿山的自动化系统主要以远程监视为主、遥控操作为辅，重点在人工干预，无法实现设备的全面自主运行以及作业无人少人化。

(2) 各个系统的应用仍出现局部性和条块性。其中最为突出的是矿业软件应用的局部性问题，表现在初步实现了可视化地质资源展示，但没有可视化管理，更没有可视化设计。

(3) 矿山生产过程数据的采集与集成应用成为瓶颈。一方面，由于现有矿山自动化系统的数据采集采用自动和人工录入相结合的方式，但在自动控制信息采集不及时的情况下，录入工作量大，数据的准确性也难以保证；另一方面，矿山的自动化系统仍具有主要以单体系控制、非集群化协同的特征，集成平台没有实现全面接入。因此，导致集成平台无论在工业数据提供还是在系统集成上，都无法满足生产管理的要求。

(4) 数据的后续分析与利用问题。现场实时采集的生产过程与设备状态数据还主要应用于报表管理和基础的经济分析，没有被深层次地挖掘与应用，更没有通过集成化的信息加工处理和统一的信息服务平台，全范围地服务于企业的生产经营智能分析诊断与决策。导致底层的生产过程自动化与管理经营层面之间出现断层，投入大量精力建设完成的各个自动控制系统没有充分发挥出其建设优势，在矿山整体上没有形成更为显著的效率提升与成本优化控制。

我国经济已由高速增长阶段转向高质量发展阶段，正处在转变发展方式、优化经济结构、转换增长动力的攻关期，矿业亦面临着诸多新的形势与需求：

(1) 矿山普遍面临着更为恶劣的新生产条件和更加沉重的生产任务。易采资源被迅速消耗，多数矿山逐渐进入深部开采阶段，生产条件恶化；生产规模不断扩大，井下的生产组织日益复杂，施工单位众多且技术装备水平不一，安全保障压力加大等。

（2）新技术的广泛应用带来了新的生产模式。随着工业4.0、物联网、大数据、人工智能等新平台、新技术、新工具与矿山的结合越来越密切，矿业生产模式不断更新：采矿工业向规划化、集约化、协同化方向发展，采矿工程迈入遥控化、智能化乃至无人化阶段；选冶过程全面实现自动化，逐步拓展到智能化阶段；从勘探数据到储量数据，从产量数据到运营数据，矿山大数据也正逐渐展露出强大的生产力。

（3）生产经营的不确定性对于矿山生产经营效果的影响尤为突出。矿产品市场的不确定性使矿山面对外部市场波动时相对被动。资源接续吃力，资源的不确定性已经使常规挖潜增效手段很难产生较大的效果等。

（4）管理理念与管理水平的提升需求。先进的管理理念，匹配的数字化管理模式，精炼高效的组织机构，以及广泛普及的安全与生产企业文化，是现代矿山企业改变与革新的具体支撑。这些标志着矿山软实力、发展潜力以及企业可持续的因素，决定着先进的技术装备能否在矿山的生产与经营综合运转并发挥最大效能。更为重要的是，管理水平的提升与方法革新不但复杂、涉众性广，而且是一个动态的、长期的、与生产方式紧密耦合的过程，必须随着企业的数字化与智能化革新、生产方式的变革、先进技术装备的引进而同步提升。

当前，全球矿业正经历着一场新的革命，全面进入了以资源全球化配置为基础，以企业国际化经营为保障，以跨国合作为手段，以绿色、生态、智能、和谐为目标的全新历史阶段。这一现状加深了矿山企业对数字矿山的依赖程度，同时也对数字矿山提出了新的智能化要求。矿山企业需要在现有建设成果的基础上，立足于解决当前出现的问题、科学应对面临的形势与困难，充分考虑矿山未来的发展，进一步展开智能化建设，对数字矿山从智能化的角度加以提升优化。

1.2.4 数字矿山的智能化提升途径

智能矿山是一种发展中的概念，是现代信息技术持续应用于矿山企业所带来的矿山运作模式不断升级，是矿山信息化发展的新阶段。因此，从本质上说，智能矿山是数字矿山的智能化提升。提升的方式则主要体现在两个层面：一是生产环节中的各个部件的自主化和智能化运转，二是矿山的整体运营的自主调节与智能优化。与之相对应，产生不同主题的智能化提升方向与建设侧重，前者重点表现在自动化与远程控制，后者则是实现管理与决策优化。由此可见，从数字矿山到智能矿山的提升，可以从三个方面加以描述，即生产、管理和决策的全面智能化提升，如表1-1所示。

表1-1 数字矿山的智能化提升途径

智能化提升内容	数字矿山的建设成果	智能化提升内容
智能生产	基础网络 生产自动化 固定设施的在线监测与远程操控 设备状态在线采集	智能采矿：无人少人化、设备自主运行 智能控制：智能控制算法 智能运输：矿石流可视化 智能安全：智能识别与预警

续表 1-1

智能化提升内容	数字矿山的建设成果	智能化提升内容
智能管理	矿山生产管理信息系统 办公自动化系统 矿山经营管理系统 生产运营的统计、评价与分析	生产任务智能分配 可视化设计与智能排产 生产跟踪与实时调节 生产运营评价与智能反馈
智能决策	积累大量的生产运营数据 数据库与数据仓库的建立 优化模型与算法	大数据分析 数据挖掘 人工智能 模型的自学习

1.3 智能矿山的建设构想

1.3.1 智能矿山的建设定位

矿山企业的智能化建设该如何开展，是当前矿业界讨论的热点问题。作为传统的资源开发与加工型企业，矿山长久以来被视为高消耗、高投资、高危险、高污染、劳动密集的生产型企业。矿山在完成传统企业的现代化转变过程中，由于其自身的生产流程、加工工艺、作业对象、市场与原料等方面存在着诸多特殊性、不可知性和不可控性，使得矿山企业的智能化建设在定位和目标上尤其难以把握。这主要是决定于我国矿山的信息化建设现状：

一方面，我国的矿山企业信息化建设起步较晚，在地质资源的数字化、生产过程的自动化以及生产经营与决策的智能化等方面，与矿业发达国家的矿山具有较大的差距；另一方面，由于信息技术的迅猛发展，使得矿山企业，尤其是现代矿山企业直接面对了信息技术发展的前沿技术和最新的管理理念，但这些先进的技术和理念与我国矿山企业的融合却成为最大的瓶颈。由此可见，硬件系统、自动控制系统、网络系统等可以快速与国际接轨，而软件系统、系统集成与规划、管理理念的提升与管理过程的规范化则仍需要做大量的工作。所有这些都决定了我国矿山智能化建设内容复杂，架构庞大，规划相对困难，但同时也反应出国内智能矿山的高起点、新技术、先进设备等一系列特征。

两化融合则为解决这一问题提供了一个新的思路。两化融合是指以信息化带动工业化、以工业化促进信息化，是信息化和工业化的高层次的深度结合。推动两化深度融合是党中央、国务院做出的重大战略决策，在两化融合的指导思想下，新兴工业化的进程融入了信息技术的推进作用，而信息技术的发展使得工业生产发展在更为高效安全的同时，弥补了大规模的投资和大量资源消耗所带来的高消耗、低效益等。因此，两化融合与智能矿山息息相关，可以说，将信息化与工业化深度融合、用信息技术改造传统矿业，是打造智能矿山的智力支持；而智能矿山是矿山技术变革、技术创新的一种必然，是两化融合战略在矿业的具体体现。

2015 年，国务院正式印发了我国实施制造强国战略第一个十年的行动纲领《中国制造 2025》，其后工业和信息化部、财政部于 2016 年联合制定了《智能制造发展规划

(2016~2020年)》。“中国制造2025”、德国“工业4.0”以及美国的“工业互联网”实际上是异曲同工，都是以信息技术和先进制造业的结合，或者说互联网+先进制造业的结合，来带动整个新一轮制造业发展，发展的最大动力还在于信息化和工业化的深度融合。

我国矿山企业正处于全面转型的关键时期，无论是矿业自身的发展，还是更好地融入“中国制造2025”，智能矿山建设都是大势所趋。制造业智能化是全球工业化的发展趋势，也是重塑国家间产业竞争力的关键因素。结合矿业发展来看，两化融合为智能矿山建设与“中国制造2025”搭建起了良好的纽带，契合“中国制造2025规划”，只有将数字化、智能化等新的工具手段引入到传统的矿山企业中，将信息化和工业化这两个现代企业不可忽视的发展方向相互融合、相互推进，使它们一体化地在矿山企业的生产、经营、管理中发挥作用，才可以真正地实现跨越式发展，对建设以“生产要素智能感知、生产设备自主运行、关键作业无人少人、生产系统自我诊断、生产经营智能决策”为核心内涵特征的智能矿山具有重要意义。

1.3.2 智能矿山的系统架构

智能矿山建设是一项复杂的系统工程，它不仅需要针对矿山企业的生产经营特点，从目标和功能上整体规划、系统建设，更为重要的是深入分析矿山企业的个性化特征，本着实用性和先进性相结合的原则，量身定制企业的智能矿山建设方式与内容。

围绕建设定位与核心内涵，智能矿山的系统架构如图1-3所示。

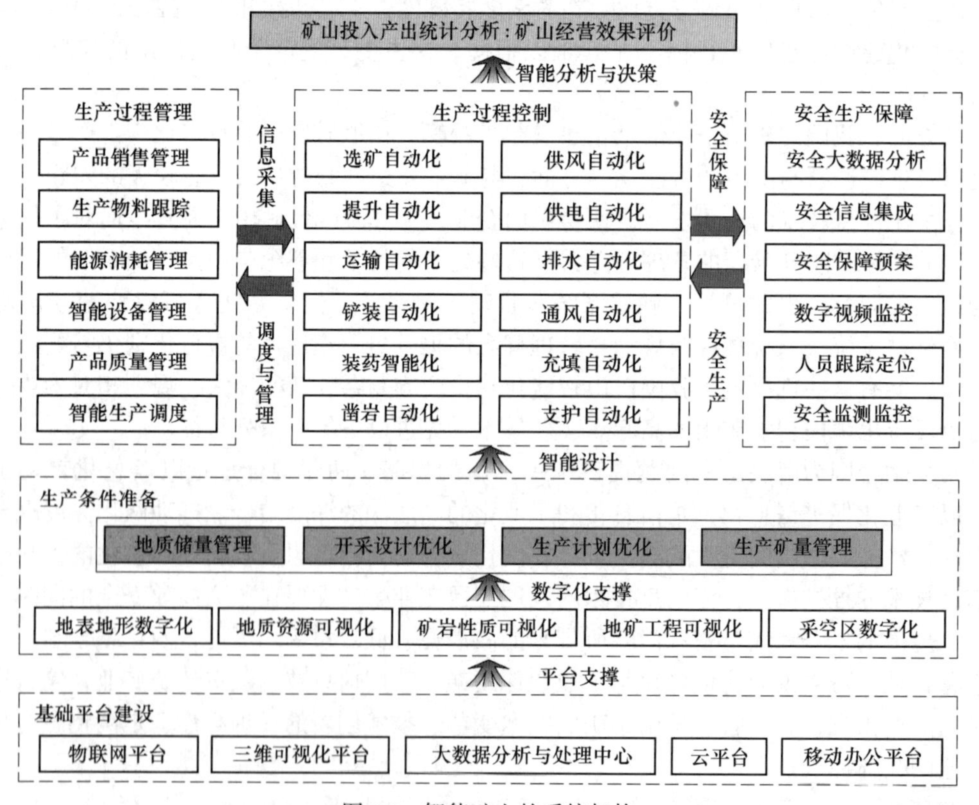

图1-3 智能矿山的系统架构

1.3.3 智能矿山中的基础平台

基础平台搭建是智能矿山建设的首要条件，它决定了应用开发的技术路线和功能扩展，也决定了各子系统的建设和维护难度。为保证智能矿山建设的整体性和集成性，需要进行以下基础平台的搭建。

(1) 物联网平台。搭建物联网平台，是为了满足设备精确定位与导航的要求。在数字矿山的基础之上，将网络的布局布点、覆盖范围与感知能力等方面进行提升。物联网平台建设完成后，在智能矿山中发挥的作用以及所需要达到的性能要求体现在如下 4 个方面：

1) 无盲点网络：物联网的覆盖范围应更为广泛，实现地面与井下的无障碍通讯。

2) 满足大批量人员与设备的精确定位要求：井下智能生产、精确的位置跟踪、远程遥控与现场无人作业、全方位安全生产保障的前提，是人员与设备的精确定位。这些都需要高速稳定的物联网平台。

3) 满足对矿山井下大量人员和移动设备进行实时控制的要求：在精确定位的基础上，基于智能生产的要求，为人员与设备的实时控制提供基础环境。

4) 满足大批量实时工业数据的采集与传输要求：智能生产过程必将伴随着大量的生产与监控数据，物联网需要精确采集并实时传输这些数据，以满足矿山生产管理的要求。

(2) 三维可视化平台。在地表、井下虚拟漫游的基础上，进行多元数据融合与信息集成，使三维可视化平台在矿山的安全生产中发挥更重要的作用，并可作为紧急状态反应期的综合调度平台。所集成的信息主要包括三维管线和其他隐藏构筑物与设施；安全生产六大系统的集成展示；安全生产监测监控与预警；现场安全生产状态的集成管理；安全预案的实施模拟、效果评估与方案优化等。

(3) 大数据分析与处理中心。建设大数据分析与处理中心，是为了支持海量生产数据的快速运算和大规模现场环境仿真模拟，进一步基于大数据分析计算资源搭建大数据分析软件，利用软件中封装的挖掘算法和分析模拟功能，对数据进行专业化处理，为矿山生产活动提供智能分析和决策支持。

(4) 云平台。矿业云平台的搭建，需要从行业层面、区域领域、企业层面等诸多层次全面规划，从而形成公有云与私有云相集成的，包括云存储、云计算、云服务等体系在内的整体架构，为矿山的生产、安全、商品、市场等管理主题提供资源条件、科技技术、措施方案、分析模型、设备厂商、资源整合等功能，为智能矿山建设中的“地质资源”“技术装备”“安全管理”以及“智能决策”提供数据与模型服务平台。

(5) 移动办公平台。在物联网与云平台的支持下，搭建广域的移动办公平台，实现远程的生产与经营监管，最终形成“生产现场+区域调度+广域监管+云服务”的四层安全生产调度与信息管理架构。

1.4 智能矿山的应用体系

围绕智能矿山的建设定位，为实现全面覆盖矿山生产技术与管理的各个层面、保证矿山智能化的规范和有序，智能矿山建设的应用体系应从以下七个方面规划与实施。

A 智能化生产条件准备

智能化生产条件准备的建设目标是形成智能矿山管理与控制的基础条件。将矿山生产的一切前提，包括生产要素和资源要素，尤其是地质资源要素，实现数字化，为矿山的智能生产与组织提供数字化的基础条件。智能化的生产条件准备应满足矿山生产的持续性和地质资源价值的动态评估等前提，因而具有动态性，能随着生产的实际进展而不断更新。

智能化生产条件准备的具体任务包括：① 空间信息的智能化采集；② 地质资源的精细化建模；③ 资源储量的动态评估；④ 基于矿业软件的露天矿开采境界优化；⑤ 基于三维可视化的矿山开采设计与生产布局优化等。

B 开采作业自动化

开采作业自动化的建设目标是实现现场作业无人化、少人化。在主生产作业或危险区域实现设备自主运行、关键生产辅助环节实现无人值守、矿石加工流程与矿石质量实现自动控制。

开采自动化的具体任务包括：① 露天矿智能化生产调度；② 卡车运行自动化；③ 胶带运输自动化；④ 地下矿采掘设备自主运行；⑤ 辅助作业的机械化与自动化；⑥ 矿石溜放的智能监测；⑦ 井下运输与提升的智能调度等。

C 固定设备无人值守

在矿山开采过程中涉及众多的辅助设施与固定设备。通过智能矿山建设，实现固定设备的无人值守。

具体任务包括：① 通风系统的模拟仿真，实现"按需通风"；② 实现经济最优的排水系统的自主运行；③在供风系统中实现"按需供风"；④ 在供配电系统中实现无人值守与数据采集；⑤ 在充填系统中实现地表充填站的全自动运行与基于任务的自主调节等。

D 选矿智能化与智能选厂

智能选厂的建设是以选矿自动化为基础，围绕装备智能化、业务流程智能化和知识自动化逐步升级，实现选矿自动化与选矿系统的智能控制。具体内容包括：① 实现高精度的监测监控，包括料位监测、液面监测、浓度监测；② 整个选矿系统的自主调节，不仅能够根据一个或者多个过程参数的反馈对控制周期和强度进行调整，也能够根据过程统计监控识别出的生产状况自动调整生产作业参数；③ 与矿石全面质量管理相集成，向多元化、品位导向下的集成优化发展，通过对整个生产过程的监控、管理，实现对整个矿石流的全流程监控；④ 选矿生产过程仿真。

E 智能化安全保障体系

智能化安全保障体系的建设目标是实现面向人-机-环-管的全方位主动安全管理。在现有安全生产六大系统的基础上，将人员行为安全、作业环境安全、设备运转安全、安全制度保障等安全生产要素加以全面集成和智能化提升，形成以全面评估、闭环管理、实时联动、智能预警为特征的主动安全管理保障体系。

智能化安全保障体系的具体内容包括：① 井下通信联络系统；② 井下人员定位系统；③ 作业环境在线监测与预警；④ 微地震监测与智能预警；⑤ 露天边坡稳定性监测与

智能预警；⑥ 尾矿库在线监测与智能预警；⑦ 作业现场安全的闭环管理；⑧ 矿山安全评价与预警管理；⑨ 面向大数据分析的安全知识管理；⑩基于虚拟现实与增强现实技术的人员安全培训；⑪智能联动与安全预案管理等。

F 生产系统智能管理与优化

矿山生产系统主要包括地面生产系统和井下生产系统，所包含的环节多且管理复杂。实现生产系统智能管理与优化，即实现最优的生产组织与过程跟踪。因此，矿山生产系统智能管理与优化，要求在对矿山全部生产要素进行数字化评估的前提下，以矿山面临的生产任务为总目标，优化得出适宜的生产指标体系，并自动完成生产作业组织与排产，与生产过程自动控制体系相结合，实现覆盖地、采、供、选、销的生产管理全流程跟踪，以保证矿山生产的高效、经济。

生产系统智能管理与优化的具体内容包括：① 资源储量动态管理；② 生产计划优化编制；③ 地下矿智能化生产调度；④ 生产运营信息统计与核算等。

G 智能生产决策支持系统

智能生产决策支持系统的目标是实现生产经营效果的科学分析，并辅助生产决策，其特征是采用机器学习和集中分析的方法进行分析评价，从而实现决策支持。

基于各环节形成的生产与经营数据，运用大数据分析与商务智能等工具，采用系统分析与评价、数据挖掘与优化模型等方法完成矿山的经济分析与决策支持，预测并及时修正矿山生命周期内的生产布局。其具体内容包括生产指标动态优化系统、基于商务智能的定制主题经济分析、面向大数据的全维度决策支持系统等。

参 考 文 献

[1] 过江，古德生，罗周全. 区域智能化采矿构想初探 [J]. 采矿技术，2006 (03)：147-150.

[2] 刘立. 现代矿山新趋势：自动化和智能化 [J]. 矿业装备，2011 (07)：34-37.

[3] 卢新明，尹红. 数字矿山的定义、内涵与进展 [J]. 煤炭科学技术，2010，38 (01)：48-52.

[4] 吴立新，汪云甲，丁恩杰，等. 三论数字矿山——借力物联网保障矿山安全与智能采矿 [J]. 煤炭学报，2012，37 (03)：357-365.

[5] 吴立新，殷作如，邓智毅，等. 论 21 世纪的矿山——数字矿山 [J]. 煤炭学报，2000 (04)：337-342.

[6] 战凯，顾洪枢，周俊武，等. 地下遥控铲运机遥控技术和精确定位技术研究 [J]. 有色金属，2009，61 (01)：107-112.

[7] Anon. 2005. Finsch leads the way in automated mining. Mining Review Africa, (6): 32-36.

[8] Atlas C. 2003. Good results with teleremote. Mining & Construction, (2): 6-7.

[9] Golde P V. Irnplementation of Drill Teleoperation in Mine Automation [D]. McGill University, Montreal, 1997.

[10] Noranda Inc. 2002. Noranda Inc and STAS launch SIAMtec, a limited partnership to market Noranda's mining automation thehnologies. New Release.

[11] Poole R A, Golde P V, Baiden G R. Remote operation from surface of Tamrock DataSolo drills at INCO's Stobie mine [C]//International Journal of Rock Mechanics and Mining Sciences and Geomechanics Abstracts. 1996, 6 (33): 279A.

[12] Scoblc M, Daneshmend I, K. Mine of the year 2020: Technology and human resources [J]. CIM bulletin, 1998, 91 (1023): 51-60.

[13] Steele J, Debrunner C, Vincent T, et al. Developing stereovision and 3D modelling for LHD automation [C]//6th International Symposium on Mine Mechanization and Automation, South African Institute of Mining and Metallurgy, 2001.

[14] Stentz A, Ollis M, Scheding S, et al. Position measurement for automated mining machinery [C]//Proceedings of the International Conference on Field and Service Robotics, 1999: 299-304.

2 智能化生产条件准备

本章学习要点：精确把握并实时更新地质资源、科学迅速完成矿山规划设计、形成矿山智能生产的基础条件，需要基于矿业软件，在三维可视化的平台下，通过智能化生产条件准备来完成。本章讲述了适用于矿山全生命周期规划与设计的矿业软件应用方式，空间信息智能化采集的装置与装备，地质资源和与之相关空间信息的三维可视化管理，以及在实时、精细化空间信息平台支撑下的露天矿优化设计和地下矿规划与开采布局。

生产条件准备是一切生产与经营活动前提和基础，对于矿山来讲，生产条件准备的核心是地质资源信息的精确把握，以及在此基础上所形成的开采方案、规划与设计。因此，智能化生产条件准备是将矿山生产运营所涉及的生产要素和资源要素进行数字化采集、加工与处理，形成智能矿山生产与管理的基础条件。这其中，最为核心的是地质资源要素，以及与之相关的各种空间信息。由于存在着地质资源的不确定性、生产作业的动态性与安全状况的复杂性等特点，智能化生产条件准备应满足矿山生产的持续性和对于地质资源价值的动态评估等前提，因而具有条件准备的动态性，随着生产的实际进展而不断更新。

智能化生产条件准备的主要内容包括空间信息的智能化采集、空间信息的智能化处理和智能化开采设计与规划等，如图 2-1 所示。

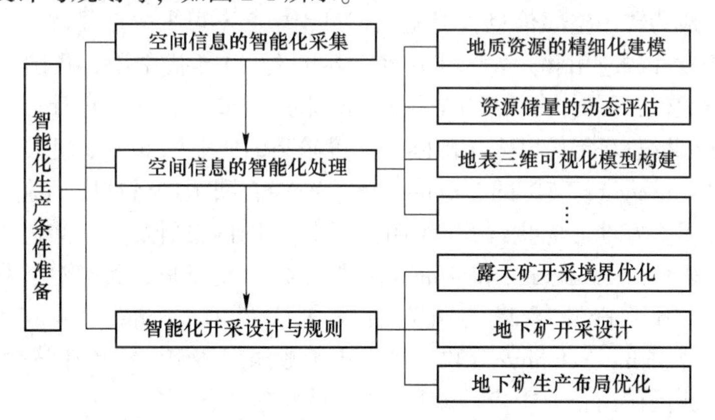

图 2-1　智能化生产条件准备内容

2.1　矿业软件应用的全面规划

智能化生产条件准备的基础是全面规划矿业软件的应用，搭建地质资源管理与生产设计相集成的三维可视化仿真平台，从而在三维条件下实现空间信息的采集、加工与处理，完成地矿工程信息的三维可视化、矿床品位估计与储量计算，实现三维工程数据和资源开采数据的实时共享，并在此基础上进行矿山的智能化开采设计与规划。矿业软件应用的全面规划如图 2-2 所示。

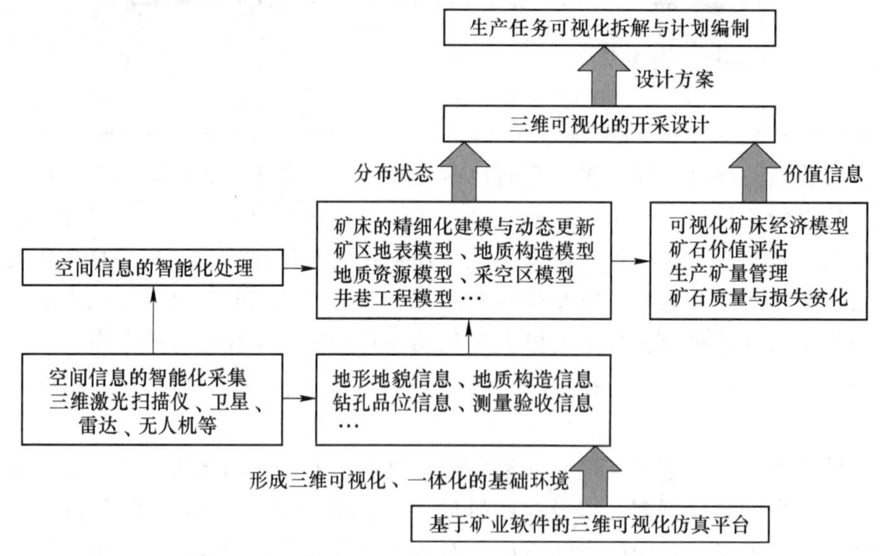

图 2-2　矿业软件应用的全面规划

矿业软件是在地质建模的基础上实现三维可视化开采设计的软件系统，它以地质统计学和采矿学为基础，以数据库为中心，以优化开采为目标，采用定量化、自动化和可视化的方式对客观地质体进行解译，从而快速掌握矿体的三维空间分布形态，并为矿山的地质资源评价、开采规划、采矿设计等工作提供数字化手段。

矿业软件的开发和应用始于 20 世纪 70 年代，目前已在矿业发达国家的矿山生产中发挥了巨大作用，成为矿山空间信息智能化处理过程中必不可少的工具。

我国对矿业软件的应用和开发起步较晚。20 世纪 80 年代中期，我国才出现一些学者寻找合适的矿业软件，同时一些矿山与科研单位和高校展开合作，把计算机技术应用于矿山生产中。自 20 世纪 90 年代以来，国际知名度较高的矿业软件，如澳大利亚的 Surpac 和 Vulcan、美国的 Minesight、英国的 Datamine 等，纷纷在我国进行推广和应用，矿业软件用户急剧增加。为了更好地适应我国的矿山生产实际，国内也研发了一些适用性更强的矿业软件，比较有代表性的是 3Dmine 和 Dimine。进入 21 世纪以来，我国对矿业软件的推广和应用日益重视，国土资源部储量司先后发文认定 Datamine、Minesight、Micromine、Surpac、Vulcan、3Dmine、Dimine 等软件可以用于我国固体矿产资源储量计算和评估。

现阶段，在我国矿山企业中应用较多的国内外矿业软件主要有：

A　Datamine 软件

Datamine 软件，全称 Datamine Studio，是一款矿业三维数字化解决方案软件，1981 年由英国伦敦的 MICL 公司（Mineral Industries Computing Limited，后被加拿大 CAE 公司收购旗下的 Datamine 相关业务）开发推广，得到世界各国矿业公司的广泛使用。

Datamine 软件在 1997 年由中国有色工程设计研究总院引进中国市场并在设计项目中得到应用，此后在矿山及相关设计单位逐步推广，其储量计算功能于 2001 年通过了国土资源部储量评审的认证。这是我国国土资源部最早认证的国外矿业软件。

Datamine 软件主要包含 10 个功能模块：核心模块、地质统计、数据输入/导出、可采资源优化、露天采矿设计、块体模型、矿体空间演变、地下采矿设计、三维分析显示、线框模型。在以上 10 个功能模块支持下，软件主要有以下方面的应用：

（1）基本功能：交互式真三维设计，数据管理、处理及成图；

（2）勘探：岩样数据输入输出，统计分析，钻孔编辑，地质解译；

（3）地质建模：地质统计，矿块模型，矿床储量计算；

（4）岩石力学：构造立体投影图和映射图、建立岩石模型；

（5）露天开采：资源优化，短期生产计划，采场及运输道路设计；

（6）地下开采：采场设计、优化，开拓系统设计、优化；

（7）辅助生产：测量，品位控制，进度计划编制，配矿；

（8）复垦：环境工程，综合回收，土地复垦和利用研究。

Datamine 软件具有如下特点：基于基础数据建模的外延广，适合矿山开采方案规划设计；能够兼容多种第三方软件的输入和输出；拥有 VR 功能，可直接加载卫星照片、采矿设备等现实数据；对外开放命令接口和用户界面，便于软件的二次开发利用等。

B　Minesight 软件

Minesight 软件是由美国 Mintec 公司开发研制的三维矿山建模与规划软件，可应用于矿山地质、测量、采矿设计及进度计划安排等工作中，目前已被世界上众多国家的矿山所使用。

Minesight 软件在 1998 年由江西铜业集团引入国内，并在德兴和永平两大铜矿山进行了推广和应用，此后江西有色地勘局、南昌有色冶金设计研究院、贵州地矿局 117 地质大队等先后引进并应用该软件完成了矿山的地质建模及储量估算等工作。

Minesight 软件将模块功能分割并以镶入的方式进行融合，具体功能如下：

（1）建模工具：包括地表建模、构造建模、矿体建模、巷道建模等；

（2）统计分析：包括钻孔数据分析、物料管理分析、爆破数据分析、品位统计分析等；

（3）管理工具：包括采场管理、采掘管理、储量管理、物料管理、设备管理等；

（4）计划工具：包括采掘计划编制、短期计划编制、长期计划编制等；

（5）出图工具：包括剖面出图、地质平面出图、地表地形出图、采矿二维出图和采矿三维出图等。

Minesight 软件的三维功能强大，数据管理简单快捷，特别针对大型露天矿山的地质建模、采矿设计以及日常生产管理，具有很高的技术水平，同时该软件提供了开放式的 Python 和 C 语言录入平台，便于软件的二次开发与需求定制。

C　Micromine 软件

Micromine 软件由澳大利亚 Micromine 公司研发，是一套用来处理地质勘探和采矿数据的矿业软件，其在国际上拥有 5000 多个注册用户，遍布全球主要矿产生产国，国内包括矿山、地勘单位、设计院等在内的各领域矿业企业也均有应用。

该软件以模块化形式构建，共有 7 个模块：综合软件平台（核心模块）、地勘模块、测量模块、开采模块、资源评估模块、线框模块和输出模块，能够实现以下功能：野外数据采集；坑道掌子面采样；异常图、地球化学图、地球物理剖视图；勘探和钻孔数据库、数据有效性检查和校正；钻探计划及优化；地质建模；三维可视化显示；三维动画；资源评估；采矿设计；矿山及勘探测量；采矿计划；经济评价；地下、露天爆破设计；露采品位控制和露采采场设计等。

Micromine 在数据采集和处理上方便快捷，特别是在地质解译、三维建模及储量估算上操作简单、快速，同时对三维图形处理功能强大，并具有较好的动态管理功能。

D　Surpac 软件

Surpac 软件全称为 Geovia Surpac，是 GEMCOM 国际矿业软件公司（2013 年被法国达索公司收购，现已更名为 Geovia）的一款全面集成地质勘探信息管理、矿体资源模型建立、矿山生产规划及设计、矿山测量及工程量验算、生产进度计划编制等功能的大型三维数字化矿山软件，于 1996 年进入中国市场，是国内应用最为广泛的国外矿业软件，并于 2004 年获得了国土资源部储量评审的认证。

Surpac 软件的主要功能如下：

（1）地勘领域：建立地质数据库及管理、矿体及构造模型、储量资源量估算、生成地质图件等；

（2）矿山生产领域：露天境界优化、露天采矿设计、露天爆破设计、采矿生产进度计划、地下采矿设计、中深孔爆破等；

（3）测量领域：地表测量、地下测量、形成测量数据库和工程量验收等。

Surpac 软件是地质、采矿、测量和生产管理的共享信息平台，兼容多种流行的数据库和数据格式，并提供简单易学、功能强大的二次开发函数库，软件功能全面且易于扩展。

E　Vulcan 软件

Vulcan 软件由澳大利亚 Maptek 公司研发，主要用于地表及地下三维数据的处理，包括地质工程、环境工程、地理地形、采矿工程、水库工程、地震分析等方面的数据处理及工程设计。

Vulcan 软件主要分为 4 个功能模块：

（1）地质工具：地质勘探、地质建模、地质统计、隐式建模等；

（2）排产工具：矿山排产、甘特图进度计划、短期计划等；

（3）露天矿山设计工具：露天矿山建模、采石场建模、交互式道路设计、露天矿穿孔爆破设计等；

（4）地下矿设计工具：地下矿山建模、矿山测量、采场优化、地下矿山品位控制等。

该软件不仅适用于矿山的地质模型、测量验收和采矿设计，还可用于水库工程、地震分析等工程的数据管理和工程设计等，而且能够通过不同功能模块的组合使用，服务于矿山服务年限内的各个阶段。

F　3DMine 软件

3DMine 软件是北京三地曼矿业软件科技有限公司于 2006 年开发的一套重点用于矿山地质建模、测量、储量估算、采矿设计与技术管理工作的三维软件系统。随着其功能的不断升级和完善，逐渐在国内的地勘单位、生产矿山、科研设计院所、专业教育机构等推广应用。

3DMine 软件的主要功能模块包括：三维可视化核心、CAD 辅助设计与原始资料处理、勘探和炮孔数据库、矿山地质建模、地质储量估算、露天采矿设计、地下采矿设计、采掘计划编排、测量仪器接口与数据应用、打印出图等，而且支持二次开发，可以接受 C++、VBA、C#以及其他的开发语言接口，以满足定制化需求。

3DMine 软件结合了二维和三维界面技术，既具有与国际主流矿业软件相同的理念和功能模块，储量计算方法符合国际标准，又符合中国的矿山背景和工作流程，结合 AutoCAD 和 Office 的使用习惯，易于操作，而且兼容各种数据库、AutoCAD、MapGIS 及其他通用的矿业软件文件格式，便于进行数据和图形转换。

G　Dimine 软件

Dimine 软件是在地质建模的基础上实现三维可视化开采设计的软件系统，以地质统计学和采矿学为基础，以优化开采为目标，为矿山提供数字化和智能化手段，以完成地质资源评价、开采规划、采矿设计、测量验收等工作。该软件是长沙迪迈数码科技股份有限公司于 2008 年研发，并逐步在冶金、煤炭等矿业相关行业和领域推广应用。

Dimine 软件的主要功能包括：地质数据库管理、地质统计分析、资源储量动态评价分析、地表实测 DTM 建模与应用、地下采矿设计、智能计划编制、境界优化与分析、露天矿配矿与爆破设计等，以数据库为中心，实现地、测、采等专业技术协同与可视化管理，为矿山生产、安全管理提供实时数据与工程模型。

与 3DMine 软件一样，Dimine 软件的设计结合了国际各矿业软件的优点和国内矿山企业生产管理的特点，与我国矿山生产实际结合紧密，易于操作。采用数据库技术管理用户数据，实现了矿山生产、安全各类数据的实时更新与共享，并支持多用户协同工作。

2.2　空间信息的智能化采集

矿山的空间信息是指在矿山勘查、设计、建设和生产经营的各个阶段所涉及的矿区地面与地下空间、资源和环境及其变化的信息，其采集过程通过矿山测量工作完成。传统的矿山空间信息采集主要通过常规测量技术实现，采用水准仪、经纬仪、全站仪等仪器设备及相应的测量方法，效率和精度都有待提高，且所采集的数据最终输出均为二维结果，无法满足矿山智能化的要求。为实现空间信息的智能化采集，需要借助新的技术与手段。

2.2.1　卫星测量仪

随着全球卫星导航定位技术和实时动态差分（RTK）技术的发展，卫星测量仪已成为矿山空间信息采集的重要设备。目前，卫星测量仪在矿山测量中，主要用于矿区地表移动监测、水文观测孔高程监测、矿区控制网建立或复测、改造等，实现对目标物的实时、动态监测。

卫星测量系统主要由三部分组成：设置在具有较高精度控制点的基准站、数据传输系统以及收集数据的流动站，如图 2-3 所示。基准站接收卫星发送的数据后，将相关数据通过数据传输系统快速传递给流动站。流动站不仅要接收基准站数据，还要接收同一卫星发出的卫星观测数据，对观测的数据进行精细化处理后，最终根据相对定位原理，通过计算机实时计算，显示出目标物的三维坐标和测量精度。

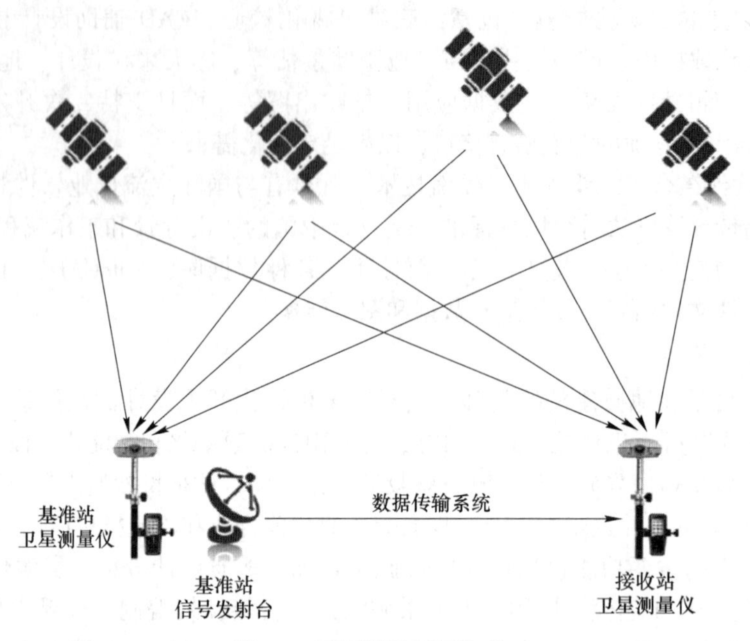

图 2-3 卫星测量系统构成

运用卫星测量仪对矿区进行空间信息采集，可以得到每一个测点的三维坐标，形成采集点的数据库，并采用数据、图形和位置等不同的表现形式反映到不同的应用环境中。通过对数据库数据格式的转换、编辑，采用管理软件可以形成地形图件、管理工矿设施坐标及对已知坐标进行放样，对于图形的数字化管理和使用也起到了促进作用。

卫星测量不仅具有全天候、高精度和高度灵活性的优点，而且与传统的测量技术相比，无严格的控制测量等级之分，不必考虑测点间通视，不需造标，不存在误差积累，可同时进行三维定位，因此在外业测量模式、误差来源和数据处理方面，是对传统测绘观念的革命性转变。

2.2.2 雷达遥感测量仪

20 世纪 70 年代，美国成功发射第一枚地球资源卫星，标志着卫星遥感时代的到来。随着传感器技术的不断革新，以遥感技术为基础的雷达遥感测量仪在矿山地质测绘方面扮演着越来越重要的角色。

遥感依据不同物体电磁波特性的不同来探测地表物体对电磁波的反射和发射，从而提取这些物体的信息，完成远距离物体识别，得到的遥感图像具有直观性、宏观性、综合性、真实性的特点，是一种成本低、反应灵敏且信息收集量大的信息采集方式。

应用遥感测量仪，可以得到瞬时的遥感成像，获取矿区实时、动态、综合的信息源，从而获得大面积矿区真实可靠的地形地貌、矿区实况以及地质构造，为区域地质分析、地质构造机理研究、矿产勘探、灾害预测等，提供实时、丰富的信息。遥感测量仪在矿山空间信息采集中的作用如图 2-4 所示。

遥感地质调查从宏观的角度，着眼于由空中取得的地质信息，即以各种地质体对电磁辐射的反应作为基本依据，结合其他地质资料及遥感资料的综合应用，分析、判断一定地

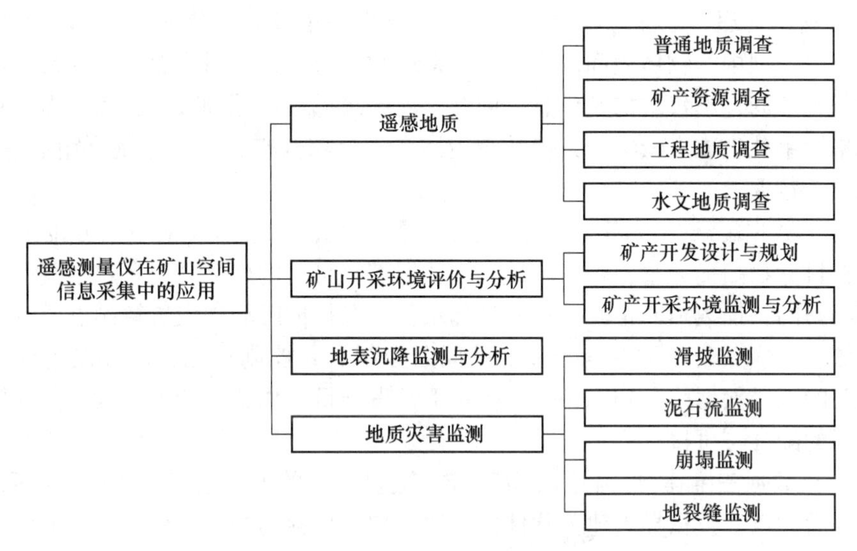

图 2-4　遥感测量仪在矿山空间信息采集中的作用

区内的地质构造情况。与传统的地质调查方式相比，采用遥感资料进行大面积多幅联测方式，在岩性识别、断裂解译、侵入单元、超单元划分及中新生界地质研究方面，都显示出优势，提高了地质调查的数字化与智能化水平。

矿产资源调查方面，由于遥感影像中所观测的目标地物不同，其所反射或发射的电磁波信号强弱也存在一定的差异，在矿山环境中，矿产资源、非矿产资源两类地物所辐射的热度也不同，借助雷达遥感测量仪可以敏感地获取并区分这种差异，并将其差异以图像的形式直观体现出来。因此，借助遥感技术可以高效地获取大面积范围内、可达性较差的矿山区域中矿产资源的分布情况，并以像素（栅格）为单元，以像素值为目标地物的辐射亮度值，直观表达矿产资源在遥感成像时间内的矿产资源空间分布状况；通过遥感测量仪进行电磁波信号的不断采集，可以反映长时间序列下的矿山矿产资源时空演变情况。

在地表沉降监测与分析方面，结合合成孔径雷达差分干涉测量技术（D-InSAR）和高分辨率卫星遥感技术以及地质调查，通过区域监测可以分析由于采矿干扰和不同岩体下陷速度加快或延缓导致的区域差异沉降特征，从而实时监测地面沉降，提高地表形变信息获取技术及信息处理的智能化水平。

2.2.3　三维激光扫描仪

三维激光扫描技术又被称为实景复制技术，通过高速激光扫描测量的方法，可大面积高分辨率地快速获取被测对象表面的三维坐标数据，大量采集空间点位信息，实现物体三维影像的快速建模，具有实时、动态、主动性、非接触性、高精度、数字化等特点，可以应用于矿山三维数字模型的构建、采空区的数字化验收管理、矿产资源储量动态监测和矿山露天爆破设计等方面。

利用三维激光扫描仪进行空间信息采集与建模的步骤如下：

（1）数据获取：通过现场踏勘制定扫描方案，针对不同的扫描目标或建模的精度要求，合理选择扫描密度和各项参数进行扫描，获得点云数据。

（2）数据预处理：也称为数据滤波。三维激光扫描仪在扫描时，往往由于障碍物的遮挡，在点云数据中的物体表面形成空洞，造成数据缺失，同时也会形成冗余数据。这些冗余数据是无效的，不仅增加了计算机内存，还会降低数据处理效率，因此需要将冗余数据提取出来后单独生成点云集合，使其与主体点云分离开来，从而得到有用的点云数据，删除杂质点云数据。

（3）点云数据配准与拼接：由于目标物的复杂性，通常需要从不同方位扫描多个测站，才能把目标物扫描完整，每一测站扫描数据都有自己的坐标系统。三维模型的重构要求把不同测站的扫描数据修正到统一的坐标系下。在扫描区域中设置控制点或者靶点，使得相邻区域的扫描点云图上有三个以上的同名控制点或控制标靶，通过控制点的强制附和，将相邻的扫描数据统一到同一个坐标系下，得到目标物整体的点云数据。这一过程即为点云数据的配准与拼接。

（4）点云数据三维建模：利用空间采样或随机采样的方法对点云数据进行采样抽稀，然后将处理后的点云数据导入建模软件中，建立扫描目标物的三维模型。矿山中常用的建模有矿区地表及设施建模、巷道工程建模和采空区建模等，如图 2-5 所示。

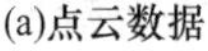
(a)点云数据

(b)采空区及工程模型

图 2-5　三维激光扫描数据建模示例

三维激光扫描技术可以将矿山的所有实景信息复制到计算机，并且可以转换为计算机可以浏览和分析的数字化信息，在矿山空间信息的智能化采集中具有如下优势：

（1）根据三维激光扫描仪获取的点云数据，可以建立矿山地表建筑和其他设施的三维模型，并通过三维后处理软件，对三维模型附加详细的属性信息，建立模型的索引目录。技术人员可以通过三维模型准确地了解各设施的具体属性，通过点击索引目录便可直接跳转至对应的模型进行浏览和属性查看，从而实现矿山的数字化管理。

（2）根据三维激光扫描仪获取的点云数据，可以建立巷道工程的三维模型，直观立体地展现地下工程的实际进度，实现地下巷道的三维可视化，为实现井下设备信息查看、井下人员实时定位、三维可视化安全监测等提供基础。

（3）根据三维激光扫描仪获取的点云数据，可以建立矿山采空区的三维模型，实现采空区的数字化管理，得到实时更新的保有地质储量，从而实现三维矿床模型的动态更新与进一步细化，为后续的智能开采设计及排产提供基础数据。

（4）可以将多次扫描的数据模型进行叠加分析，从而精确计算出目标的结构形变、位移以及变化关系等，为指导矿山安全生产提供真实可靠的基础数据。

2.2.4 无人机航测技术应用

无人机航测技术，即无人机航空摄影测量与遥感技术，是指通过无线电遥控设备或机载计算机远程控制飞行系统，利用搭载有小型数字相机作为遥感设备，使无人机在一定的空域内飞行，获取高分辨率的数字航片的测绘技术。

我国对无人机航测的研究起步较晚，直到20世纪末，我国的第一架无人机才由中国测绘科学院牵头研制成功，并完成无人机的关键性试验，随后逐步引入到矿山的环境监测、测绘、地质地形建模、储量动态监测等工作中，能够实现矿山的地形信息提取、地理高程建模、高分辨率正摄影像获取、宏观场景查看等。

采用无人机进行矿山空间信息采集的工作流程如图2-6所示，主要包括影像数据采集和内业数据处理两部分。无人机在经过飞行技术设计之后，进行航拍测绘获取图像数据，回到地面后将图像导出。由于导出的是一系列的单张图像，需由地面工作站进行业内图像数据处理、质量检查等流程，最终完成模型构建与成果输出。

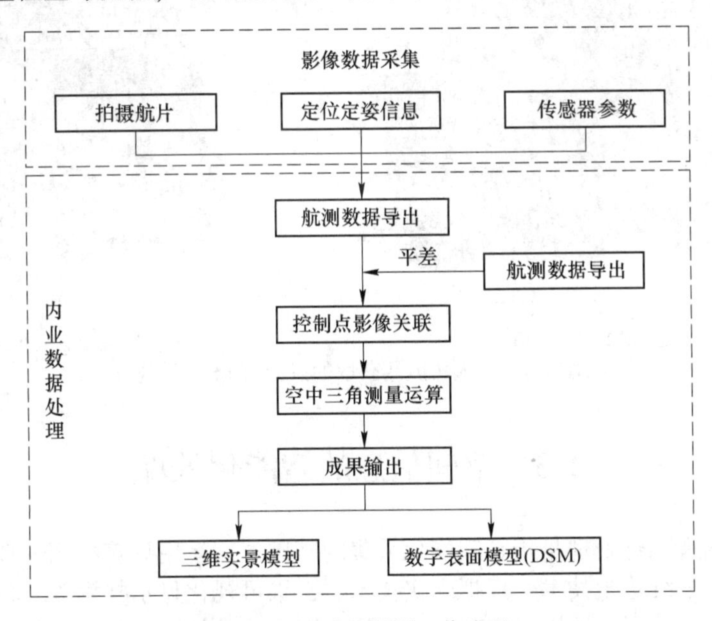

图2-6 无人机航测工作流程

以北京首云铁矿为例，无人机航测得到的点云数据和数字表面模型（Digital Surface Model，DSM）如图2-7所示。

无人机以在云下低空飞行的能力，弥补了卫星光学遥感和普通航空摄影易受云层遮挡影响的缺点，具有巨大的应用潜力。无人机航测具有体积小、成本低、机动灵活、成像分辨率高、响应快速等特点，可在恶劣环境、危险性高的矿山开采区域开展作业，结合现代化数据通信技术、卫星定位技术、遥测遥控以及传感技术等手段，可实现矿山空间信息的智能化采集，特别是与三维扫描技术和SLAM技术（即时定位与地图构建技术）相结合，能够更好地实现三维点云数据采集，并将无人机航测应用于无卫星导航信号的矿山井下作业环境中。

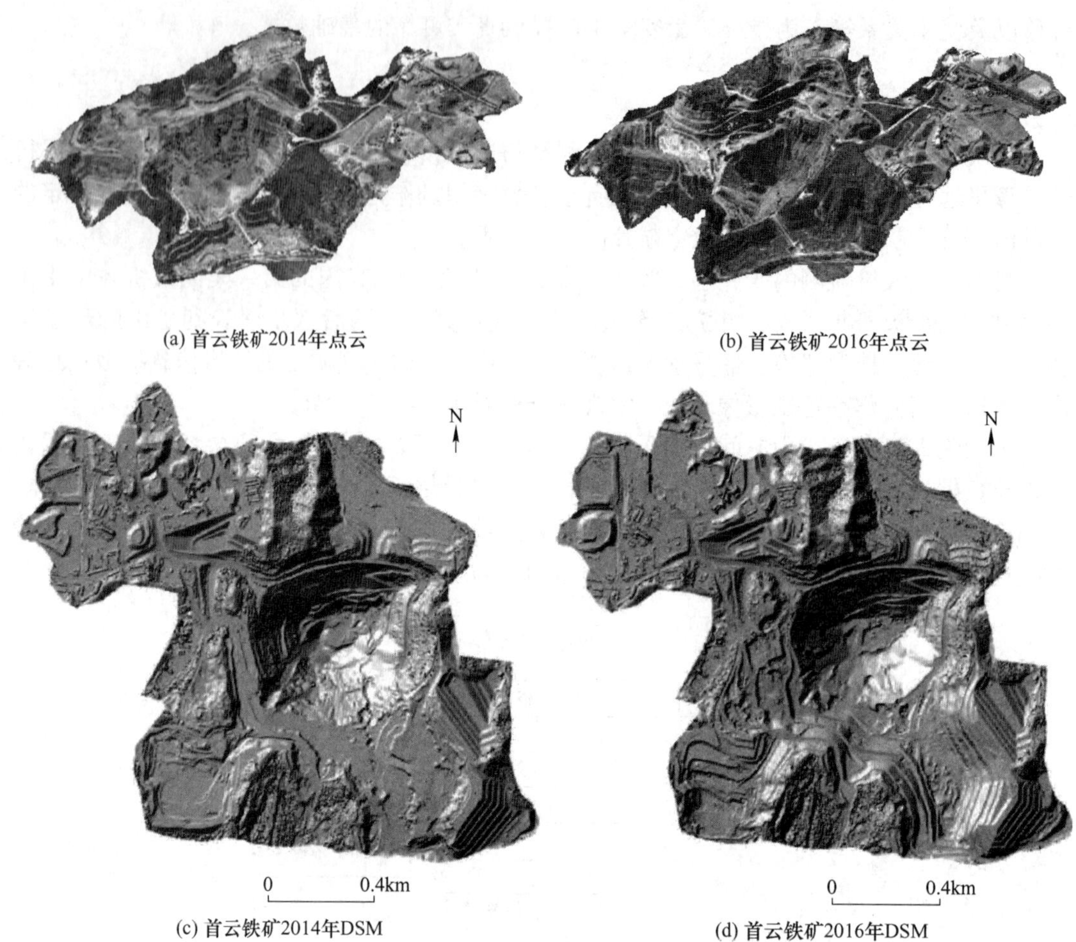

(a) 首云铁矿2014年点云　(b) 首云铁矿2016年点云

(c) 首云铁矿2014年DSM　(d) 首云铁矿2016年DSM

图 2-7　无人机航测获取的点云与 DSM 示例

2.3　空间信息的智能化处理

空间信息的智能化处理是指在智能化采集的基础上，运用计算机图形技术、遥感图像解译处理技术、三维建模技术、虚拟现实技术、三维可视化显示技术等，将矿山生产建设的空间数据规律生动形象地展示出来，并对这些图形携带的大量信息进行分析研究。主要内容包括：采用矿业软件进行地质资源的精细化建模与储量估算；基于三维 GIS 技术等实现地表三维可视化模型的建立，提供矿区及周边近邻地区有关信息资料的存储、查询和表述；精确定位矿山地下地上各种管线的空间位置，并附加属性信息，从而实现三维管线及其他隐藏构筑物的智能化管理等。地质资源是矿山生产的基础要素，对地质资源信息的智能化处理是其核心内容。

2.3.1　地质资源信息的智能化处理过程

地质资源信息的智能化处理，是智能矿山建设中必不可少的基础环节，是实现矿山可视化开采设计、生产作业智能组织与生产任务智能分配的前提。采用矿业软件进行地质资源信息的智能化处理的流程如图 2-8 所示。

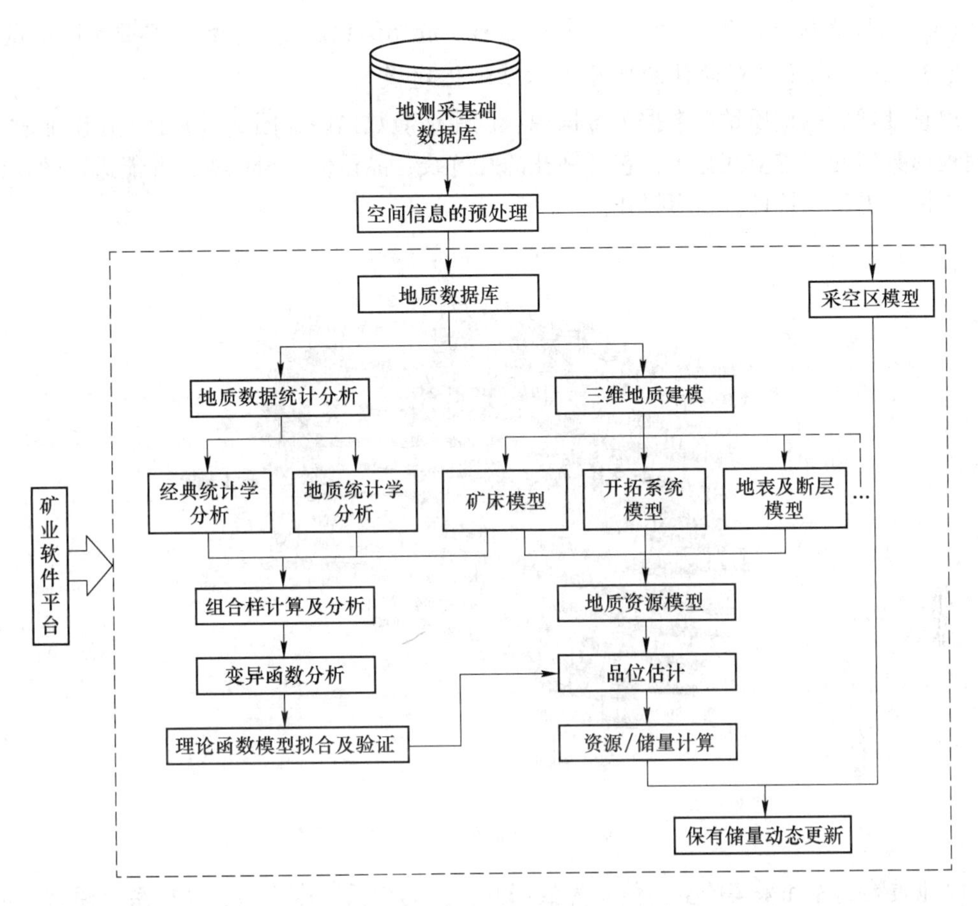

图 2-8 地质资源信息的智能化处理流程

2.3.1.1 空间信息的预处理

在地质资源信息的智能化采集的基础上，将得到的各类地测资料，如钻孔工程资料、探槽工程资料、坑道工程资料、勘探线与中段位置资料、物化探资料、各类储量表格以及水文测量资料等，按照一定的数据存储格式进行预处理，形成基础信息资料库，为地质资源的精细化建模、品位估计与储量计算、资源储量动态评估等，提供基础数据支撑。

为保证数据的通用性和可读性，根据矿业软件通用的数据库规范，对收集的钻孔、探槽等数据进行分析、整理、处理后，通常将其分解为孔口定位表、测斜表、化验表和岩性表四个文件：

（1）孔口定位表包含以下字段信息：所有探矿工程的工程编号、钻孔深度及孔口三维坐标信息。此外，还可以根据生产需要，添加勘探线编号、工程描述、编录信息、开孔日期、闭孔日期、工作单位、编录人以及该探矿工程的总体特征、备注等字段信息，提高三维平台下数据的可操作性。其中勘探工程编号为数据库主键信息。

（2）测斜表包含探矿工程编号、钻孔深度、倾角及方位角等字段信息。

（3）化验表包含以下字段信息：探矿工程编号、样品编号、起始结束深度及金属化验品位等。此外，还可以根据实际需要添加副产品元素品位化验信息、氧化率化验信息等其他字段。

（4）岩性表包含探矿工程编号、样品编号、起始结束深度、岩性等必要字段信息。

2.3.1.2 基于矿业软件的地质资源精细化建模

以预处理后的地质钻孔数据为数据源，创建地质数据库如图 2-9 所示，在矿业软件中实现地质数据的三维空间显示，包括钻孔的孔迹线、品位值、岩性等，并能进行数据的编辑、查询、更新及统计分析等操作。

图 2-9 地质数据库示例

以地质数据库和采集的空间信息为数据源，建立包括矿床模型、开拓系统模型、地表断层模型等在内的矿山三维地质模型，如图 2-10 和图 2-11 所示。根据地质规律、采用交互式手段，从相互垂直方向解译矿体，反复地进行矿体圈连、验证、复核、修改，最终形成由一系列三角面集合构成的实体表面或轮廓，来形象展现出矿体、断层、地表等的几何空间形态，以及开拓系统和地表构筑物之间的关系，同时也为后期品位模型的估值奠定基础。

2.3.1.3 品位估计与储量计算

矿床的三维实体模型给出了矿体的几何空间形态，但无法描绘出矿体内部的分布情况，因此必须结合地质数据库中已知样品点的品位信息，在矿体的实体模型内部应用地质统计学原理进行品位赋值，从而揭示出矿体内部品位的具体分布情况，为矿山生产动态管理提供科学的依据。

首先以地质统计学为基础，对数据库中的地质数据进行基础统计分析、样品组合与变异函数分析，如图 2-12 所示。通过对区域化变量的分布特征进行研究，了解其数值分布特征与矿床成因的内在联系，确定品位的统计分布规律、变化程度及其特征值，为资源模型的品位估计提供数据基础。

其次，建立用于品位估计的块体模型，综合考虑开采方式、勘探网度、变异函数及模型可操作性等因素，确定块体模型尺寸，并根据矿山实际需求建立相应属性，如密度属性、品位属性、阶段属性等。

图 2-10 矿山三维地质模型（矿体模型）示例

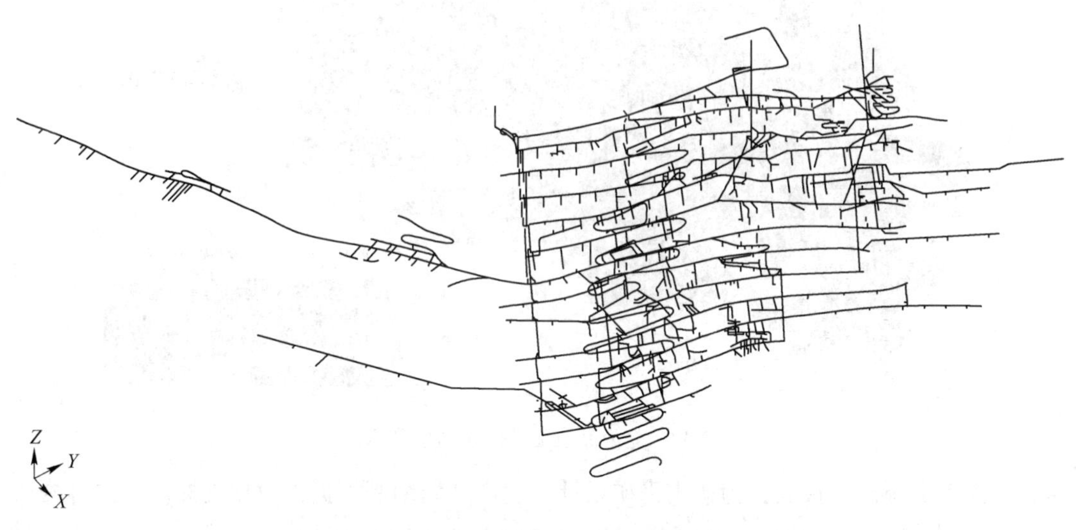

图 2-11 矿山三维地质模型（开拓系统模型）示例

其三，选择适合于矿床自身特点的资源储量估算方法进行品位估计。我国常用的资源储量估算方法主要分为传统几何法、地质统计学方法、SD 法及距离幂次反比法，其中广泛应用于矿业软件的是地质统计学法和距离幂次反比法。应结合矿床地质特征与勘查工作实际，选择合适方法进行资源储量估算。完成品位估计的块体模型如图 2-13 所示。

最后，完成品位估计之后，根据矿山的实际需要，以地质资源模型为基础进行储量计算，按不同的边际品位、品位区间、中段高度等计算块段的体积、矿量、平均品位和金属

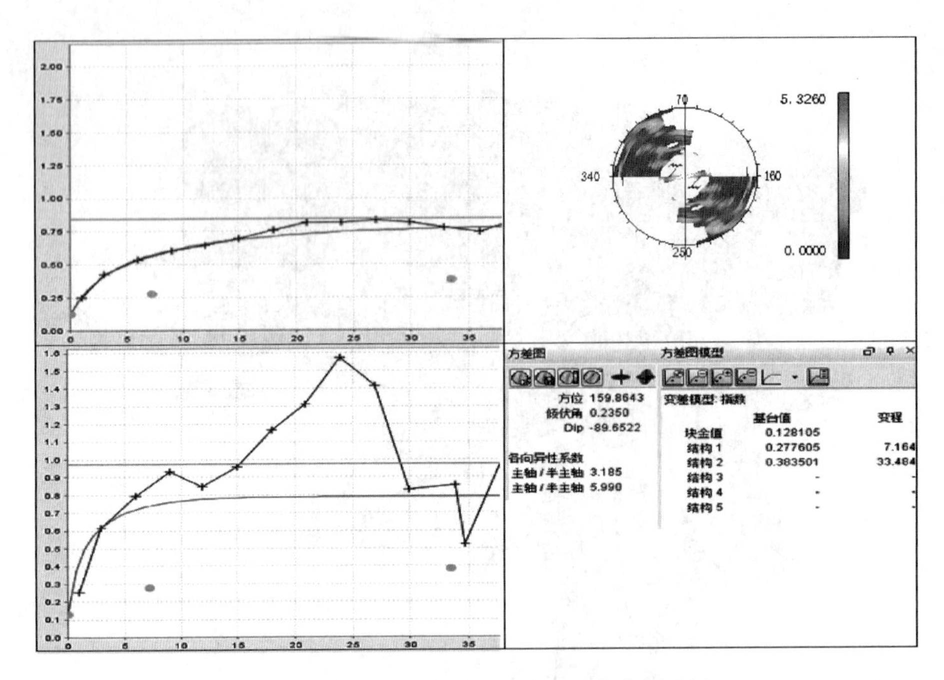

图 2-12 基于地质统计学的变异函数分析示例

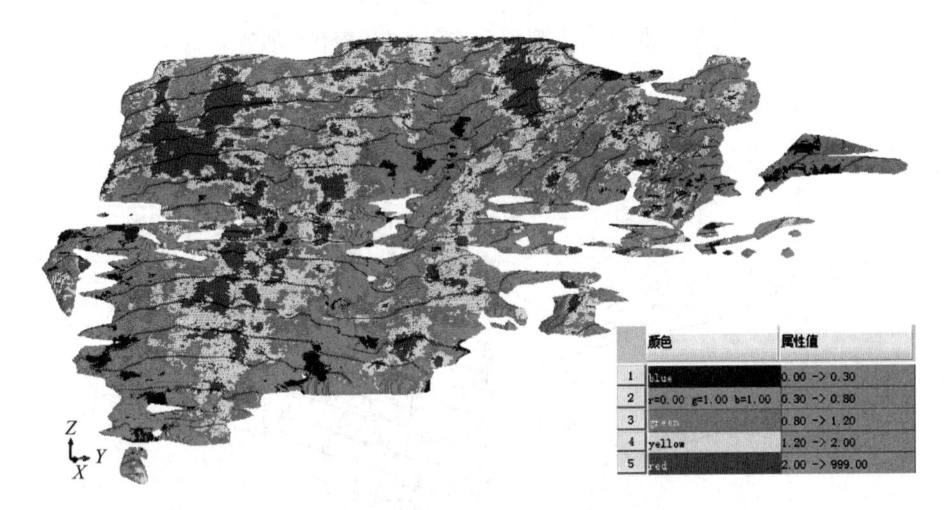

	颜色	属性值
1	blue	0.00 -> 0.30
2	r=0.00 g=1.00 b=1.00	0.30 -> 0.80
3	green	0.80 -> 1.20
4	yellow	1.20 -> 2.00
5	red	2.00 -> 999.00

图 2-13 完成品位估计的块体模型示例

量，并提交资源储量报表，为矿山采矿设计、生产计划编制等提供数据支撑。其内容构成如图 2-14 所示。

2.3.2 资源储量动态评估

资源储量估算具有明显的动态性特点，估算结果具有显著的时效性。资源储量的动态评估主要包括地质资源模型更新和边际品位调整优化两个方面。

2.3.2.1 地质资源模型更新

地质资源模型应随勘探和生产数据的增加及变更定期更新。在三维矿业软件平台上，

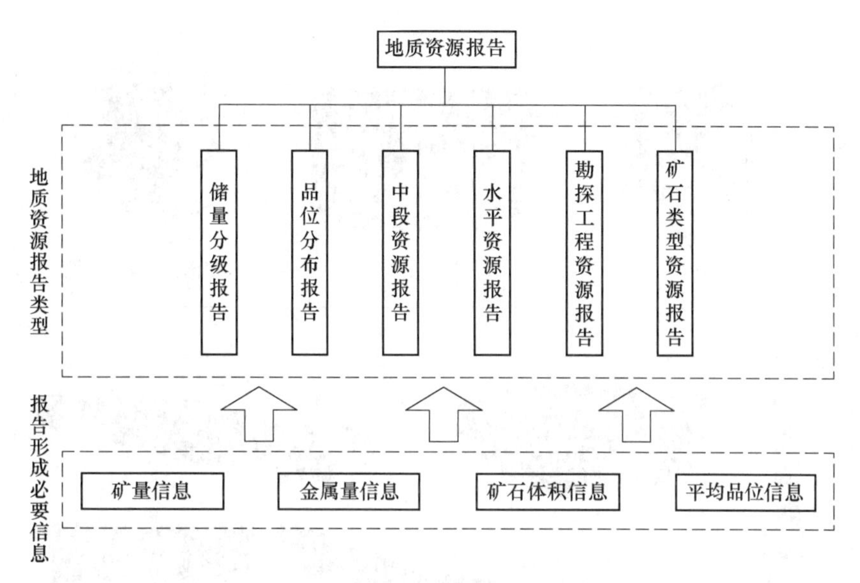

图 2-14 地质资源报表数据结构

将经测量验收系统反馈的地测采信息，及时在地质资源模型中给予体现，实时把握地质资源的消耗速度与更新状况，使地质资源信息管理与实际生产进度相匹配。一方面，根据生产勘探实际，以矿块为单位动态实现局部模型品位信息更新；另一方面，根据新增勘探信息量，定期进行整体地质资源模型更新，包括矿体实体轮廓改变、各种矿岩特性等地质资源属性的更新等，实现三维矿床模型的动态更新与进一步细化。

在测量验收工作中，采用三维激光扫描技术对地下采空区进行扫描测量作业，可以获得实时扫描数据，将获取的点云数据真实、快速、精确地生成三维实体模型并导入到三维矿业软件中，能够实现露天作业台阶、井下采空区、采掘工程的数字化处理（如图 2-15 所示），得到实时更新的保有地质储量，为后续的智能开采设计提供基础。

2.3.2.2 边际品位调整优化

边际品位是确定储量大小的依据，按照不同的品位标准圈定矿体会得到不同的储量。矿山的边际品位指标受矿产品价格、采选回收率、生产成本等多因素的共同影响，对于同一矿床，在不同时间节点和不同采出条件下所采用的边际品位不同。边际品位调整优化是对地质资源估计的不确定性、经济条件变化、企业生产目标调整等的一种动态响应。

品位指标优化的前提是对于地质资源状况的准确把握。在传统的矿业生产中产生了大量的纸制地质资料，这种“纸制书库”存在着表达信息不充分、缺乏直观感等缺点，已经不能满足现代矿业的快速发展。随着矿业技术的进步，越来越多的矿山已经在运用矿业软件进行生产的储量管理和品位指标优化。

品位指标优化的基础是矿床经济模型。将市场经济条件、成本信息、技经指标等附加于所建立的矿床地质资源模型，即可得出数字化矿床经济模型。基于此模型可以从经济获利的层面对矿床进行评价，针对企业所面对的内、外部经济条件，迅速、实时地计算出每个矿块的价值，进而计算出开采收益，为矿床的边际品位等生产指标优化创造基础条件，在对市场加以预测的前提下，实现可视化的动态经济评价与长期生产规划的制订，是数字矿床模型与企业生产经营之间必要的衔接环节。

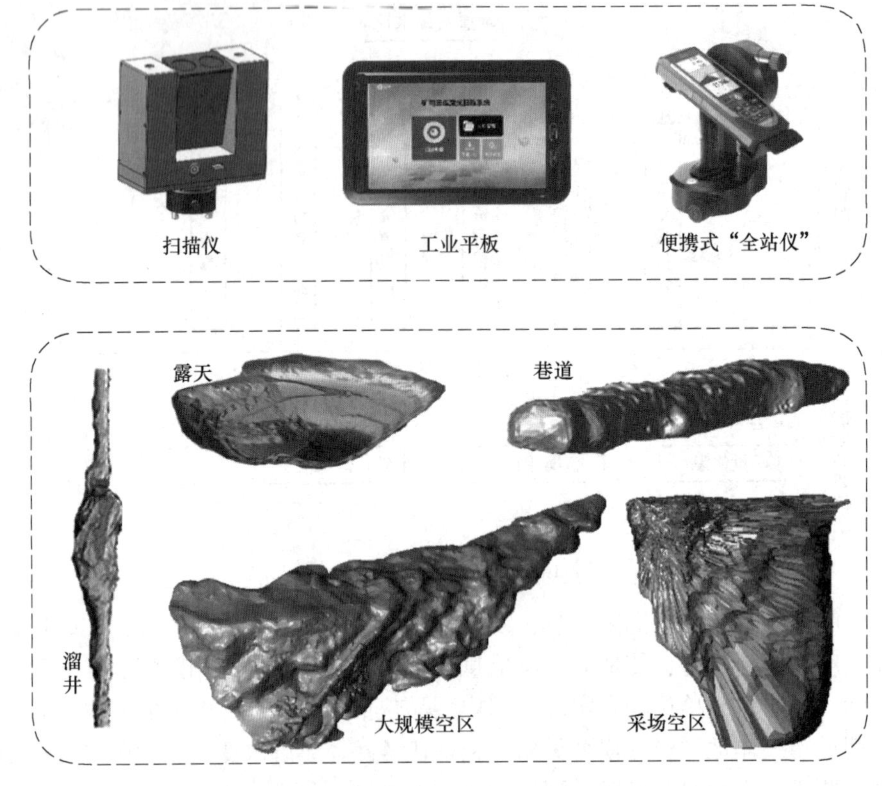

图 2-15 基于三维激光扫描的地质资源模型更新

边际品位优化的过程为：以盈亏平衡原理、边际收益原理和最大净现值（Net Present Value，NPV，指未来资金（现金）流入（收入）现值与未来资金（现金）流出（支出）现值的差额）原理等为基础，构建边际品位优化的数学模型，与矿床经济模型相结合，分别计算不同边际品位下的矿体储量、金属量和平均品位，进而计算不同边际品位下的NPV值，从而得出一定价格、成本水平下的盈亏平衡边际品位及经济最优边际品位，使矿山企业可以根据市场经济条件的变化，改变边际品位，动态圈定矿体，通过新的储量报告进行经济评价，以保证矿山生产经营始终处于最佳的盈利状态，从而最大限度地满足市场经济要求，提高市场竞争能力。

2.4 露天矿开采境界优化

地质资源可视化只完成了矿山空间信息与地质资源信息的数字化问题，为了充分利用所建立的数字矿床模型，需要将数字化后的地质资源信息用于矿山的生产实际。这是通过建立在地质资源数字化基础上的智能化开采设计与规划来实现的。在露天矿山，主要体现在露天矿的境界优化。

2.4.1 境界优化方法

在露天采矿作业中，剥离掉上部覆盖岩石，采出有价值的矿石后形成的三维几何空间，即为露天境界。露天境界形态由地质、技术和经济条件决定。

露天开采要在保障安全的前提下进行，因此采场边坡必须稳定，即露天边坡根据围岩工程地质条件受到一个保证边坡稳定的安全角度（最终帮坡角）的制约。决定露天境界形态的另一重要因素是经济效益。剥离上部覆盖岩石、采出矿石、矿石加工成产品等要带来资金的消耗（成本 C），产品销售后获得收入（P），只有 $P>C$ 的情况下，才有开采的价值。从理论上看，存在一个使矿山企业效益（$P-C$）最大化的最终开采境界，因而境界优化的实质即求解（圈定）一个经济上最优的最终开采境界。

传统确定露天开采境界的方法，是根据矿床地质条件、采矿技术参数、选矿试验指标、经济指标计算出经济合理剥采比，在剖面图上绘制并计算不同开采深度的境界剥采比，并用境界剥采比等于经济合理剥采比的原则，确定各剖面的开采深度，经调整后再根据选定的参数进行露天境界的平面圈定。这种传统圈定露天开采境界的方法实质上是一种试错法，存在工作量大、精度较差等问题，难以实现境界最优化的目标。

露天开采境界的计算机优化算法包括二维动态规划法和三维图论法、浮动圆锥法、三维动态规划法、网络最大流法等，其中应用最为广泛的是浮动圆锥法和 LG 图论法。

这两种方法的数据基础是三维块体价值模型，简称价值模型，是地质、成本与市场信息的综合反映。价值模型是在地质模型的基础上增加经济属性构成的。地质模型中每一块体的特征值是其品位和地质特征，而价值模型中每一块体的特征值则是假设将其采出并处理后能够带来的经济净价值。块体的净价值是根据块体中所含目标元素的品位、开采与处理中各道工序的成本及产品价格计算的。

2.4.1.1 浮动圆锥法

矿床价值模型可以明确表达矿床中每一矿体的净值，由此最终露天开采境界的确定就转变成为一个在满足几何约束（即最大允许帮坡角）条件下找出使总开采价值达到最大的矿体集合问题。浮动圆锥法的本质是用系统模拟来实现露天开采境界优化：它用一个截头体倒圆锥来模拟最简单的圆形露天坑，圆锥的锥顶位于矿石方块之上，圆锥的上部达到地表，圆锥母线与水平方向的夹角与露天矿的边坡角相等。在实际开采中，露天矿坑不是由同一锥度的圆锥组成的，而是由不同锥度的椭圆锥组成，因为各个露天矿坑有不同的岩性、节理与裂隙性质，所以露天矿坑在不同的方向与深度，其边坡角一般是不同的。

决定一个单圆锥是否被开采，首先要计算在该单圆锥内矿石与岩石的净价值之和，如果净价值之和大于 0，那么这个单圆锥可以开采，否则不能开采。在考察某个块体是否值得开采时，应该考察以该块体为中心的倒圆锥内所有块体的净价值之和，若净价值之和为正，则开采，否则不开采。这就是浮动圆锥法的基本原理。因为实际中的露天坑相当复杂，远不止单个圆锥这么简单，故可由多个圆锥来模拟实际露天矿坑。这些圆锥可以相互交叉和重叠，用于模拟矿坑的圆锥越密集，越能真实地模拟露天坑。

浮动圆锥法的计算逻辑为：首先从矿床范围内选取经济有利的矿段，建立初始圆锥。从该初始位置，发展出一系列的圆锥形移动增量。计算每个圆锥体范围内的矿岩增量及净利增量，将正值的净利增量圈入境界。逐个分析圆锥体计算结果，如果所圈定的境界范围内累计净利值为最大，即获得优化的设计开采境界。

2.4.1.2 LG 图论法

LG 法是具有严格数学逻辑的最终境界优化方法，只要给定价值模型，在任何情况下都可以求出总价值最大的最终开采境界。

在LG图论法中，价值模型中的每一块用一结点表示，模块的净价值称为节点的权值。“弧”指点与点之间的定向连接，用以表示开采的允许坡度，即露天开采的几何约束。弧是从一个节点指向另一节点的有向线。有向图由一组弧连接起来的一组节点组成。“树”是一个没有闭合圈的连通图，图中存在闭合圈是指图中至少存在一个这样的节点：由该节点出发经过一系列的弧能够回到出发点。“根”是树中的特殊节点，一棵树中只能有一个根。由图论法定义可知，最大闭包是权值最大的可行子圈。从境界优化的角度来看，最大闭包是具有最大开采价值的开采境界。因此，最佳开采境界的求解实质上是在价值模型所对应的图中求最大闭包。

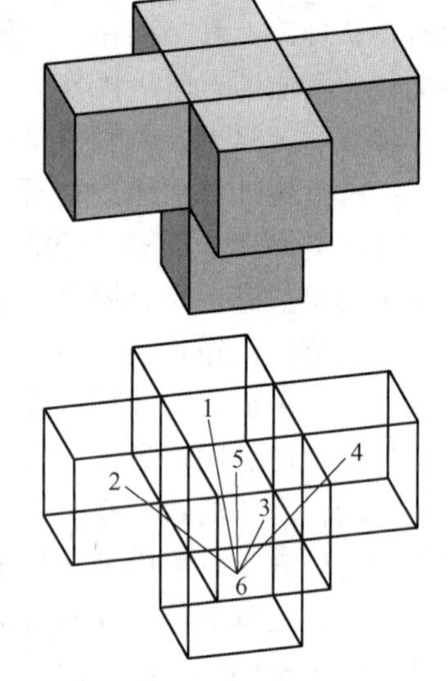

图 2-16 LG图论法单元块开采示意图

LG图论法要求用单元块表示开采超前关系和边坡角限制条件等空间要素。LG图论法用初始有向图描述了以块体模型表示的露天矿开采所必须满足的几何约束条件，是露天境界优化的基础。显然，基于块体模型生成的初始有向图对最终边坡角的表达精度与块体尺寸有关。一般而言，单元块尺寸越小，边坡角表达精度越高。露天开采的几何约束可以用一组有向弧表示，在最终边坡角45°的情况下（如图2-16所示），若要开采6号块，则必须首先采出1~5号块，由弧（$x6$，$x1$），（$x6$，$x2$），（$x6$，$x3$），（$x6$，$x4$），（$x6$，$x5$）构成的集合就是6号块开采的几何约束。

2.4.2 基于矿业软件的境界优化过程

自20世纪80年代始，矿业发达国家已开始利用矿业软件进行露天境界优化。大多数矿业软件均含有基于先进的露天境界最优化设计理论、方法的功能模块，随着这些软件的开发和应用，露天矿最佳境界的圈定成为可能。工程应用实践表明，通过矿业软件可实现系列境界快速、高效生成，提高了境界优化效率，减少了境界优化工作量，使露天开采境界优化和矿床品位指标优化工作变得更为方便和科学。

基于矿业软件的露天矿山开采境界优化过程主要包括矿床模型构建、边坡角等技术参数选取、价值模型构建、采用一定算法的境界优化等。

Whittle软件是目前国际上应用最广泛的矿山境界优化软件之一。该软件不仅能在三维空间上进行境界优化，同时还能够考虑资金的时间价值，以最终所确定的净现值最大化为判定标准，综合考虑采选成本、贫化损失率、选矿回收率、金属价格和采场边坡参数等进行境界优化，而且能利用数学规划模型实现矿山自动快速排产，一次性排出一系列露天境界方案，方便技术人员选择净现值最大的露天矿境界。

Whittle软件进行露天矿境界优化的原理，是以矿床矿体模型、地表模型以及价值模型为基础，输入圈定露采境界相关的技术经济参数，通过编排进度计划，计算各经济参数条件下的净现值，圈定最优露天开采境界。主要包括以下6个步骤：

（1）矿体块段模型数据分析整理。分析矿体模型的品位分布情况，求出块段个数、不同元素的最高品位、最低品位、平均品位、各金属量统计，确定各金属计价单位等。可以根据各不同情况对模型进行适当调整，以满足下一步的需要。

（2）边坡分析阶段。根据岩石力学研究提供的边坡各区域的边坡参数，将地质模型分区，每个区域采用块段质心耦合选取相应边坡参数。在模型里的台阶边坡是通过各个连接最小单元块段的质心来模拟设计边坡角。由于单元块大小和尺寸的限制，该质心连线形成的角度与设计边坡的角度必然存在一定的误差，为保证优化露天境界形状的精确性，必须尽可能地使这两个角度耦合在一起，尽量确保误差最小。

（3）建立价值模型，对单元块开采的经济价值进行计算。在价值模型中，每个块都要被赋予一个属性。该属性表示假设将其采出并处理后能够带来的经济价值。块的净价值是根据块中所含可利用矿物的品位、开采与处理中各道工序的成本及产品价格计算得出的。因此，代表矿石的块体是正值，代表废石的块体是负值，而且不同块之间具有先后开采顺序。

（4）露采境界初步圈定。该阶段根据设计边坡角、采选成本、采矿损失率、矿石贫化率、产品基础价格等参数，利用浮动圆锥法和 LG 图论法，对不同价格条件下的价值模型，初步圈定一系列露采境界。在其他参数不变的条件下，每一价格只能对应唯一的境界，不同的金属的价格对应不同的境界方案。

（5）露采境界静态优化及参数影响分析。根据设计输入的年采剥总量和选厂生产能力，自动编排上述各露采境界在最佳条件下的进度计划，并计算各境界方案在静态条件下的最大净值。同时，还可进行各参数的敏感性分析。

（6）动态优化。考虑资金的时间价值，并引入贴现率。① 根据已经圈定的一系列露采境界内矿岩分布情况，确定开采顺序，编制采剥进度计划；② 计算各境界逐年累积的净值；③ 考虑贴现率后，求出各个方案的净现值；④ 选择最优境界。在净现值最大的靠前的第一个突变点选取最优境界。该境界不但可以获得好的经济价值，而且能够抗拒一定的不可预计风险，即确定为最优开采境界，如图 2-17 所示。

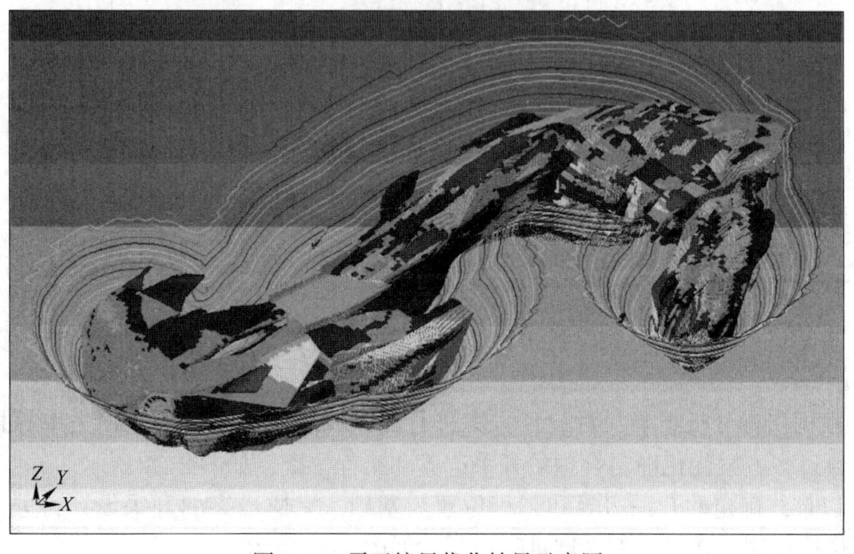

图 2-17　露天境界优化结果示意图

2.5 地下矿山开采设计

地下矿山智能开采设计与规划的主要任务，是通过将矿床模型的应用加以扩展，结合矿山的生产实际，实现多目标、多方案、复杂约束条件下的方案优化与设计，达到技术、经济、安全的全局最优和风险可控，并通过矿业软件实现采矿工程设计结果的三维显示及地下矿生产的可视化布局。

2.5.1 基于三维矿业软件的采矿设计

在矿业软件的基础上，基于所建立的三维矿床模型完成开拓、采准、切割、回采等设计环节，并实现矿块三维实体模型的自动输出、任意平剖面图纸的自动输出及相关生产报表的输出、分析与查询等功能。通过数据的实时传输实现生产成果的自动输出，为无人化生产过程控制提供基础数据，并通过矿块设计中实时数据的传输完成采切工程量、资源消耗、材料动力等的计算。

基于三维矿业软件的采矿设计流程为：

（1）根据矿山地质条件、采矿设计标准、采矿设计理论等，在已建立的矿床三维模型基础上，完成开拓系统设计，从已有的掘进达到需要开采的矿体位置，如图 2-18 所示。

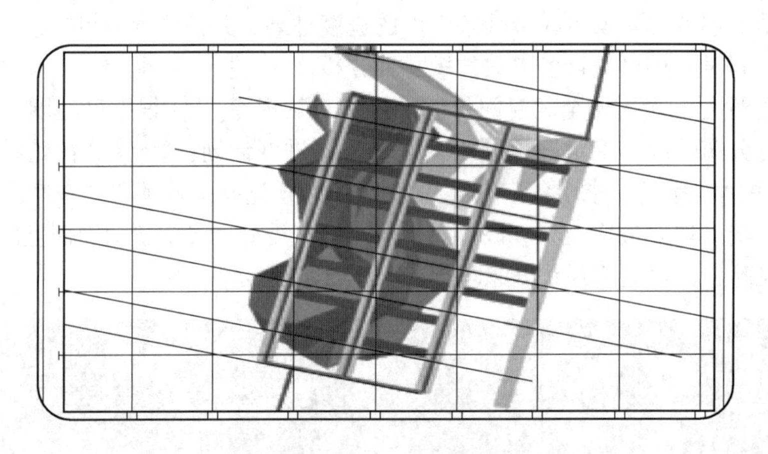

图 2-18　矿山开拓系统设计

（2）进行开采单元划分并计算矿石量、损失率等相关指标。对矿体在水平上划分不同的盘区，然后在盘区里设置不同的开采单元，即矿房和矿柱。对于规模比较小的矿体，也可以不划分盘区，直接划分采场。如图 2-19 所示。

（3）重复进行设计过程，得到多种设计方案，并对不同方案下的指标进行分析，如图 2-20 所示。

（4）根据指标分析结果，对设计方案进行优化调整，以贫化率、损失率等指标优化为核心，通过多方案优化确定合理的开采边界和工程位置，如图 2-21 所示。

（5）以最终确定的开采边界和工程位置为基础，完成最终的开采设计，进行工程施工图表的快速绘制，并对首采区域进行分析，如图 2-22 所示。

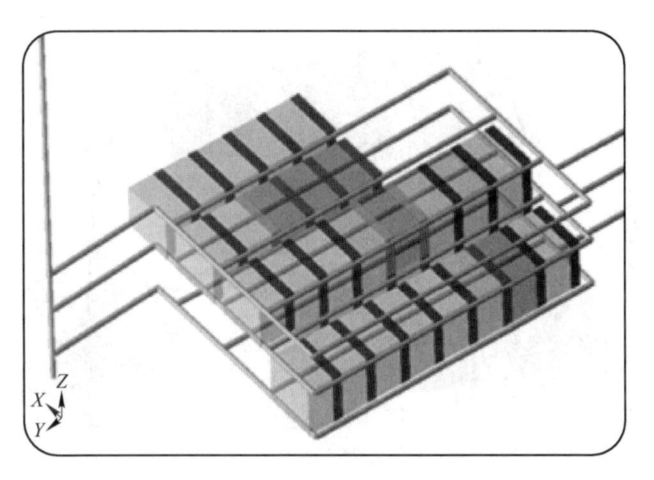

图 2-19 方案设计与指标计算

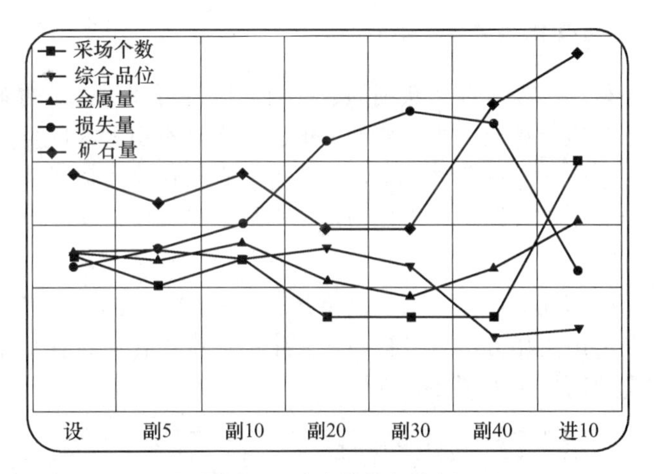

图 2-20 多方案指标分析

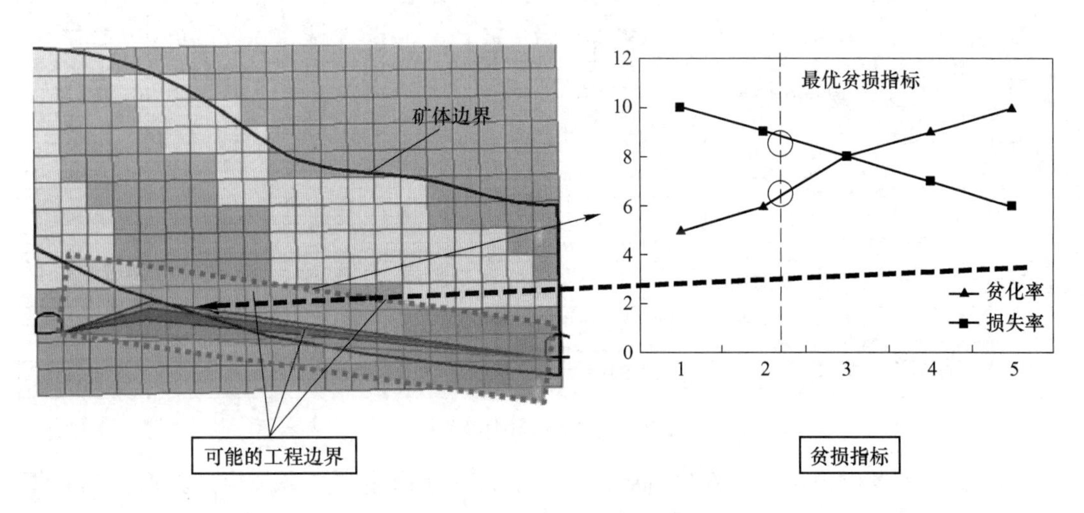

图 2-21 设计方案优化调整

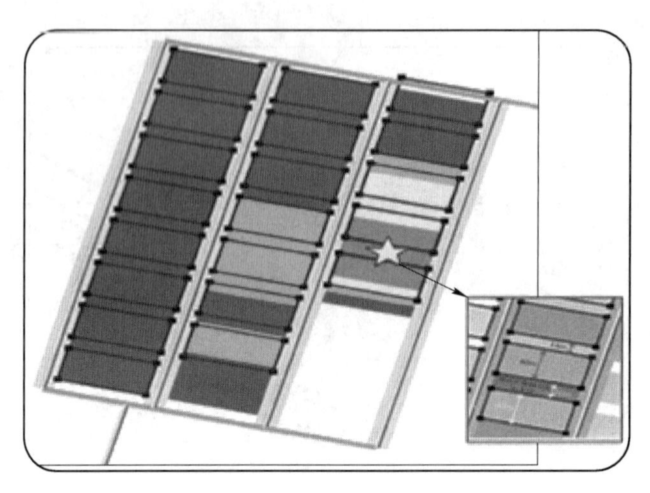

图 2-22　首采区域优化分析

2.5.2　地下矿生产的可视化布局

利用矿床经济模型，可以从经济获利的层面对矿床进行评价，针对企业所面对的外部经济条件，迅速、实时地计算出每个矿块的价值，进而计算出开采收益。数字化矿床经济模型的建立为矿床的生产指标优化创造了基础条件，在对市场加以预测的前提下，实现可视化的动态经济评价，制定长期生产规划与生产布局，是数字矿床模型与企业生产经营之间必要的衔接环节。

在完成采矿设计的前提下，基于工程网络拓扑，考虑工艺、工序有效衔接，以经济、生产需求为目标，采用最优化方法，进行地下矿生产的虚拟化、可视化布局，实现生产力要素和工程进度的有效衔接，如图 2-23 所示。

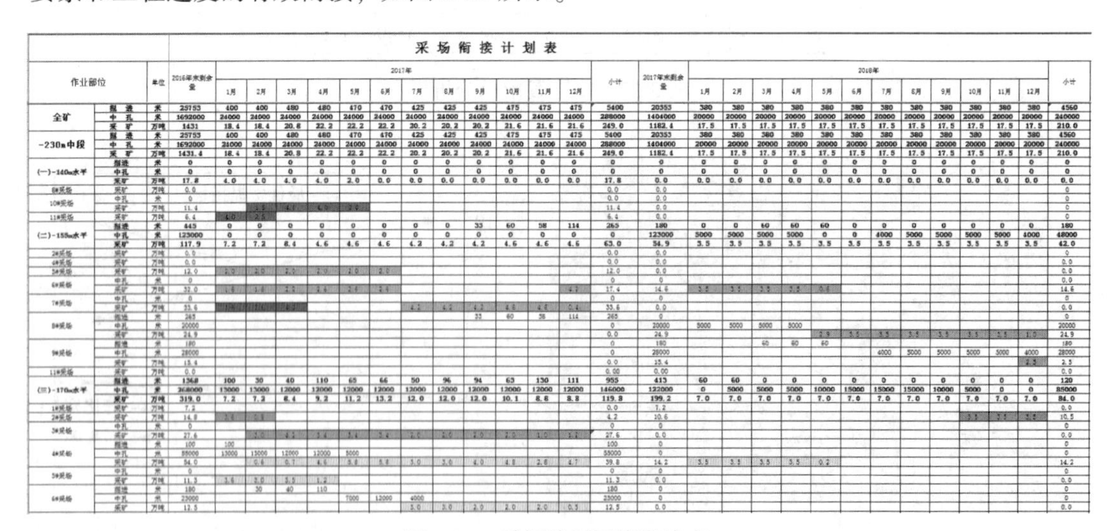

采场衔接计划表

作业部位		单位	2016年末剩余量	2017年 1月	2月	3月	4月	5月	6月	7月	8月	9月	10月	11月	12月	小计
全矿	掘进	米	25753	400	400	480	480	470	470	425	425	425	475	475	475	5400
全矿	中孔	米	1692000	24000	24000	24000	24000	24000	24000	24000	24000	24000	24000	24000	24000	288000
全矿	采矿	万吨	1431	18.4	18.4	20.8	22.2	22.2	22.2	20.2	20.2	20.2	21.6	21.6	21.6	249.0
-230m中段	掘进	米	25753	400	400	480	480	470	470	425	425	425	475	475	475	5400
-230m中段	中孔	米	1692000	24000	24000	24000	24000	24000	24000	24000	24000	24000	24000	24000	24000	288000
-230m中段	采矿	万吨	1431.4	18.4	18.4	20.8	22.2	22.2	22.2	20.2	20.2	20.2	21.6	21.6	21.6	249.0
(一)-140m水平	掘进	米	0	0	0	0	0	0	0	0	0	0	0	0	0	0
(一)-140m水平	中孔	米	0	0	0	0	0	0	0	0	0	0	0	0	0	0
(一)-140m水平	采矿	万吨	17.8	4.0	4.0	4.0	4.0	2.0	0.0	0.0	0.0	0.0	0.0	0.0	0.0	17.8
8#采场	采矿	万吨	0.0													0.0
10#采场	中孔	米	0													0.0
10#采场	采矿	万吨	11.4		1.5	4.0	4.0	2.0								11.4
11#采场	采矿	万吨	6.4	4.0	2.5											6.4
(二)-155m水平	掘进	米	445	0	0	0	0	0	0	0	0	33	60	58	114	265
(二)-155m水平	中孔	米	123000	0	0	0	0	0	0	0	0	0	0	0	0	0
(二)-155m水平	采矿	万吨	117.9	7.2	7.2	8.4	4.6	4.6	4.6	4.2	4.2	4.2	4.6	4.6	4.6	63.0
2#采场	采矿	万吨	0.0													0.0
4#采场	采矿	万吨	0.0													0.0
5#采场	采矿	万吨	12.0	2.0	2.0	2.0	2.0	2.0	2.0							12.0
6#采场	中孔	米	0													0
6#采场	采矿	万吨	32.0	1.6	1.6	2.2	2.4	2.6	2.4						4.7	17.4
7#采场	中孔	米	0													0
7#采场	采矿	万吨	33.6	[illegible]	[illegible]	[illegible]				4.2	4.2	4.2	4.6	4.6	0.4	33.6
8#采场	掘进	米	265									33	60	58	114	265
8#采场	中孔	米	20000													0
8#采场	采矿	万吨	24.9													0.0
9#采场	掘进	米	180													0
9#采场	中孔	米	28000													0
9#采场	采矿	万吨	15.4													0.0
11#采场	采矿	万吨	0.0													0.00
(三)-170m水平	掘进	米	1368	100	30	40	110	65	66	50	96	94	63	130	111	955
(三)-170m水平	中孔	米	268000	13000	13000	12000	12000	12000	12000	12000	12000	12000	12000	12000	12000	146000
(三)-170m水平	采矿	万吨	319.0	7.2	7.2	8.4	9.2	11.2	13.2	12.0	12.0	12.0	10.1	8.8	8.8	119.8
1#采场	采矿	万吨	7.2													0.0
2#采场	采矿	万吨	14.8	[illegible]	[illegible]											4.2
3#采场	中孔	米	0													0
3#采场	采矿	万吨	27.6		3.0	4.2	3.4	3.4	3.4	2.0	2.0	2.0	2.0	1.0	1.2	27.6
4#采场	掘进	米	100	100												100
4#采场	中孔	米	55000	13000	13000	12000	12000	5000								55000
4#采场	采矿	万吨	54.0		0.6	0.7	4.6	5.8	5.8	3.0	3.0	4.0	4.8	2.8	4.7	39.8
5#采场	中孔	米	0													0
5#采场	采矿	万吨	11.3	3.6	3.0	3.5	1.2									11.3
6#采场	掘进	米	180		30	40	110									180
6#采场	中孔	米	23000					7000	12000	4000						23000
6#采场	采矿	万吨	12.5							3.0	3.0	2.0	2.0	2.0	0.5	12.5

作业部位		单位	2017年末剩余量	2018年 1月	2月	3月	4月	5月	6月	7月	8月	9月	10月	11月	12月	小计
全矿	掘进	米	20353	380	380	380	380	380	380	380	380	380	380	380	380	4560
全矿	中孔	米	1404000	20000	20000	20000	20000	20000	20000	20000	20000	20000	20000	20000	20000	240000
全矿	采矿	万吨	1182.4	17.5	17.5	17.5	17.5	17.5	17.5	17.5	17.5	17.5	17.5	17.5	17.5	210.0
-230m中段	掘进	米	20353	380	380	380	380	380	380	380	380	380	380	380	380	4560
-230m中段	中孔	米	1404000	20000	20000	20000	20000	20000	20000	20000	20000	20000	20000	20000	20000	240000
-230m中段	采矿	万吨	1182.4	17.5	17.5	17.5	17.5	17.5	17.5	17.5	17.5	17.5	17.5	17.5	17.5	210.0
(一)-140m水平	掘进	米	0	0	0	0	0	0	0	0	0	0	0	0	0	0
(一)-140m水平	中孔	米	0	0	0	0	0	0	0	0	0	0	0	0	0	0
(一)-140m水平	采矿	万吨	0.0	0.0	0.0	0.0	0.0	0.0	0.0	0.0	0.0	0.0	0.0	0.0	0.0	0.0
8#采场	采矿	万吨	0.0													0
10#采场	中孔	米	0.0													0
10#采场	采矿	万吨	0.0													0
11#采场	采矿	万吨	0.0													0
(二)-155m水平	掘进	米	180	0	0	60	60	60	0	0	0	0	0	0	0	180
(二)-155m水平	中孔	米	123000	5000	5000	5000	5000	0	0	4000	5000	5000	5000	5000	4000	48000
(二)-155m水平	采矿	万吨	54.9	3.5	3.5	3.5	3.5	3.5	3.5	3.5	3.5	3.5	3.5	3.5	3.5	42.0
2#采场	采矿	万吨	0.0													0
4#采场	采矿	万吨	0.0													0.0
5#采场	采矿	万吨	0.0													0.0
6#采场	中孔	米	0													0.0
6#采场	采矿	万吨	14.6	3.5	3.5	3.5	3.5	0.6								14.6
7#采场	中孔	米	0													0
7#采场	采矿	万吨	0.0													0.0
8#采场	掘进	米	0													0
8#采场	中孔	米	20000	5000	5000	5000	5000									20000
8#采场	采矿	万吨	24.9					2.9	3.5	3.5	3.5	3.5	3.5	3.5	1.0	24.9
9#采场	掘进	米	180			60	60	60								180
9#采场	中孔	米	28000							4000	5000	5000	5000	5000	4000	28000
9#采场	采矿	万吨	15.4												2.5	2.5
11#采场	采矿	万吨	0.00													0.0
(三)-170m水平	掘进	米	413	60	60	0	0	0	0	0	0	0	0	0	0	120
(三)-170m水平	中孔	米	122000	0	5000	5000	5000	10000	15000	15000	15000	10000	5000	0	0	85000
(三)-170m水平	采矿	万吨	199.2	7.0	7.0	7.0	7.0	7.0	7.0	7.0	7.0	7.0	7.0	7.0	7.0	84.0
1#采场	采矿	万吨	7.2													0.0
2#采场	采矿	万吨	10.6										3.5	3.5	3.5	10.5
3#采场	中孔	米	0													0
3#采场	采矿	万吨	0.0													0.0
4#采场	掘进	米	0													0
4#采场	中孔	米	0													0
4#采场	采矿	万吨	14.2	3.5	3.5	3.5	3.5	0.2								14.2
5#采场	中孔	米	0													0
5#采场	采矿	万吨	0.0													0.0
6#采场	掘进	米	0													0
6#采场	中孔	米	0													0
6#采场	采矿	万吨	0.0													0.0

图 2-23　采掘计划网络衔接表

地下矿生产的虚拟化、可视化布局，将自顶向下（由生产任务至生产排产）与自下向上（由基础作业条件至全矿生产能力）相结合，通过计划编制和生产任务分配系统，自动生成具备实际指导意义的生产计划，包括年度、半年度和月度计划。智能化通过如下功能表现：

（1）面向矿床模型完成矿山生产规划与布局，并进行三维模拟，如图 2-24 所示；

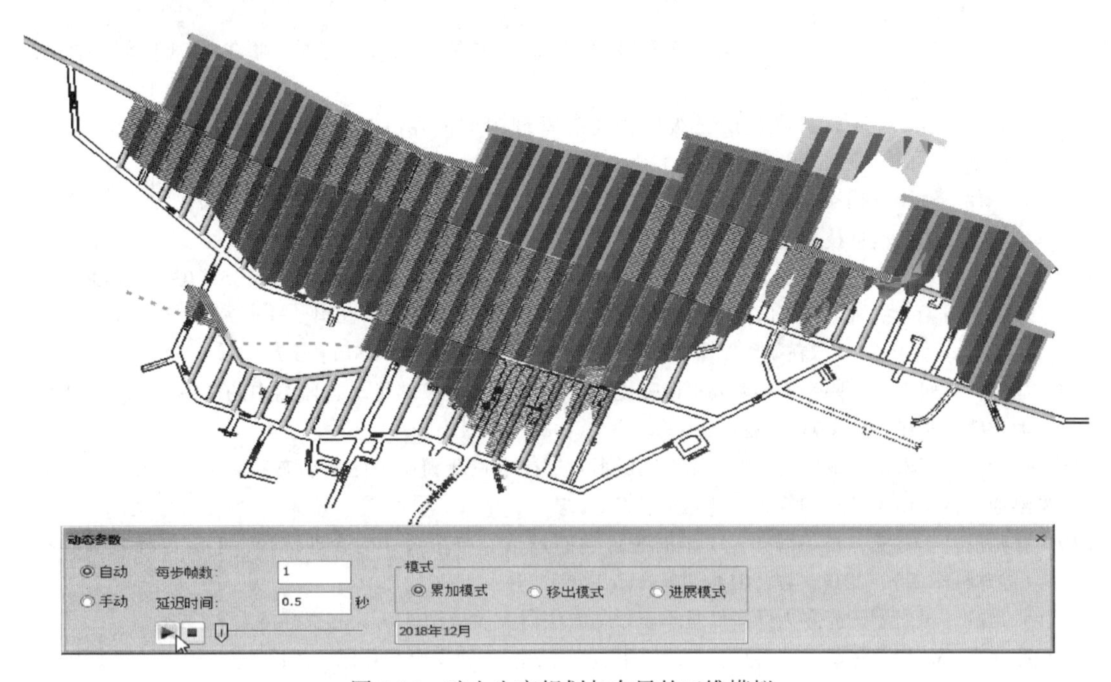

图 2-24　矿山生产规划与布局的三维模拟

（2）基于三维可视化平台进行生产计划的可视化拆解，拆解的细度目前可以以年/半年/月为单位细化到矿块、采场，随着应用的成熟可以扩展到具体的作业地点；

（3）在矿床经济模型中模拟评价生产任务所承担的矿石价值与资源耗费，为全面预算管理中的生产预算提供指导；

（4）在三维经济模型的支持下，根据资源条件、市场条件实现生产任务的快速调整与优化。

参 考 文 献

[1] 白立飞，潘宝玉，张兰．三维激光扫描技术在数字矿山领域的应用［J］．测绘科学，2013，38（05）：178-179.

[2] 曾庆田．复杂多金属矿床可视化模拟及其三维采矿设计技术研究［D］．中南大学，2007.

[3] 陈继福．RS 技术在矿山地质工作中的应用［J］．科学之友（学术版），2006（10）：18-19.

[4] 陈为，李建文．论三维激光扫描仪在矿山露天爆破设计中的应用［J］．中国锰业，2012，30（03）：42-44.

[5] 郭达志．论“矿山空间信息学”—矿山测量的现代发展［J］．测绘工程，2006（03）：1-7，14.

[6] 贾灿灿，赵琴音，吴戈．三维激光扫描技术在矿产资源储量动态监测中的应用［J］．辽宁省交通高等专科学校学报，2016，18（04）：15-17.

[7] 蒋吉生，史艳兵，洪华德．无人机航测系统在矿山测量中的应用［J］．世界有色金属，2018（16）：32-33.

[8] 李崇伟，杨丰栓，武坚，等．非量测型无人机影像快速大比例尺数字成图探讨［J］．测绘与空间地理信息，2015，38（11）：114-116.
[9] 林学艺，杨苏新．网络 RTK 配合三维激光扫描实现矿山开采动态监测［J］．测绘与空间地理信息，2016，39（11）：144-146.
[10] 刘书池，杨维．矿井环境下无人机视觉 PSOFastSLAM 算法的实现［J］．哈尔滨理工大学学报，2018，23（04）：75-81.
[11] 刘永旭．MineSight 软件在矿山三级矿量动态管理中的应用［J］．中国矿业，2017，26（12）：166-170.
[12] 司志伟．浅谈遥感和 GIS 技术在矿山环境调查上的应用［J］．世界有色金属，2017（22）：23-24.
[13] 宋二兵．空间信息技术及其在矿山测量中的应用［J］．河南科技，2014（11）：38.
[14] 王奉斌．三维激光扫描技术在矿井建模中的应用［J］．测绘技术装备，2013，15（03）：94-96.
[15] 王鸿鸽．无人机航测在矿山测绘中的实际应用［J］．技术与市场，2014，21（09）：55，57.
[16] 王玉平．“GPS”技术在矿山测量中的应用［J］．煤，2011，20（S1）：6-7.
[17] 向杰，陈建平，李诗，等．无人机遥感技术在北京首云铁矿储量动态监测中的应用［J］．国土资源遥感，2018，30（03）：224-229.
[18] 杨青山，范彬彬，魏显龙，等．无人机摄影测量技术在新疆矿山储量动态监测中的应用［J］．测绘通报，2015（05）：91-94.
[19] 张延凯，李克庆，杨诗海，等．地质统计学储量估算中块尺寸的合理选择［J］．吉林大学学报（地球科学版），2017，47（01）：106-112.
[20] 张延凯．斑岩型矿床露天开采储量动态评估方法研究及应用［D］．北京科技大学，2017.
[21] 张应平．3S 技术在现代矿山测量中的应用研究［J］．工业安全与环保，2017，43（07）：62-64.
[22] 张忠，何宏伟，张建文．基于低空遥感的矿山测量技术研究［J］．科技创新导报，2013（10）：90，92.
[23] 赵红泽，王金瑞，周立林，等．无人机在露天矿山地形建模中的应用研究［J］．露天采矿技术，2018，33（04）：83-87.
[24] 周宇，宋亚芳．国内外矿业软件的对比研究［J］．企业技术开发，2011，30（20）：74-75.
[25] 朱海斌，王妍，李亚梅．基于无人机的露天矿区测绘研究［J］．煤炭工程，2018，50（10）：162-166.

3 井下作业自动化

本章学习要点：金属地下矿山开采作业地点分散、作业条件恶劣，“钻、爆、装、运”等主要作业的自动化与遥控化，作业地点的无人或少人，是实现矿山本质安全、提高劳动生产率的主要途径。本章讲述智能采矿的发展过程、技术装备，以及智能化的表现方式，主要包括凿岩、装药、出矿、支护、溜井放矿、有轨运输和提升等作业的自动化。

伴随着浅部矿产资源开采程度的提高，我国矿山尤其是金属矿山正逐步走向深部开采阶段，一些金属矿山将逐步由千米以内向1500米及以上深井发展。统计显示，2000年以前，我国只有2座金属矿山开采深度达到1000米；进入21世纪以来其发展速度加快，目前已有16座地下金属矿山采深达到或超过1000米。有专家预测，我国将有30余座金属矿山进入地下1000米以下深度开采，其中有近10座矿山将进入1300~2000米深度开采；未来5~10年，将有1/3以上的矿山进入1000米以下的开采深度。

深部开采面临着诸多环境和技术难题，深部的高应力、岩性恶化以及高温环境带来了恶劣的作业条件和极大的安全隐患。借助智能采矿来实现井下开采的自动化、遥控化与无人化，则是解决这些问题的有效途径，因而被普遍认同是未来地下矿山的典型生产方式。

作为矿山生产的核心与关键环节，采矿生产是典型的离散式分散作业。尤其是金属矿山，具有显著的作业地点分散、工序复杂且时空上彼此约束等特点，因而在井下的多个工作面同时分散着不同的装备和人员。这其中，“钻、爆、装、运”是四个主要的环节，它们之间的密切配合保证了矿石从井下到地表的高效有序流动；然而这又是四个最为分散、动态性强、作业环境最为恶劣、安全隐患最为突出的环节，解决了这些作业的自动化、遥控化与现场无人化等问题，即可大范围提升整个矿山的安全水平与生产效率。因此，目前国内外的智能采矿基本上都是围绕这些作业，着力提升装备水平，实现自动控制与自主运行。

3.1 凿岩自动化

3.1.1 凿岩自动化发展概述

在交通道路、地下建筑、地下资源开采等工程项目中，隧道工程、巷道工程的开凿是一项重要内容。钻爆法是最经济最有效的凿岩方法，在国内外凿岩工程中占据主要地位。钻爆法施工的必备工程装备是凿岩台车，与其他工程装备一样，在不断的工程实践中成熟和完善，其蕴含的技术水平也随时代在不断发展，与科学技术的进步相适应。

20世纪40年代出现的风动钻架（又称瑞典方法）开启了隧道开凿的快速发展；60到70年代以风动多臂凿岩钻车为代表；到了70和80年代，Tamrock、Atlas等公司相继研制出了全液压凿岩台车，液压凿岩技术带动了隧道施工的环保、节能和快速凿钻；90年代则是计算机控制的机器人化的凿岩钻车的广泛应用时期。

20世纪60年代末，当时的凿岩台车由简单的钻臂和气动凿岩机组成。操作人员凭目测对准炮孔，往往会有偏差，造成超挖量和欠挖量大，巷道断面呈锯齿形，精度很低，成本很高。1970年，法国Montabert公司研制的第一台H50型液压凿岩机及其配套凿岩台车引起世界上很多国家的关注，相继有美国Ingersoll-Rand公司、Gardner-Denver公司、芬兰Tamrock公司、德国Krupp公司、瑞典Linden Alimak公司、Atlas Copco公司和日本FURU KAWA公司等进行研制。

挪威Bever公司于1978年开发出凿岩机器人样机，继而开发出全自动数据导向系统（包括专用配套控制硬件），被许多国家生产凿岩机器人的公司采用。日本东洋公司于1982年研制出AD系列双臂和四臂凿岩机器人，日本古河公司开发出JTH-2A-135型凿岩机器人，法国Montabert公司在80年代开发出6种Robofore型凿岩机器人，美国Interactive Science Inc公司研制出“245”型凿岩自动控制系统。瑞典Atlas Copco公司在1985年研制成Robot Boom系列凿岩机器人，1998年又推出Rocket Boomer M2C和L2C型凿岩机器人。芬兰Tamrock公司在1987年研制出Datamatic系列凿岩机器人，继而又推出Datasolo型深孔凿岩机器人。这些凿岩机器人装备有两级分布式计算机管理和控制系统，可进行离线编制炮孔布置程序、编制炮孔凿岩顺序表，其信息可存储、打印及传输到钻臂控制系统，以实现钻臂自动定位和控制凿岩参数优化，准确控制炮孔位置及精度。显示器可显示钻臂方向、炮孔布置状况、凿岩速度和进尺等，并有少数凿岩机器人已实现在地上遥控操作。

进入1990年代以来，新型液压凿岩机出现，并向大功率、自动化方向发展。凿岩机结构进行了重大改进，性能参数进一步优化，液压控制系统不断完善和提高，已经实现了凿岩过程自动化。其中瑞典Atlas Copco公司和芬兰Tamrock公司生产的液压凿岩机及配套钻车最具代表性，占有60%以上的市场份额。截至目前，无论是井下还是露天的掘进或采矿，都有相应的液压凿岩机供选用。

国内凿岩自动化发展情况相对滞后，1980年由长沙矿冶研究院、株洲东方工具厂等单位研制成功我国第一台用于生产的液压凿岩机YYG80，装配于CGJ2Y型全液压钻车上，并在湘东钨矿进行了工业试验，由此拉开了国内研制液压凿岩机的序幕。其后，相继十多家科研院所、高校以及设备制造厂商研制出20余种型号液压凿岩机和凿岩台车，形成了我国液压凿岩设备产品系列和研制使用格局，目前已进入实用化、产业化研制阶段，有效解决了钻孔作业人员的安全问题，实现了自动化钻孔，提高了钻孔效率。

我国液压凿岩机的发展走的是一条自主研发与引进消化国外先进技术相结合的道路，经过几十年的发展与探索已经初步形成了自己的产品规格与系列，达到了一定水平。但与国际先进水平相比，尚存在很大差距，引进机型现在尚未完全国产化，其关键零部件仍依赖进口。

3.1.2 智能化中深孔凿岩装备与技术

作为一种无人操作、高度智能化、自主凿岩、自主定位、自主行走的钻机，智能中深孔全液压凿岩台车可以满足井下中深孔钻孔的全自动化。智能中深孔全液压凿岩台车通过装置智能控制系统，实现智能接卸杆、智能凿岩、智能定位以及智能行走等智能化控制功能。在智能采矿系统中，台车借助井下无线网接收相关的环境信息与中央控制室的指令，然后自主运行。其中的智能控制是关键，核心技术包括液压凿岩智能控制技术、智能钻杆技术、软特性智能防卡杆技术、智能定位炮孔技术以及激光导航的智能行走控制技术。

3.1.2.1 液压凿岩智能控制技术

在进行液压凿岩的时候，推进力、回转速度和压力、冲击频率和压力等都是制约凿岩效率的关键性指标，异样的岩石状况要求异样的动作参数，这样才可以实现最为理想的凿岩成效。从理论上讲，在软质岩层凿岩的情况下，借助快转、低能、高频的手段能够实现较为理想的成效；而在硬质岩层凿岩的情况下，借助慢转、高能、低频的手段能够实现较为理想的成效。一个最为理想的轴推力会形成于一系列岩层的凿岩过程中，这样能够保障在岩面与钻头之间传递应力波，以及确保钻头不会过早地磨损。以上的推进力、回转速度和压力、冲击频率和压力等一系列的指标都会直接制约凿岩效率，一系列的指标间也存在匹配的需要。为此，只有组合匹配一系列的指标，才能够确保实现最理想的凿岩效率。

除冲击频率之外，智能中深孔全液压凿岩台车的其他指标都是通过车载计算机借助电液比例控制技术实施无级调节，借助对出现卡杆的频率与穿孔凿岩的速度评价调节的成效，实施动态调整，进而实现最为理想的凿岩效率。车载计算机划分成为以下 2 种情形进行智能化控制：

（1）在明确岩石状况的条件下，对内置的专家系统以及数学模型进行调用，以及对一系列的凿岩指标进行自动化调节，实现最为理想的凿岩成效。因为借助实验创建的专家数据库非常有限，根据异样岩石状况的数据应当在凿岩的过程中进行完善。为此，专家数据库有着能够不间断更新与完善的能力，通过对以上的凿岩成效进行自主评价和分析，持续归纳且对一系列独特岩石状况下最为理想的控制数据进行记录，确保台车可以持续地积累经验，从而减少评判的时间。

（2）在不明确的岩石状况下，对凿岩效率实施自主评判与研究，从而实现最为理想的凿岩指标。因此，台车推进压力、回转速度和压力、冲击压力等关键性的凿岩指标都有着比较大的变幅，在不明确的岩石状况下运行的过程中，通过车载计算机将指令发出，组合改变一系列的指标和匹配联系，且对凿岩的成效进行检测和跟踪，在实现最为理想的凿岩指标之后，自主性地回归且选用最为理想的匹配方程与凿岩指标。

3.1.2.2 智能钻杆技术

基于中深孔接杆钻进的实际需要，中深孔凿岩自动化钻杆得以实现的必要设备是钻杆库的随机设置。为了实现钻深目标，借助快换钻杆，采用有机材料制作成为有着自夹紧作用的盘式钻杆库，通过液压油缸驱动钻杆库进行逆时针以及顺时针的双向步进送杆，在钻杆库上通过推进器的机械手实施抓取钻杆的策略。

液压驱动应用于机械手与钻杆库，具备位置传感器，根据需要通过车载计算机控制完成一系列的动作。车载计算机可以对钻杆库的实际工作现状进行及时监测，以及实现凿岩时接卸钻杆的自动化工作，并对危险的情况进行判断，智能研究运动干涉等。同时，钻杆库姿态数据能够借助网络向控制中心传输，将钻杆库的姿态及时显示在虚拟模型中。

3.1.2.3 软特性智能防卡杆技术

地下中深孔凿岩经常碰到卡杆的问题。通过将液压凿岩机回转扭矩及时检测作为判定标准，对液压凿岩机的推进以及冲击压力进行调节，确保凿岩机扭矩向正常值回归，进而防止恶性增加扭矩而出现卡杆的问题。

智能控制的核心，是如何结合改变的回转扭矩进而通过最为理想的动作曲线不间断地对推进以及冲击压力进行调节。在试验以及液压凿岩防卡杆机理分析的基础上，创建科学的防卡杆动作方程以及数学模型，通过车载计算机借助比例控制技术不间断地调节防卡杆过程。借助智能研究程序对是否出现卡杆的情况进行判定，且结合出现卡杆的频率与强度，自主决定动作力度以及处理策略，有效地减少卡杆故障对凿岩效率带来的影响。

3.1.2.4 炮孔智能定位技术

通过人工离线或智能采矿系统在精度较高的三维数字地图中编制炮孔的位置，并借助变位机构与台车姿态以及台车位置的控制来确切地定位炮孔。变位机构与台车车体数字化模型的创建能够给定位预判带来计算基础。其中，通过车载激光接收器对台车的位置进行感知；变位机构姿态的组成部分是上下顶撑、补偿、回转、平移、仰俯；台车姿态涵盖高程信息、横向角度、纵向角度。在台车向凿岩位置接近的情况下，通过车载计算机提前计算且指引台车到达炮孔组要求的台车区域，并借助闭环系统对液压阀实现变位机构的空间定位与控制。

3.1.2.5 激光导航的智能行走控制技术

激光导航系统通过高精度的地下采场三维数字地图，实现台车智能行走控制。由中央控制室发出目标指令，通过车载终端结合三维数字地图对路径实施规划，自主向目标区域行驶。

借助车载激光接收器等设置，对台车的纵向以及横向偏差进行感知。通过车载终端计算纠偏要求的控制信号，放大之后将 PWM 电流输出且朝控制电液比例阀转向，这样能够逐步地降低台车工作的偏差。这个控制过程属于非静止性和不间断调节的过程，需要分析控制系统的非静止性特点，进而在超调量与时间调整上获取最为理想的平衡点。

借助闭式静液压传动而行走的台车，通过车载计算机对台车的闭式系统压力和纵向倾角等进行采集，结合规划路径的行驶要素、发动机转速或马达排量来调节台车的速度。

将多个距离传感器布置在台车的周围，对台车所处的巷道横向距离进行及时性地感知，有利于台车行驶安全性的提高。在台车驶出激光照射范围的情况下，能够提供位置以方便台车的归位。

图 3-1 所示为自动化中深孔凿岩台车。

图 3-1　自动化中深孔凿岩台车

3.1.3　应用案例

地下采矿的趋势是智能化、网络化、数字化，国外一些先进的矿山企业已在实际的采矿生产当中实现了智能化和数字化。智能化和数字化矿山开采具备环保、节能、高效、安全等特点，而矿山的智能化、网络化、数字化作业务必配备智能矿山装置。

当前，瑞典卢基公司 Kiruna 矿和 Malmberget 矿，加拿大国际镍公司 Stobe 矿和澳大利亚 Olympic Dam 矿等都已使用凿岩机器人和远程控制技术进行凿岩，一名工人可在地表或安全地区控制 2~3 台凿岩机器人，显著提高了生产效率。其中，Kiruna 矿是世界上现代化的大型矿山，拥有先进水平的矿山设备。其凿岩设备从气动到液压的更新换代，使矿山开采工艺不断变革，生产能力不断增加，劳动生产率不断提高。

卢基公司于 1997 年向 Atlas Copco 公司订购了 4 台 SimbaW469S 型凿岩机器人。该凿岩机器人装有卢基公司 G-Drill 公司研制的 Wassara 水力潜孔冲击器，使其随孔深增加而凿岩速度不降低，钻孔垂直精度得到了保证。它用一根光缆与控制中心相连，指令可从控制中心发往生产现场，通过无线电控制 W469S 凿岩机器人在不同工位进行凿岩，实现了平均凿岩速度 300m/d，最高为 500m/d，平均无故障运行时间 104h，炮孔位置准确、孔深符合要求、炮孔垂直精度高，当孔深 30m 时，偏差不超过 1.5%。

加拿大国际镍公司 Stobie 矿目前已建成无人化矿山，每周七天三班作业，日出矿量 11200 吨。从 1994 年 6 月开始使用 Tamrock 公司的 1000Sixty Datasolo 凿岩机器人，1995 年 9 月 1500 Sixty Datasolo 凿岩机器人到矿，1996 年 3 月第 3 台凿岩机器人到矿。到 1996 年 10 月末，3 台 Datasolo 型凿岩机器人已钻凿 112500m 炮孔。实践表明，凿岩速度每班平均达到 132m，3 台设备每月共完成 18288m 进尺，比传统液压凿岩台车劳动生产率提高 63%，每班多运转 1.5h，设备利用率提高了 19%。

澳大利亚的 Olympic Dam 矿从 Atlas Copco 公司购进 2 台凿岩机器人，1 台 Simba 4356S 型凿岩机器人于 1998 年 6 月投入使用，钻凿孔径 102mm、孔深 30m。1998 年 9 月创造了孔径 102mm 下向孔进尺 12849m 的世界纪录。该机装有 Cop4050 凿岩机和 BSH 液压钎杆支撑系统，设备完好率 94.2%，平均利用率 82%。

3.2 装药自动化

3.2.1 装药自动化发展概述

在地下开采“钻、爆、装、运”的四个主要环节中，爆破的机械化、自动化、智能化水平远远落后于其他几个环节，已经成为制约矿山生产能力提高的瓶颈。因此，大力发展地下装药的机械化、自动化、智能化，降低工人劳动强度，提高工人作业安全，实现作业现场的减人无人化，是地下装药智能化的发展方向，也是未来智能矿山的关键组成部分。

地下装药技术是在露天装药技术的基础上发展起来的。国外的地下装药车已经完成机械化向自动化的转变，近年来正在向智能化过渡。20 世纪中期，一些采矿业较为发达的国家开始采用初级的装药器代替最初的人工装药，实现了装药的初级机械化，如苏联的 KyPama-7M、KyPama-8、3-2 型喷射式装药器、压入式装药器、联合式装药器等。随着科学技术的发展，一些国家研制出功能更全面、技术含量更高的装药车，如苏联的 C3y-1 型、瑞典阿特拉斯的 PT 系列、芬兰诺曼特 NT 系列等。

20 世纪 80 年代，乳化炸药地下装药车也相继在国外问世，随即被广泛采用。地下装药智能化的发展由于其复杂的环境、繁琐的操作、超高的安全性要求以及科学技术的限制，发展相对缓慢。近期，澳大利亚学者提出了视觉寻孔、自动装药的智能化装药方案。在装药过程中首次加入视觉伺服炮孔定位、机械臂的自动控制，实现了自动寻孔功能。该方法使用三维激光扫描仪扫描隧道的环境，通过视觉算法，筛选出炮孔，并测算出炮孔三维坐标，接着控制自动化机械臂精准对孔，最后实现自动装药过程。

国内的装药技术起步较晚，发展也相对缓慢。直到 20 世纪 80 年代，长治矿山机械厂在瑞典 ANOL 的基础上研制出 BQ 系列装药器，用于装填铵油炸药。在国外装药车的基础上，国内也研制了一些装药车，比如马鞍山矿山院的 DZY220 型井下装药车，配有安装工作平台，人工辅助送、退管等操作；长沙矿山院研制的 JFZ600 型井下上向中深孔铵油粉粒状装药车，克服了装药与返药控制等关键技术问题，解决了部分进口设备在国内运用不成功的技术难题。2006 年，由北京矿冶研究总院研制的 BCJ-4 型地下装药车通过技术鉴定，该车上向孔装药无返药，爆破效果好，被国内矿企广泛采用。2014 年，北京矿冶研究总院研制的 BCJ-41 型地下乳化装药车在整车一体自动化上实现了突破，不仅实现了遥控对孔和自动送退管，而且实现了卷管与送退管自动匹配、数字化可视操作、实时状态监测、炸药配方比例自动调节等多项先进技术。

国内的“装药智能化”概念由“十二五”规划中“863 地下金属矿智能开采技术”课题延伸而来。智能装药车借助于调度平台和电子地图的指引，可以完成自主路线规划的无人化行走、车辆位置的精确定位；借助激光扫描，实现避障行走。在智能寻孔方面，采用了激光测距仪/单摄像头综合炮孔识别方案，多级精确炮孔定位。在智能装药方面，实现与中央控制服务器的数据交互：炮孔位置、设计装药参数的下传，装药结果、实时状态的上传与存储。进一步实现了自动化、无人化、智能化，为国内智能装药技术的发展奠定了基础。

3.2.2　自动装药装备与关键技术

地下矿用智能乳化炸药装药车如图 3-2 所示，其主要由铰接式底盘、乳化基质储存及其输送系统、敏化剂储存及其输送系统、履带式送管器、输药管卷筒、五自由度工作臂及遥控器、液压系统、控制系统、图像识别系统、自主行驶系统和动态监控信息系统等组成。

图 3-2　地下矿智能装药台车示意图

地下矿用智能炸药装药车的核心技术，主要包括车辆自主行驶及避障技术、工作臂远程（视距）无线遥控及自动寻孔技术、输药管自动送退管及炮孔底部识别技术等。

3.2.2.1　自主行驶及避障技术

为了避免司机驾驶车辆通过有危险的巷道时出现意外人身伤害，地下矿用智能装药车可实现人工驾驶、远程（视距）遥控行驶和自主行驶，且各种驾驶功能切换方便。地下矿用智能装药车采用组合定位导航技术实现自主行驶功能，自主行驶定位导航有相对导航和绝对导航两种工作模式。

（1）绝对定位导航自主行走技术系统：由车载定位模块、激光接收追踪模块及装药车自主行驶控制模块等组成。地面智能调度系统通过井下无线通信系统、井下精确定位与导航系统引导车辆自主行驶。

（2）相对定位导航自主行驶系统：通过车载激光测距传感器感知巷道信息，实现自动避障行驶。相比绝对定位导航自主行驶系统来说，不用搭建井下无线通信系统、智能调度系统及建立井下巷道电子地图等，整体成本较低。该系统主要由航迹推算子系统、激光测距/识别子系统、车载激光收发器、导航算法等组成。

3.2.2.2　工作臂远程（视距）无线遥控及自动寻孔技术

地下矿用智能炸药装药车寻孔的硬件基础是工作臂，通过控制工作臂多自由度的复合动作，能够实现井下巷道全方位炮孔的寻孔。智能寻孔系统包括了机械臂底层控制系统、机械臂模型控制系统、视觉伺服系统、装药自动控制系统和装药车与调度平台的信息交互系统。

3.2.2.3　输药管自动送退管及炮孔底部识别技术

输药管自动送退管技术主要由履带式送管器和输药管卷筒组成。履带式送管器主要由传动机构、间隙调节机构、传感器等组成。送管器由液压马达驱动上下两组履带实现传动，履带由主动链轮、从动链轮、链条和金属夹块等部件构成，夹块与链条固定，跟随链条一起运动。送管器可自动测量输药管的输送速度和输送长度。输药管卷筒是具有自动送退管、自动排管、自动计量功能的大直径卷筒，能够实现与泵送系统、送管器的联动调速。

3.2.3　应用案例

在国家“十二五”高新技术研发计划支持下，我国自主研发的地下矿用智能炸药装药车在凡口铅锌矿进行了长达半年的工业实验，装药车在-540m水平进行了视距遥控驾驶、远程遥控驾驶及自主行驶工业实验，完成了视距遥控寻孔、远程遥控寻孔及自动寻孔工业实验，和自动送退管及装药工业实验。各项工业实验对装药车各系统的可靠性进行了检验，地下矿用智能炸药装药车在半年的工业实验过程中达到了零故障，已经具备了工业化应用的条件。图3-3所示为地下矿用智能装药车在凡口铅锌矿井下工业实验图像。

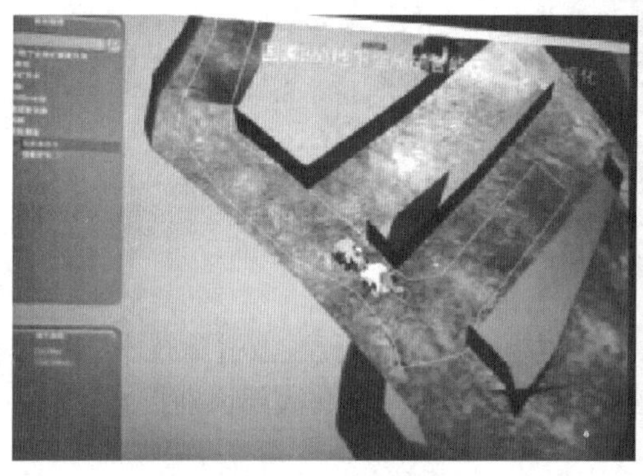

(a) 智能装药车位置实时监控

(b) 装药车井下自主运行

(c) 自动寻孔与装药

图3-3　装药自动化应用案例

3.3　出矿自动化

3.3.1　出矿自动化发展概述

无轨设备自动化采矿技术研究与开发在国外已有20多年历史，特别是随着井下定位及导航技术、信号传输与通信技术、微电子技术、智能控制技术、设备制造技术的长足发展，遥控凿岩台车、遥控铲运机及自动化铲运机出矿、自动卡车运输在加拿大、智利、芬兰、瑞典、澳大利亚、南非等采矿业发达国家的矿山得到广泛应用，并取得了显著效果，矿山生产效率、生产能力得到大幅提高，生产运营成本大幅下降。

1963 年，世界上第一台 ST-5 铲运机由瓦格纳（Wagner）公司研制成功，经过 40 多年的发展，由于矿山井下铲运车机动灵活、作业效率高、生产费用低，在世界各国地下矿山和地下工程中投入使用和迅速推广，从而形成了以井下铲运机为主体的无轨化采矿技术，并且相继诞生了一批著名的矿山设备生产企业，如阿特拉斯·科普柯·瓦格纳（Atlas Copco Wagner）公司、德国 GHH 公司、山特维克·汤姆洛克（Sandvik-Tamrock）公司等，形成了内燃机型和电动型两大系列的矿山井下设备。同时，无轨化、大型化、液压化、节能化、自动化的地下采掘设备的推广和应用，大大提高了矿山生产率，大幅度降低了矿石的生产成本，为大规模地下采矿提供了保证。

德国 GHH 公司是世界著名的矿山设备生产企业之一，主要生产 LF 系列铲运机和 MK 系列矿用卡车。多年以来，国内许多家企业先后引进了各种规格型号的铲运机和矿用卡车，其产品在我国的影响很大。GHH 现在采用的是第二代更加智能的自动采矿系统，该系统是采用德国 Goetting 公司的电子装置，并配置了复合超声和激光控制。这个系统的特点是先进的模糊逻辑，通过操作者操作装载或卸料。新型铲运机采用遥控控制，通过视频监控设备实时完成对铲运机工作情况的掌握，并且在遥控控制室实现对三台铲运机的控制，极大地提高了采矿效率。

瓦格纳（Wagner）公司成立于 1922 年，是目前世界上最大、生产品种最多的井下无轨设备生产厂家，其产品覆盖范围广、设备性能优异、技术先进。其核心技术包括设计运用了人体工程学，极大提高了驾驶操作的舒适性；电子控制自动换挡的一体化变矩/变速器；Z 形连杆工作机构提高了铲斗的满载系数；采用集中润滑系统定时定点定量润滑各摩擦点；采用德国 Noranda 公司的最新的遥控技术 SLAM Remote Ⅱ 实现了铲运机的遥控控制。

山特维克·汤姆洛克（Sandvik-Tamrock）也是世界上最著名的地下无轨设备的生产公司之一，其铲运机和地下矿用卡车制造技术居世界领先水平。生产的 TORO 系列铲运机具有以下特点：通过视频摄像机装载，半自动控制，运输与卸料是自主操纵；车载监控系统保证每台地下铲运机性能最好；强大的通信系统把控制与操作的数据传入和传出每台地下铲运机和控制室。安装导航系统（惯性导航系统和激光扫描仪），用来确定车辆加速度和运行距离，连续监视隧道外形，识别工作区的每一个物体。该系统将记录到的所有信息，反馈到中心控制室内，从而控制每台机器的运行与工作循环。

安大略明特罗尼斯设备公司研发了用于自动汽车和铲运机作业的 Opti-Trak 系统。Opti-Trak 系统超越了遥控范围，只要对车辆进行装载和调度，就无须司机照管而自动作业，除非发生了机械故障。Opti-Trak 系统使车辆根据前后安装的激光器指示的方向行驶。激光器对巷道顶板上的参照物进行扫描，车辆沿着参照物指示的方向行驶，而且可完成其他功能，如可通过在参照物附近设置的反射条形码进行卸矿、换挡、检查制动器。

目前 Sandvik Tamrock、GHH 等公司正在发展的自动化技术主要有：远程控制（Teleoperation），半自主（Semi-Autonomous）与自主（Autonomous）控制，视频遥控（Remote

Control with Video)，地下无线通信网络，视觉导航，激光导航，安全系统等。

我国于1975年从国外引进了第一台铲运机，不久即开始自行研发，经过30多年的消化和吸收，铲运机和矿用卡车的生产技术日趋成熟，逐渐形成了系列化、专业化的产品模式，与世界的发展水平之间的差距不断缩小。到目前为止，国产铲运机已成为我国矿山生产的主要出矿设备，占有国内市场57%的份额，部分产品已开始进入国际市场，在国内形成了有一定影响的生产企业。同时，一些高校和科研院所对工程设备在自动控制、遥控控制等方面进行了研究，在实验室研究和成型系统推广上都取得了不少成果。

我国在铲运机的生产过程中，引进了世界先进的车辆生产技术，如液压系统、制动系统、工作机构设计等，这些先进技术的消化和吸收，极大地促进了我国铲运机制造业的发展，而且针对在实际工程应用中发现的一些问题，做出了相应的改进，使得我国生产的铲运机更适应国内的使用环境。但是由于起步较晚，在遥控控制、铲运机的自动化程度和智能化改造、大型铲运机制造等方面，与国外铲运机制造企业还存在较大差距。

3.3.2 井下精确定位与导航技术

出矿自动化研究的本质，是铲运机在行驶中，能够根据传感器得到的路况信号，再结合自身车载状态监控系统得到的铲运机自身信息，来完成在行驶过程中对铲运机的智能控制，使铲运机完成行驶的操作。而人工智能控制、计算机科学、汽车操纵理论、驾驶员行为分析等理论都是地下铲运机智能控制策略研究的基础。其中的一项重要内容就是车辆的自动导航。有了可靠的导航系统，铲运车就可以沿着既定的轨迹运行，顺利完成各项作业任务。导航系统是否稳定可靠，将对铲运车整个系统的智能化改造产生重要影响。

目前车辆导航技术主要有GPS、机器视觉导航、光检测导航、激光导航、寻线导航、超声波导航等。GPS导航是目前应用较多且较成熟的一项导航技术，然而地下矿井不同于露天矿，无法接收到GPS信号，因此铲运车导航应选用其他导航方式。目前国外井下矿运车导航研究较多的是视觉导航、光检测和激光导航。光检测和激光导航在电动矿运车上应用较为成功。

3.3.2.1 视觉导航

视觉导航是基于机器视觉的智能车辆导航技术。它能完成道路和障碍物检测任务，控制车辆在道路上安全行驶。视觉导航有其显著优点，既不需要障碍物的先验知识，对障碍物是否运动也无限制，还能直接得到障碍物的实际位置。但其对摄像机标定要求较高。而在车辆行驶过程中，摄像机定标参数会发生漂移，需要对摄像机进行动态标定。该技术在地下车辆自动导航上也有应用，但是系统复杂，自动化程度要求高，实施成本也较高。

3.3.2.2 光检测导航

光检测导航是根据光电传感器测得的反射光强信号来自动辨识行驶路径，实现车辆的无人自动寻迹行驶。美国卡特彼勒公司基于这种方法，在地下矿车上进行了应用。其导航过程首先在巷道的侧壁或天花板上安装反光绳，两台摄像机或光传感器安装在车辆上，探测反光绳的位置，以此确定车辆与导航绳的位置，从而使车辆跟踪巷道天花板上导航绳移动。这种导航方法在电动铲运车上应用比较理想。

3.3.2.3 寻线导航

寻线导航是智能车辆导航方式之一。寻线导航（即地面标志线导航）作为一种非视觉传感器组合导航方式，铺设简单，灵活方便，对周围环境的依赖性较小。寻线导航方式以光电传感器为硬件基础，利用调制光检测原理，实现环境识别与定位。目前国内外对此均有不同程度的研究，利用调制光寻线系统控制自动行走机器人，取得了较好的效果；但也存在检测点过多、光电检测装置体积大、电路比较复杂等缺点。

3.3.2.4 回转激光导航

回转激光导航的原理是：小型回转激光安装在车辆的顶部，传感器发出激光束并检测安装在巷道壁任一位置专用反光带反射的激光束，当激光束回转时，车辆运行方向与任一反射带之间的夹角，可以被检测出来，通过比较专用反射图与下载到车辆的反射电子地图，就可以确定电子地图覆盖的任何一点的绝对位置。

3.3.2.5 激光扫描导航

激光扫描是用于自主铲运车辆的最新技术。激光扫描导航的测量传感器和巷道壁之间超过270°角度的距离，其图形扫描结果几乎与雷达图像一样。车载计算机在雷达图上寻找有意义的“自然路标”——巷道帮岩石表面特有的下陷，并把“路标”同现有地图加以比较，以决定车辆绝对位置。

分析上述导航方式，各有其优缺点。光检测和激光导航一般都应用光学原理，采用光电传感器及光学摄像头等感光设备，如果在工况条件比较差的矿井中工作，车辆的柴油发动机工作时，会产生尾气烟雾；一些井下设备作业时，会使巷道弥漫大量矿石粉尘；另外，由于井下潮湿、闷热，有时也会产生雾气。这些粉尘和烟雾会对光学导航产生一定的干扰，使导航精度及可靠度降低，并使光学设备的维护成本增加。

3.3.3 智能铲运装备与技术

采场出矿作为采矿工艺的重要一环，其作业的安全高效一直是矿山追求的最高目标，铲运机自动化出矿将是矿山发展的必然趋势。铲运机的自动化程度从低到高分为视距控制、视频控制和全自动运行。

为解决铲运机进入采场空区出矿的安全问题，国内外均较早地采用了视距控制的铲运机，收到了较好的使用效果。视距遥控铲运机的原理及安装最简单，即将铲运机上的操作部分复制到一个操作盒内，工人拿着操作盒在远处看着铲运机进行操作。视频控制需要增加一套视频信号传输设施，可以看着操作盒上屏幕的实时图像对铲运机进行遥控，对铲运机遥控的距离比视距遥控远。全自动运行铲运机，从装矿、运行到卸矿可全部实现自动化，但所需要的辅助设施也更多更复杂，其示意图见图3-4。

与传统的人在驾驶室操作铲运机相比，全自动铲运机具有以下显著特点：不需要人员驾驶铲运机进入空区出矿，保证了人员安全；铲运机在设备最佳状态下运行稳定，避免了人员野蛮操作或操作不当对铲运机造成的损害，从根本上杜绝了铲运机与巷道碰撞情况的发生，降低了故障率，提高了铲运机的使用寿命，降低了维护维修成本以及燃油和轮胎消耗；通过门禁系统隔绝了人员和其他设备进入铲运机运行区域，保证了铲运机本身及井下人员设备的安全；更快的工作循环意味着更高的产量，同时自动化铲运机在井下交接班期间及爆破后都能工作，提高了设备利用率；人员在地表控制室或井下控制车上远程操控铲运机，远离了危险区域，工作环境舒适，一个人最多可以同时控制3台铲运机，减少了操作人员的数量及人工成本。

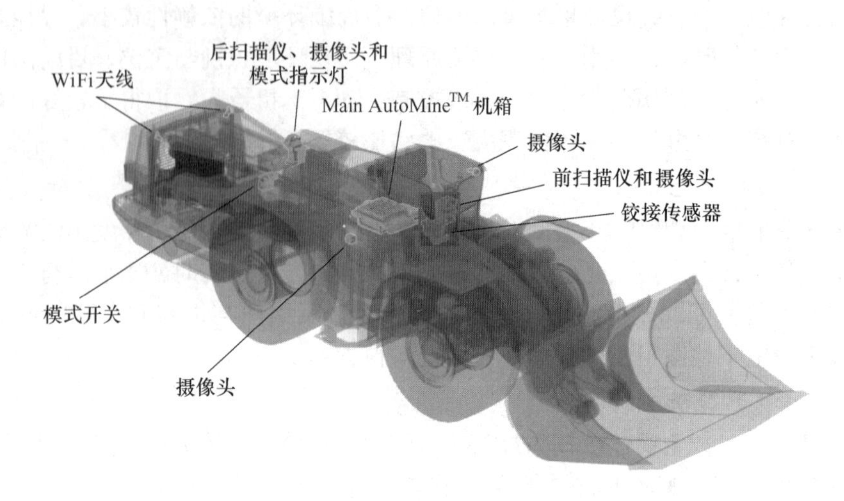

图 3-4 自动化铲运机示意图

自动化铲运机系统包括以下主要系统：通信网络、门禁控制系统（ACS）、操作站以及自动化铲运机。其系统构成及工作原理如图 3-5 所示。

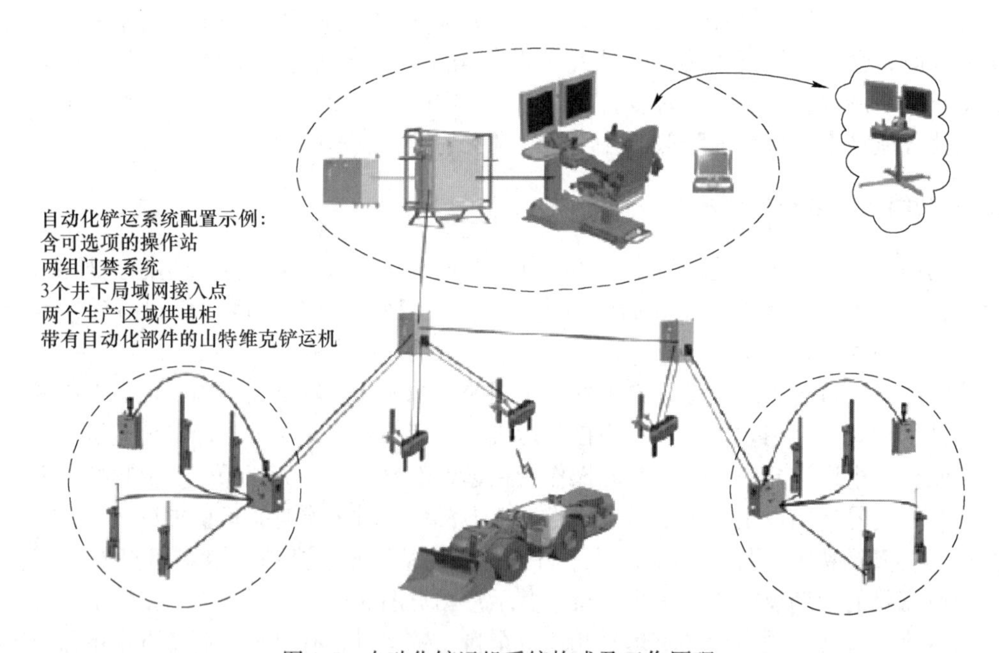

图 3-5 自动化铲运机系统构成及工作原理

3.3.3.1 网络及通信系统要求

矿山局域网系统提供自动化铲运机和门禁系统之间的通信，网络范围涵盖自动化作业区域和操作站内的设备。为了达到实时操控的性能要求，自动化作业区内必须 100% 覆盖无线网络，能实现实时数据的传输。“视线可见”是首要的设计标准，设备天线和矿山局域网接入点之间无死角。

3.3.3.2 门禁控制系统

门禁系统用于确保系统的安全，防止铲运机擅自离开作业区，禁止人工操作设备或人员进入该区域。门禁系统由可移动式门禁组成，门禁必须安装在自动化作业区的每个进口。由门禁隔离出一块自动化作业区域，一个门禁由两对激光门禁（称为激光门禁对）构成，每对激光门禁间的最小间距为铲运机的制动停车距离。

在下列情况下，门禁系统和安全装置将使设备自动停机：激光门禁受到干扰；主开关的快速停机按钮启动（操作站）；门禁系统的快速停机按钮启动（位于门禁系统现场接线柜和控制箱）；按下铲运机紧急停车按钮（安装在驾驶室及后车架）；铲运机的无线通信连接断开。

3.3.3.3 机载设施

与传统的人工操作铲运机相比，全自动化铲运机还需要加装下列部件：①导航系统；②摄像视频辅助系统；③门禁控制的机载系统；④无线通信系统。

3.3.3.4 操作站

铲运机自动化系统的所有功能可由一个独立的操作站实现。操作站包括符合人机工程学设计的遥控操作控制台、门禁系统用户界面、监视系统人机界面和部件箱。一个操作站对应多台铲运机（以下简称为一对多功能），可以实现 1 个操作站对位于 3 个独立采场内的 3 台铲运机进行操控，如图 3-6 所示。

图 3-6 铲运机的智能控制

下面对此功能进行概括介绍：

（1）一名操作人员可从一个操作站控制多台铲运机（同一时间一台），当铲运机到达联入系统区域内的装矿点时，系统会发出通知；

（2）操作人员在监控系统的显示器上选择所要操控的铲运机；

（3）同一采场内，仅能有一台自动化铲运机进行工作（不具备交通管理系统）；

（4）每一个采场都通过独立的门禁系统进行隔离；

（5）每个采场的门禁系统都在中控室有其对应的控制面板和 PLC；

（6）可通过增加操作站的数量实现对更多采场及更多台铲运机的自动化控制。

操作站可设置于地表或远程中控室内，通过矿山的主干网络或单独的光纤网络实现数据的传送。图 3-7 为地表常用的座椅式操作站，主要由 6 个部分构成：左扶手面板、右扶手面板、油门及制动踏板、门禁系统用户界面、监测系统触屏显示器、视频显示及远程遥控辅助系统。

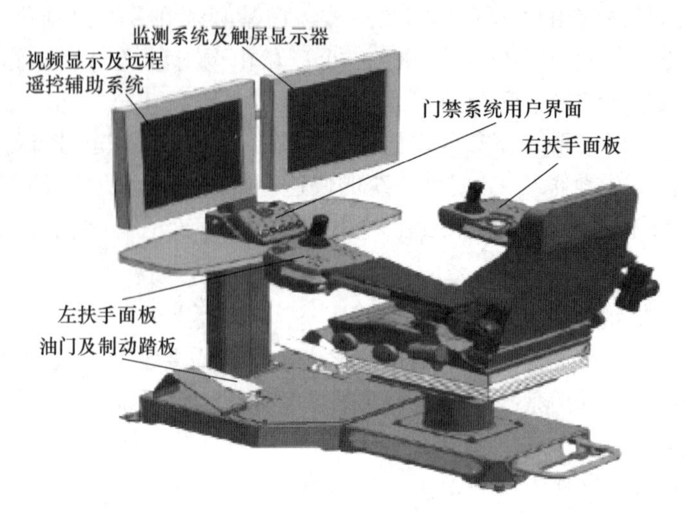

图 3-7 座椅式操作站构成

3.3.4 应用案例

芬兰 Pyhasalmi Mine 矿目前装备有 6 台铲运机，分别为 4 台 LH621、1 台 TORO11 和 1 台 LH517；共装备有 3 套 Auto Mine Loading-Lite 单台铲运机自动化系统，这 3 套系统可控制 4 台 LH621 及 1 台 TORO11。操作站设置于移动面包车内，在采场外进行控制。铲运机从采场到溜井的平均运输距离为 250m，每台自动化铲运机每年出矿能力可达 30 万吨，整个矿山产量由使用自动化铲运机前的 80 万吨提高到 140 万吨以上；全员劳动生产率 20 吨/(人・天)左右；作业人员由 210 人下降至 71 人。

嘉能可公司位于加拿大的 Kidd Creek 矿，年生产能力 230 万吨。目前装备四套 Sandvik 的单台铲运机自动化系统，控制 4 台 LH514 铲运机。操作站位于地表中控室，主要用在 4 个运输水平之间的溜井倒运和空场法采场出矿，占总量的 70%。一个操作台控制一台铲运机，主溜井口格筛上的液压破碎锤也实现在地表控制，一人可同时控制 4 台遥控液压锤。目前，因该矿井深达 3000m，出入井耗时长，每天只能有 12 小时的有效工作时间（每天 2 班作业，每班 10 小时）。使用该自动化铲运机后，每天有效时间增加至 15 小时，相应的矿山产能提高了 50%。

Bolide 公司位于瑞典的 Malmberget 矿是 Caterpillar MINGEM 铲运机自动化系统的试点之一。该矿使用的是 CAT R2900G XTRA 铲运机，顺利完成了 12 个月的测试实验。据 Caterpillar 估算，测试期间有效提升铲运机生产效率 25%左右，与此同时，设备发生碰撞的几率、发生碰撞后维修设备和修补受损区域的时间都已降低为 0。除此之外，在人员换班、爆破后通风等无人值守期间，设备可继续运作，估算每天可以有效延长生产时间 4~6 小时。

据统计，全球采用 Sandvik 公司生产的自动化铲运机出矿或自动化卡车运输，以及自动化铲运机装载与自动卡车联合运输的用户已接近 20 个矿山，其中采用自动化铲运机出矿的矿山 12 个，最高纯作业时间每天达到 22 小时，平均出矿效率提高了 20%以上。

3.4　支护自动化

为解决矿山支护过程中存在的作业手段落后、员工工作环境差、效率低、支护强度不高等问题，国外各大矿山设备公司相继推出了功能全、自动化程度高的喷浆台车和锚杆台车，提高了支护作业的机械化、智能化水平，从而减轻了工人负担，改善了员工作业环境，提高了支护作业工作效率和施工质量。

3.4.1　智能喷浆台车

智能喷浆台车在地下工程开挖支护施工中具有喷射速度快、喷射覆盖范围大、喷射质量好、使用灵活、安全等优点，已越来越多地应用于公路、铁路、城市地铁、水利工程等地下工程施工中。以普茨迈斯特公司生产的 SPM 4210 喷浆台车（见图 3-8）为例，其主要特性包括：

（1）采用铰接式底盘、柴油机动力、四轮驱动，带液压支腿，配有手动电缆卷筒。运用 SA10.1 型液压喷射臂，带有线/无线双操作模式遥控器，采用较先进的 PM 1507 型混凝土泵、液态添加剂计量输送装置及 PM37 型电动螺杆式空压机，以上部件均安装在同一底盘上，从而使该台车具有喷射速度快、覆盖范围广、喷射质量好、使用灵活等优点。

（2）最大喷射高度可达 10m，最大喷射宽度为 13m，前方最远喷射距离 8m，最小可喷射作业隧洞高度 4m，最大排量 20m^3/h，电动机功率 37kW。

（3）采用低机身 MIXKRET4 型搅拌机，改进了喷射混凝土井下操作条件，其运输能力相对较高，并带有液体速凝剂箱，提供外加剂；装有夜视镜、液压传动、无级调速，可保证理想的扭矩速度比和安全运转。

（4）带有加强的喷射臂，垂直高度可高达 10m；采用普茨迈斯特双活塞泵，最大生产能力为 20m^3/h；配有相应的遥控装置，可以手动或无线操作，方便地控制大臂、混凝土喷射量和调节外加剂掺量；具有最新技术的机轴和加强的旋转系统，可用于恶劣工况条件。

图 3-8　SPM 4210 喷浆台车

3.4.2 自动锚杆台车

以瑞典山特维克公司生产锚杆台车（见图3-9）为例，对自动锚杆台车进行简要介绍。台车基本特性包括：

(1) 采用直控式钻进系统，拥有自动防卡钎功能；液压泵组由分别用于冲击/定位、回转和缓冲的各泵构成，独立的控制回路，确保最大功率输出。

(2) 采用的凿岩机拥有双减震缓冲系统，兼顾了高钻进速度和低钎具消耗相匹配的特点。

(3) 新型的润滑系统，分别用于花键套、转动套、边螺栓和各结合界面的润滑，可靠性高，维护成本低，大修间隔时间长，可有效节约成本。

(4) 铰接式重型底盘、四轮驱动，适合在狭窄隧道和矿山巷道中工作；采用液压动力转向，失效保险制动器，底盘集中润滑系统；配备四个液压支腿，定位稳固。

(5) 较明显的安全保障系统，作业人员依靠机械化设备进行作业，在安全顶棚下操作设备，可有效保障人员和设备安全。设备有效工作高度可达6.7m。

图3-9 锚杆台车应用案例

3.4.3 应用案例

三山岛金矿原有的巷道支护作业主要依靠人工使用YT-28钻机凿岩和锚杆进行支护，采用喷浆机进行喷射混凝土作业，每台喷浆机配作业人员6名。凿岩作业和喷浆作业属高危环境作业，粉尘浓度高、污染物较多，导致员工工作环境差，效率低，严重危害矿山职工的生命安全。同时，此作业手段比较落后，作业强度大、效率低。在技术方面，由于巷道断面尺寸大，施工锚杆孔不能垂直岩面，造成支护强度不高。遇围岩条件较差部位时，员工作业危险系数极高。

为解决上述问题，三山岛金矿引进了瑞典山特维克公司的DS310锚杆台车和普茨迈斯特公司生产的SPM 4210喷浆台车，改善了员工作业环境，保障了员工生命安全，提高了生产效率和支护质量，特别是在改善井下喷射混凝土作业环境、不断减轻作业人员劳动强度、缓解支护滞后对支护成本的影响以及节约人力等方面发挥了重要作用。

3.5 溜井智能化监测

在金属矿山生产过程中，开采区域溜井料位与有轨机车、铲运机的调度和控制紧密关联。为了防止铲运机卸料对溜井造成严重的冲击，需要在溜井中保持一定的矿石料位作为缓冲，避免对溜井造成严重的损害，同时也要避免矿石溢出溜井，增加生产维护成本。因此，对开采区域溜井料位进行智能化监测对矿山生产的智能调度和控制有重要的意义。

3.5.1 溜井智能化监测技术

岩移监测技术是实现溜井智能化监测的一个重要手段。近年来，采用岩移监测的技术手段，在实时监测主溜井垮塌区周边岩石的位移和变形、定期统计数据及对其进行动态化管理方面发挥了重要作用。依据主溜井治理前后岩移监测到的数据，为矿山主溜井生产及治理提供数据支撑及安全保证。

常用的物位计有雷达物位计和超声波物位计，但是其测量量程一般在70m左右，并且雷达物位计发射角较大，不易应用于直径为5m的深溜井测量。现目前行业均选用测量量程能够达到百米的激光物位计。

激光物位计测量原理是由半导体激光器发射连续或高速脉冲激光束，激光束遇到被测物体表面进行反射，光线返回由激光接收器接收，并精确记录激光自发射至接收之间的时间差，从而确定激光物位计与被测体之间的距离。测量原理如图3-10所示。

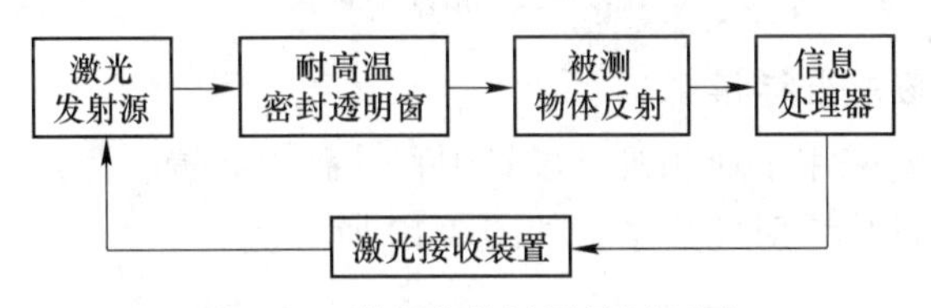

图3-10 激光物位计测量原理图

信号经仪表变送器处理后由通信接口传输，上部溜井井口配置溜井料位显示屏现场显示，另由转换器将料位信号转换成光信号后经光纤传输至值班室上位机，通过计算机编程，将激光物位计发出的信号处理解析得到真实的料位信号。料位监测系统信号传输原理如图3-11所示。

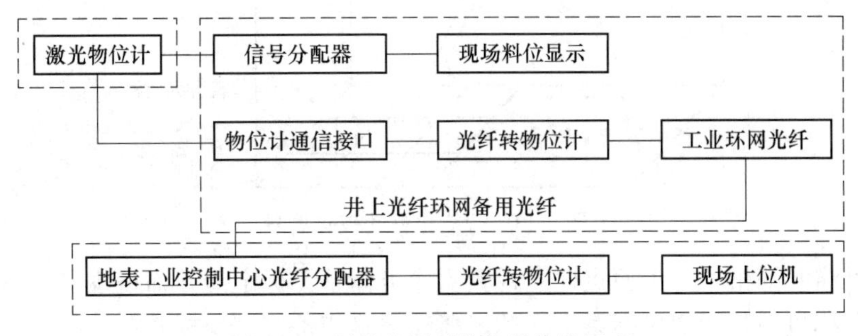

图3-11 料位监测系统信号传输原理

物料智能化监测系统的使用能有效对生产主溜井料位进行实时连续监测，防止溜井放空事故的发生，并对上下工艺生产的衔接调度进行实时掌握与调度。

3.5.2 自动液压移动破碎装备与技术

溜放系统的智能化、无人化需要解决采场溜井口的大块处理问题，这可以通过智能化的移动破碎装备及相应的控制系统来实现。系统以图像识别技术和自动控制技术为基础，建设井下大块度矿石智能破碎系统，实现采场溜井口破碎的全自动化无人化作业。

系统由高速图像采集设备、机载处理器及破碎装置（即液压破碎锤，如图 3-12 所示）组成，可实现高效的大块识别及自主破碎，减少人为干预，实现减员增效和连续作业。

图 3-12 液压破碎锤

3.5.2.1 破碎场景坐标模型

高速图像采集设备采用工业相机，场景中移动破碎装置、溜井九宫格、实时监控装置位置固定，建立三者的位置对应关系，如图 3-13 所示。

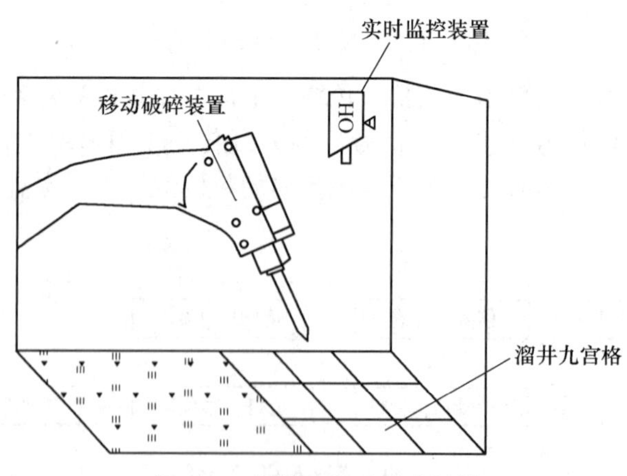

图 3-13 智能化移动破碎场景

（1）以溜井筛格中心为原点建立视频图像坐标系，标定溜井筛格位置并编号；

（2）在相机视频图像坐标系中，标定移动破碎装备控制坐标系；

(3) 映射移动破碎装备控制坐标系和相机坐标系中溜井筛格位置，如图 3-14 所示。

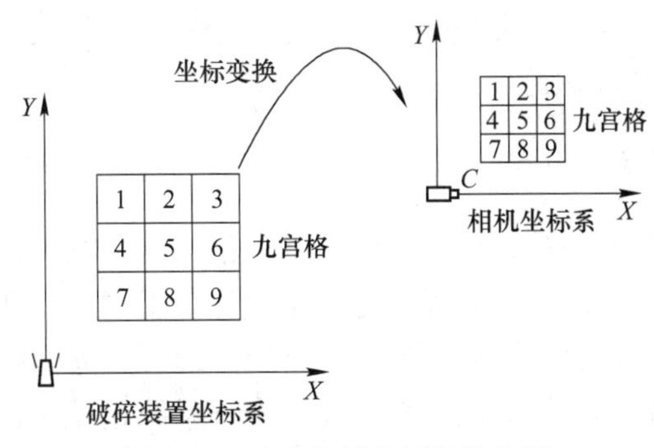

图 3-14 破碎装置坐标智能分析

3.5.2.2 溜井图像识别系统

溜井视频采用工业相机实时抓取，并处理溜井图像，识别是否有大块矿石，以及被堵溜井的筛格编号。识别方式利用图像处理的方法，其具体流程为视频图像中识别溜井筛格—识别移动的免爆机机械臂—识别大块矿石并定位。

3.5.2.3 破碎装置控制系统

(1) 移动破碎装置有三种控制模式：就地人工控制模式、远程控制模式和无人值守模式；

(2) 采用智能视频图像识别并与控制主机集成；

(3) 实现移动破碎装置远程通信、监视和控制；

(4) 通过移动破碎装置无人值守的中心服务系统，视频工控主机实时与服务器通信，监控所有在线移动破碎装置无人值守运行状态，如有故障立即报警；

(5) 在移动破碎装置附近安装红外和移动传感器，实时监控安全范围内的人或设备，如果有移动目标，应归位并停止破碎，并给予警示。

3.5.3 应用案例

2014 年，李楼铁矿的溜井料位监测系统就已设计并应用到生产调度中，改变了生产调度部门以往依靠经验和统计计算指挥控制溜井料位，效率低并存在安全隐患的情况。OPtech 激光物位计应用在单位主溜井和溜破系统下部矿仓后，取得了良好的监测效果，为主溜井料位监测提供了准确的仪表信号，为单位生产科学调度提供了依据。

2015 年，基于 TTC60 控制器的全液压移动破碎站自动控制系统进行了设计，提出了基于 TTC60 高速控制器与 CAN 总线技术相结合的方法，设计了全液压式移动破碎站自动控制系统，并分析了该控制器用于破碎站控制系统的优势。

3.6 有轨运输自动化

矿山运输是矿山开采过程中一个重要的工序，直接关系着矿山的正常生产。电机车的自动控制技术和全程自动监控技术的应用，则是推动矿石运输系统向现代化发展的两个重要方向。矿车作为有轨运输系统的主要装备，大多沿用 20 世纪 60 年代成型的电机车进行牵引，车辆的日常生产调度则采用电话、吹哨、信号灯等方式，设备落后、工艺复杂、效率低、工人劳动强度大。为了解决这些弊端，并充分考虑到工人的安全问题，有轨运输逐步向自动化、无人化的方向发展。

3.6.1 有轨运输自动化系统构成

有轨运输无人驾驶系统涉及有线及无线网络通信、井下机车精确定位、电机车自动驾驶和安全防护、远程遥控拟人化实现等关键技术，涵盖了调度计划生成与自动执行、信号联锁与列车安全防护、矿石转运计量、有线网络及车地无线通信以及视频监控信息管理等各个环节，是一套全面应用现代信息技术构建的多子系统相互融合的工业安全控制系统。

3.6.1.1 系统组成

电机车无人驾驶平台通过光纤和无线网，将井上的控制室设备与井下电机车和所有控制设备相连，机车无人驾驶系统与井下信集闭系统、图像监视系统相结合，实现在控制室远程控制井下多台电机车遥控或自动运输作业。

(1) 信集闭系统：集中管理和显示井下信号、轨道和道岔等信息，自动对信号进行闭锁，指挥电机车运输作业。信号传输系统采用光纤主干网与无线网络相结合方式，此外还包括机车定位子系统、牵引变电所远程监控子系统。

(2) 机车无人驾驶系统：包括机车车载主机和控制室操作台、装矿远程遥控及自动控制子系统、电机车集电弓自动升降子系统、电机车驻车制动和气制动子系统、视频识别子系统，以及三维雷达辅助系统。

(3) 图像监视系统：在井下机车的车头前后、井口处、装卸矿处等重要部位安装高清夜视摄像头，将井下视频信号传输到井上显示。

3.6.1.2 系统功能概述

以机车遥控系统为主体，轨道监控（信集闭）、调度指挥（派配矿）和视频监控为辅助，将井下机车的运行状态、监测参数、机车位置、动态视频、信号灯状态、道岔状态、重要地点视频、装矿机状态、调度信息等直观地在控制室内上位机显示器集中监视。机车操作人员可根据上位机画面的反馈，通过上位机或操作台实现井下电机车的自动或遥控运行、远程遥控装矿等功能。所有机车操作者可安排在同一个房间内进行机车操作，方便调度人员下达生产运输指令，并迅速得到机车操作者的回应信息，从而更能保障运输安全、提高运输效率，推动实现矿山的数字化、智能化。

3.6.1.3 系统运行流程

(1) 电机车运行。选择装矿车辆及溜井，人工按下控制台自动按钮，机车开始自动运行。机车运行到已选择的溜井下方并对好第一节车辆，等待装矿命令。装矿时，操作员依据监视图像确认矿车位置和溜井矿石情况后，远程遥控放矿，循环装矿直到装矿结束。通过点击控制台自动按钮，列车自动返回运行，到达卸矿口时发出卸矿提示音，列车以设定速度定速通过。在列车行走期间，机车根据定位信息自动调整车速，根据信号灯、道岔信息、轨道占用状态自动联锁确保机车运行安全。操作人员通过上位机监控机车运行状态、机车位置、摄像头监视画面等，可随时手动干预操作。电机车运行流程见图 3-15。

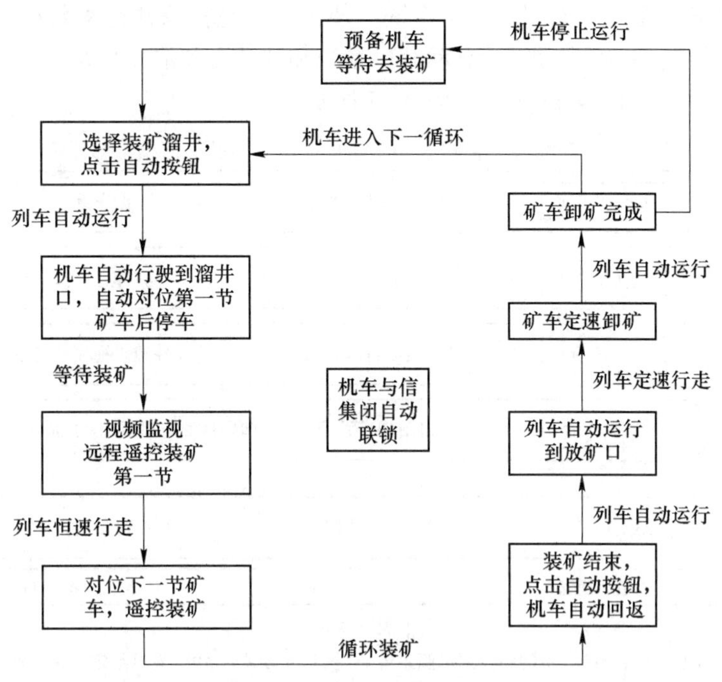

图 3-15 电机车运行流程图

(2) 无线分站。无线分站安装在巷道壁上，产生无线 WiFi 网覆盖整个井下巷道区域，为车载主机提供无线网络环境。多个无线分站采用光缆连接，经井下信息采集终端后传输到调度监控室。无线分站连接的两个定向天线可根据巷道的弯直进行调整，一般在巷道的转弯处都要加装无线分站以确保 WiFi 网络信号的畅通。无线分站间采用光缆连接，直接与控制主机通信，保障了通信的高质量和高稳定性。

(3) 三维雷达检测料位。在每个溜井处安装两台三维雷达，通过三维雷达的实时数据监测放矿机上的大块和当前矿车的料位高度，并通过检测结果联锁控制放矿机，同时可通过三维雷达数据计算出矿机的装矿量。通过三维雷达的使用，可在实现自动驾驶的基础上逐步实现自动放矿

(4) 激光监控料位。利用激光传感器扫描料位，并与装矿控制分站、地表监控台同步通信。地表监控台程序采集和存储矿车装矿的各种状态模型图像，作为自动装矿的数据基础。装矿控制分站根据检测到矿车中料位图像的变化与数据库中模型比对，准确判断出矿车装矿情况，输出控制指令。

3.6.2 应用案例

杏山铁矿是首钢矿业公司建设的第一座地采矿山，矿山规模为 320 万吨/年。2014 年，杏山铁矿将现代信息技术、自动化技术与井下生产调度优化融合，研究并开发了地面远程遥控井下电机车自动化运输系统。系统主要包括派配矿单元、机车单元、运行单元、装矿单元和卸矿单元。

派配矿单元包括数字化配矿系统、派车系统；机车单元包括井下电机车运输系统、电机车自动保护系统；运行单元包括井下窄轨信集闭控制系统、操作台系统、无线通信系

统、100M 网络通信系统、不间断电源系统；装矿单元包括溜井远程装矿系统、溜井远程装矿视频监控系统；卸矿单元包括自动卸矿系统和卸矿自动清扫系统。系统整体实施构成以及各子系统关系分布，如图 3-16、图 3-17 所示。

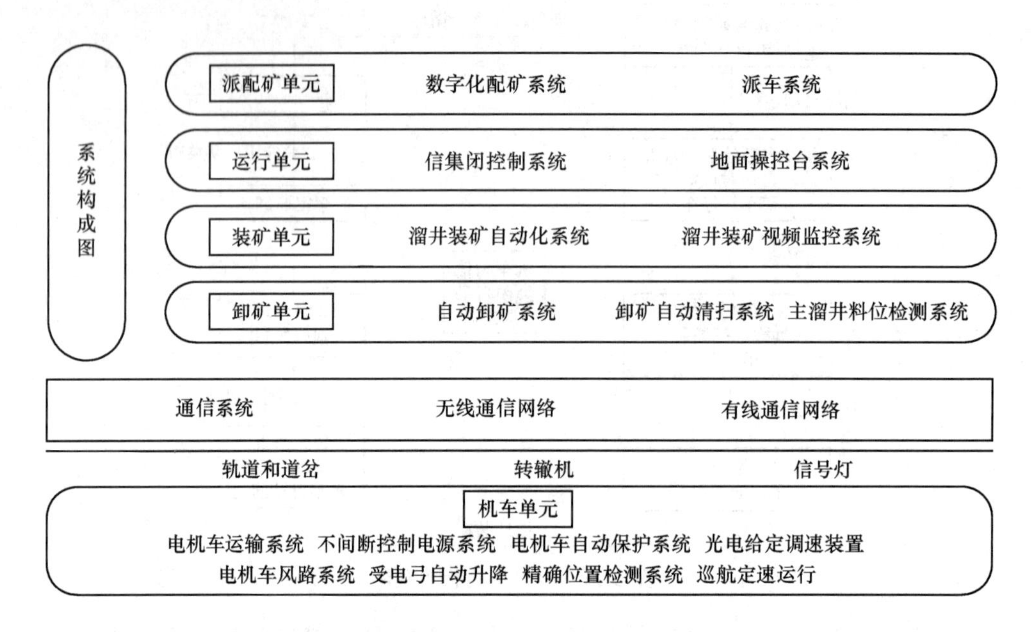

图 3-16 系统整体实施构成图

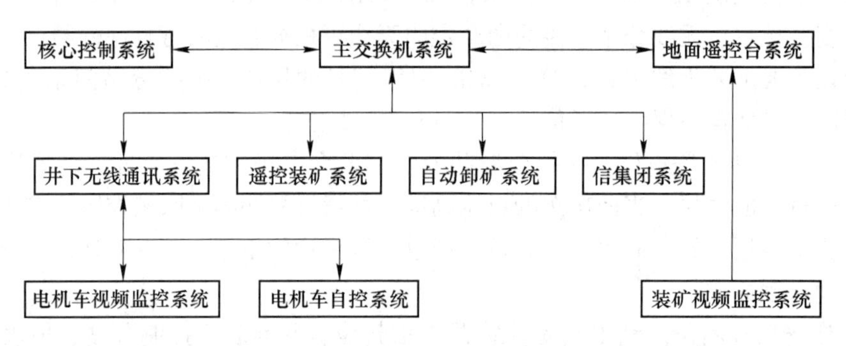

图 3-17 各子系统关系分布图

主控制站布置在地面集中控制与调度室内，负责全部设备的管理。在集中控制与调度室设置 10 台监控接口，其中 6 台作为操作接口及全厂生产过程数据的记录、统计、报表生成；1 台为系统服务器；1 台为工程师工作站；另 2 台为全球工厂控制信息管理系统并与国际互联网、矿业公司局域网连接，实现资源信息和决策管理互动。

数字化配矿系统、派车系统以及控制操作系统安装于地面中心机房服务器内，网络通信系统由安装在地面中心机房的网络主交换机和井下运输水平的网络分交换机组成，形成井下全覆盖的无线通信网络。井下电机车运输系统、井下窄轨信集闭控制系统主站和分站安装于井下运输水平，且井下电机车安装有电机车自动保护系统。溜井远程装矿系统安装于井下运输水平溜井处；溜井装矿点处安装有远程装矿视频监控系统；井下运输水平卸矿站处部署了自动卸矿系统和卸矿自动清扫系统，如图 3-18 所示。

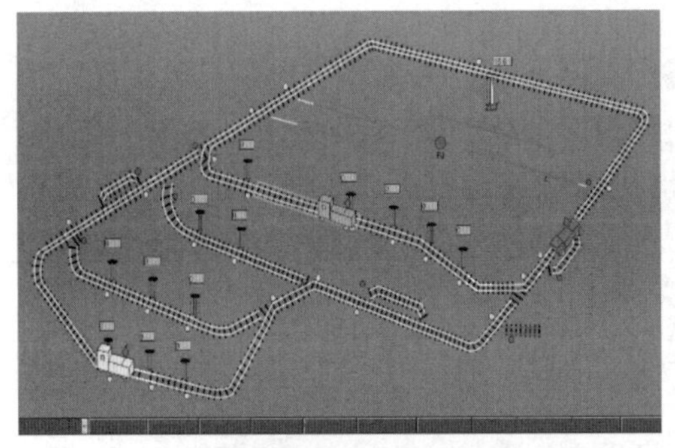

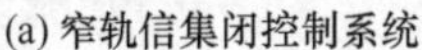
(a) 窄轨信集闭控制系统

(b) 远程监控主画面

(c) 视频监控画面

图 3-18 有轨运输自动化应用案例

3.7 提升自动化

矿山提升机主要承担运输矿产、工作人员及材料等任务，其性能直接影响着矿山的生产安全和矿山工作人员的生命安全。近年来，一些矿业企业不断尝试改造提升机系统，逐渐从以往的控制系统过渡到自动化控制系统。就目前的运行效果来看，自动化控制系统运行状态稳定、可靠，易于操作，具有较高的安全性能和明显的节能效果。

提升系统作为地下矿山由地表到井下的主要运输系统，是矿山生产能力提升的瓶颈之一。提升系统的自动化和数字化监控是智能矿山建设的关键环节。对提升系统进行自动化、监控数字化改造，在此基础上进行集成监控，可以实时在线监测提升系统的运转状态，做到设备故障早发现、安全事故早预防，以保障矿山安全高效生产。

3.7.1 提升自动化系统构成

3.7.1.1 提升自动化的实现

矿井提升自动化的实现是通过提升机电力传动系统和提升过程的自动控制系统完

成的。

提升机电力传动系统总体上分为交流传动与直流传动两类。交流传动系统包括绕线转子异步电动机转子回路串电阻调速系统、低压变频调速系统、交-交变频调速系统、交-直-交变频调速系统等。直流传动系统有发电机-电动机组直流调速系统、晶闸管供电直流调速系统等。

提升过程的自动（主逻辑）控制系统用于实现提升容器的准确减速和停车，并依靠在井筒中的减速点、停车点、过卷点及其他关键点设定的位置检测装置，对提升容器的位置进行可靠控制。提升过程自动化控制的目的在于为人员和设备安全提供保障，提高设备运量和运转率，节约电能，提供便于分析故障的显示和记录。

3.7.1.2 提升系统自动化的功能

现阶段矿井提升自动化控制系统，普遍以可编程序控制器（Programmable Logic Controller，PLC）为中心，结合外围的设备，完成提升机的启动、运行、停车等提升过程的运行控制及保护，具体包括以下功能：

（1）实现装、提、卸作业的完全自动化：按照装载站所发信号完成自动启动、自动减速与自动准确停车的提升循环，以及运行状态的自动检测与诊断。

（2）提升运行过程的自动控制和监测监控，包括：行程自动控制；提升控制及中间闭锁；安全回路控制；井筒信号控制及联锁；提升机提升过卷监视及控制；速度监视及控制；速度包络线监视及控制；逐点的速度监视及控制；液压站控制和恒减速控制；钢丝绳滑动监视及控制；转矩（电流）监视及控制；传动装置监视及控制；闸瓦磨损、弹簧疲劳、电源故障监视及控制；控制系统故障监视、报警及控制；测速回路故障监视及控制；定、转子接地监视；电动机和变压器温度监视；快速熔断器熔断监视等。

（3）监控可视化：将提升机的运行状态直接反映在提升控制室控制台的界面上，并利用操作平台对设备进行可视化操作。可视化界面包括主界面、各中段界面、故障报警界面、故障记录界面、硬件安全回路界面、提升报表界面、提升机速度曲线及分析界面、历史数据界面等。副井各马头门、主井装矿、卸矿作业现场的视频信息能够同时集中到提升控制室，显示到屏幕上，保证提升系统的安全和高效。

（4）故障自诊断和系统保护：自诊断装置的诊断对象是危及提升机安全运行的电气和机械故障。故障出现时，系统能够从故障点采集到故障信息，系统依据故障信息访问数据库，获得故障名称和元件名称，并执行显示和报警。系统应能够实现电气制动、程序停车、程序上下过卷、多中段同步、制动闸失灵保护、包络线保护、提升机过载保护、提升自动减速、卷筒直径自调整及检测功能等。

3.7.1.3 智能化提升趋势

随着数字化矿山建设的发展与技术进步，实现多台提升机远程集中控制与管理、机房无人值守，是未来矿井提升自动化的发展方向。提升系统的智能化的另一提升方向是实现装矿、放矿、自动计量的自动化控制，通过提高提升系统与溜破系统、计量系统的协同性，来加强矿石提升的连续性，从而充分发挥矿井的提升能力。

3.7.2 应用案例

恒源煤矿主井无人值守技术方案采用天地科技股份有限公司开发的全数字直流提升机

电控系统，解决了无人值守的技术关键点，通过先进的自动化智能控制、网络通信、视频监视、远程智能诊断等技术，实现了提升机远程控制的可靠运行，提高了矿井生产系统的现代化、智能化水平。

为实现提升系统无人值守远程监控的各项功能，需配置以下设备：

（1）监控中心：监控操作台、工控机、显示器、PLC 及相关配件等。

（2）通信设备：虚拟专用网络 VPN 主机、工业以太网交换机、路由器、西门子以太网模块、综合接入器等。

（3）视频设备：井下防爆摄像仪若干、地面监控用摄像仪若干、光纤收发器、硬盘录像机、网络交换机、大屏幕液晶显示器等。

（4）门禁系统：网络控制器、读卡器模块、发卡器、单门磁力锁、报警输出模块等。

（5）检测传感器：温湿度传感器、振动传感器、烟雾传感器、分贝仪等若干。

（6）软件系统：编程软件、组态软件、数据库软件等。

提升系统远程诊断监视界面及控制设备如图 3-19 所示。

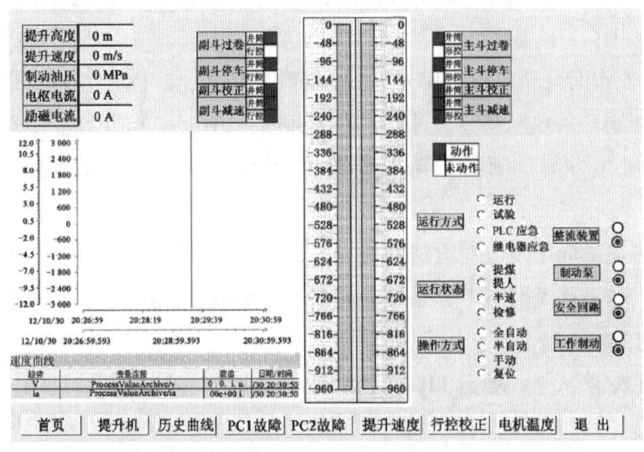

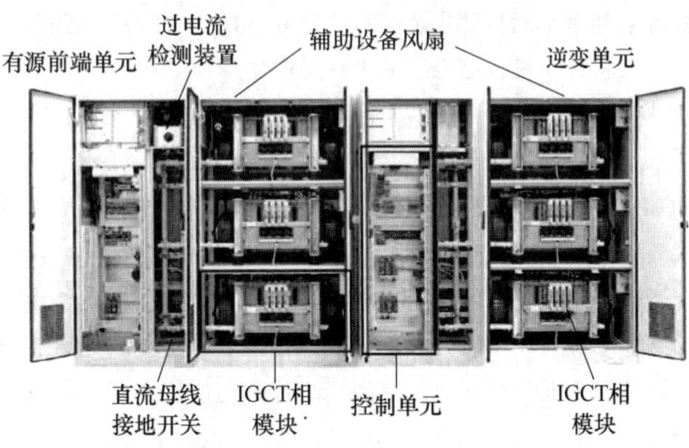

图 3-19　恒源主井提升系统远程诊断监视界面及控制设备

提升系统全自动化智能控制系统采用“全数字直流调速+西门子 PLC 位置控制和工艺控制+双线制监视保护和安全回路+Profibus 网络+基于 VPN 技术远程以太网诊断+上位管理计算机”的总体技术实施方案，实现了对矿井提升系统的无人值守智能控制。采用提升系统运行性能优化智能控制技术，现场应用表明：提升系统高速运行平稳、加减速平滑、启停平稳，超调小（≤2%）且停车位置准确（精度达 0.01 m）。

参考文献

[1] 蔡序淦，黄德福，柴炜．岩移监测在主溜井治理中的应用实践［J］．有色冶金设计与研究，2017，38（06）：12-14.

[2] 陈海军，甘敏浩，吴大川，等．某铁矿井下电机车自动控制系统设计［J］．现代矿业，2018，34（04）：134-136.

[3] 陈华柒，陈竹林．高村采场振动放矿车厢对位自控系统［J］．现代矿业，2013，29（05）：181，183.

[4] 陈晓．基于数据挖掘的煤矿安全管理知识可视化研究［D］．北京：中国矿业大学（北京），2017.

[5] 陈忠毅．硬岩凿岩设备的自动化［J］．世界采矿快报，1995（09）：7-9.

[6] 谌浩渺．智能中深孔全液压凿岩台车感知系统设计［J］．建筑技术开发，2017，44（09）：16-18.

[7] 程建军．MB380 掘锚一体机在小端面巷道掘进中的试验应用［J］．煤炭与化工，2017，40（12）：84-85，97.

[8] 迟洪鹏，龚兵，王明钊，等．地下矿用智能炸药装药车关键技术研究［J］．中国矿业，2017，26（S2）：423-427.

[9] 单存有．煤矿掘进工作面自动化技术研究［J］．能源与节能，2018（07）：133-134.

[10] 凡口铅锌矿地下智能开采技术获突破［J］．矿山机械，2015，43（10）：159.

[11] 高效的锚杆支护解决方案　阿特拉斯·科普柯 Boltec LD 锚杆台车［J］．隧道建设，2013，33（10）：898.

[12] 郝学刚．煤矿掘进支护问题及应对方法探讨［J］．内蒙古煤炭经济，2018（01）：10，23.

[13] 虎旭林，陆有忠．基于神经网络专家系统的矿山安全事故智能辨识［J］．四川兵工学报，2010，31（01）：111-114，139.

[14] 黄丹平，王磊，于少东，等．基于 TTC60 控制器的全液压移动破碎站自动控制系统设计［J］．矿山机械，2015，43（10）：73-77.

[15] 黄小伟．地下中深孔装药台车的自动化装药系统研究［D］．长沙：长沙矿山研究院，2012.

[16] 黄仰金．矿山副井提升机计算机控制系统的设计及应用［D］．长沙：中南大学，2004.

[17] 雷建中．喷浆台车改造后在超长距离混凝土喷射施工中的应用［J］．四川水力发电，2013，32（05）：44-46.

[18] 李钦彬．CL 公司 CMM2 锚杆台车设计阶段项目成本控制研究［D］．沈阳：东北大学，2016.

[19] 李竹年．矿井无人驾驶电机车系统升级改造［J］．煤矿机电，2017（06）：33-35.

[20] 梁琼，李少川．金属矿山井下有轨运输控制方案设计［J］．矿业工程，2015，13（06）：54-56.

[21] 梁少波．地下无轨铲运车导航技术研究［D］．成都：电子科技大学，2009.

[22] 刘连国，马小川．竖井提升机电气自动化控制系统优化与应用［J］．中国设备工程，2018（07）：182-183.

[23] 马骋．综采工作面智能化超前支护装备研究与应用［J］．内蒙古煤炭经济，2016（21）：49，57.

[24] 秦国保，耿全宁．Cobra 湿式喷浆台车在梅山铁矿的应用［J］．矿业快报，2003（09）：30-32.

[25] 邵朱军．煤矿掘进工作面自动化技术研究探索［J］．科技创新导报，2017，14（19）：30-31.

[26] 宋莉．煤矿井下综合自动化系统的研究与实现［D］．阜新：辽宁工程技术大学，2012.

[27] 苏学成，李术才，李贻斌，等．地下大洞室或大断面隧道喷混凝土支护自动化技术及设备研究［A］．第一届海峡两岸隧道与地下工程学术与技术研讨会论文集（下册），1999：3.

[28] 孙达仑，李万鹏．智能中深孔全液压凿岩台车 CAN 总线控制系统［J］. 矿业研究与开发，2016，36（09）：69-71.

[29] 孙鹏．对矿山提升机自动化控制趋势的探讨［J］. 中小企业管理与科技（中旬刊），2014（08）：109-110.

[30] 孙志宇，李成．凿岩、锚杆台车在大断面巷道中的快速掘支应用［J］. 能源技术与管理，2016，41（01）：98-100.

[31] 田原．智能制造的市场培育——我国全断面隧道掘进机重大技术装备自主化纪实［J］. 装备制造，2015（05）：48-49.

[32] 万正道．李楼铁矿溜井料位监测系统的设计与应用［J］. 煤矿机电，2015（02）：64-67.

[33] 王恒升，何清华，邓春萍．凿岩台车自动化控制系统的发展、现状及展望［J］. 测控技术，2007（03）：1-4.

[34] 王红飞．基于扩频技术的煤矿井下综合自动化系统研究［D］. 阜新：辽宁工程技术大学，2011.

[35] 王明钊，臧怀壮，龚兵，等．地下装药车智能化发展概况［J］. 采矿技术，2016，16（01）：70-72.

[36] 王鹏．恒源煤矿主井提升机无人值守智能监控系统的研究和应用［J］. 能源技术与管理，2018，43（02）：133-135.

[37] 王维德，王坚．矿山自动化发展综述［J］. 世界采矿快报，1995（26）：7-10.

[38] 王越顶．自动化控制在矿山提升机中的应用［J］. 电子技术与软件工程，2017（18）：133-134.

[39] 王占楼，王会杰．井下有轨运输远程放矿的设计及应用［J］. 采矿技术，2017，17（03）：74-75.

[40] 魏莉萍，张清．隧道工程喷锚支护的自动化设计方法［J］. 铁道学报，2000（01）：83-86.

[41] 文兴．基律纳铁矿智能采矿技术考察报告［J］. 采矿技术，2014，14（01）：4-6.

[42] 许可，李东明．中深孔全液压凿岩台车智能控制技术的探析［J］. 采矿技术，2015，15（03）：72-73，78.

[43] 颜冯．矿山自动化提升机结构机构研究［J］. 科技资讯，2009（36）：89.

[44] 杨清平，蒋先尧，陈顺满．数字信息化及自动化智能采矿技术在地下矿山的应用与发展［J］. 采矿技术，2017，17（05）：75-78.

[45] 杨清平，赵兴宽，吴国珉，等．铲运机自动化出矿技术及其应用前景［J］. 采矿技术，2016，16（06）：21-25.

[46] 杨志国．中国恩菲签订冬瓜山铜矿-1000m 无人驾驶电机车项目总承包合同［J］. 中国有色金属，2018（23）：20-21.

[47] 张宝隆，王向前，何叶荣，等．基于本体的煤矿事故隐患辨识排查系统构建［J］. 煤矿安全，2018，49（05）：239-241，245.

[48] 张斌．镜铁山 2520m 电机车无人应用与研究［J］. 矿业工程，2018，16（04）：57-59.

[49] 张玎．矿井安全隐患识别及其闭环管理模式研究［D］. 北京：中国矿业大学（北京），2009.

[50] 张东宝．煤巷智能快速掘进技术发展现状与关键技术［J］. 煤炭工程，2018，50（05）：56-59.

[51] 张凯华．浅析矿山提升机自动化控制趋势［J］. 内蒙古煤炭经济，2015（04）：35，55.

[52] 张平．矿山副井提升机计算机控制系统的设计及应用［D］. 青岛：山东科技大学，2006.

[53] 张洵．矿山提升机自动化控制系统改造的必要性［J］. 科技风，2014（06）：34.

[54] 张长鲁．基于数据挖掘的煤矿安全可视化管理研究［D］. 北京：中国矿业大学（北京），2015.

[55] 赵广义，赵海杰．浅析矿山提升机自动化控制趋势［J］. 世界有色金属，2016（12）：163-164.

[56] 周远航，李剑雄，李大伟．隧道锚杆台车行走系统设计［J］．邵阳学院学报（自然科学版），2018，15（05）：66-70.

[57] 周远航，刘瑞庆，李大伟．一种新型隧道锚杆台车设计［J］．机电工程技术，2018，47（03）：43-45，138.

[58] 邹雪娇．关于提高广西华锡集团股份有限公司铜坑矿盲斜井远程视频监控放矿系统的安全性［J］．电子制作，2015（11）：259.

4 露天开采作业自动化

本章学习要点：针对露天矿开采生产调度的核心位置，讲述露天开采的智能化生产调度新技术，以及卡车自主运行、胶带运输自动化的研究与应用进展。

露天矿山开采是直接从地表揭露矿石并开采出矿产。对于露天矿来说，建立快速、准确、自动化的数据采集系统，有效、动态地监测、调度和管理设备，协调好人员与设备、设备与设备、设备与生产的关系，是实现智能化生产的重要内容。

相较于地下开采，露天开采的生产组织相对简单，生产装备，包括凿岩、穿爆、铲装、运输等，均呈大型化、遥控化特征，可以有效形成集约化管理与大规模生产，因而整体的智能化、信息化应用也比较深入。尤其在露天矿的智能化生产调度上，卫星定位与导航、智能配矿等技术已进入成熟应用阶段。

普遍认为，露天矿的生产调度位于核心位置，它是一个以采掘为中心，以运输为纽带的大型生产系统，也是一个涉及多因素、多层次、动态变化的柔性生产系统，具有复杂性、递阶结构、不确定性、多目标、多约束、多资源相互协调等特点。

露天开采作业的自动化，主要体现在智能化的生产调度和运输系统自动化两个方面。

4.1 智能化生产调度

4.1.1 露天矿生产调度的智能化需求

生产调度的任务是根据产量、质量目标和资源约束，确定具体的开采工艺、生产计划和开采、爆破、运输等方案以及设备配置。作为矿山企业管理的一个重要组成部分，露天开采生产调度系统是整个矿区生产过程的中枢，在露天矿企业的生产经营活动中起着举足轻重的作用，不仅能实现对不同部门的管理，根据反馈的各类信息及时做出决策，指导生产，而且能直接影响露天矿山的生产效率和生产效益。

作为露天矿生产的中枢控制环节，生产调度一直备受关注。最初的调度是人工管理与调度通信相结合，这一传统模式至今在我国仍有广泛应用。但是随着矿山规模的扩大，生产条件变得越来越复杂，一些潜在问题严重制约了生产效率和生产调度的及时有效性：

（1）不同的采矿区域之间不能实现跨区域调度。由于露天矿的范围较广，在进行采矿时无法对不同的采矿区域进行综合调度指挥，这是露天矿调度管理中存在的主要问题。如采矿、装载、运输等属于不同分区，彼此之间相互独立，调度需依靠带班工长、带班队长等人的安排，容易造成多头指挥等问题。

(2) 电铲发生故障时，对应的运输卡车只有到达现场才能了解故障信息，增加了空载运距以及燃油消耗。此外，值班区长以及现场管理人员只有到达电铲附近才能了解具体情况，调度指挥具有一定的盲目性。

(3) 设备故障信息传输效率低。当露天矿的设备出现故障时，故障信息只能通过人工口头汇报，无法保证信息的准确性与时效性，可能会影响设备的维修效率与质量。

(4) 缺乏有效的监控手段。传统调度管理一般采用对讲机对采矿现场进行控制，不能实时表述设备的位置、状态、作业类型以及完成的产量，这有可能影响领导的决策效率和质量。此外，传统视频监控系统查看作业情况需消耗大量时间，人工统计难度大，不利于管理。

随着越来越多的露天矿山开始朝着设备大型化、管理信息化、技术科学化、环境保护化的方向发展，传统的生产调度管理方式越来越不适应现代化露天开采的发展需求，必须采用先进的智能化管理方式和手段才能更好地解决问题。随着人工智能技术和计算机技术的快速发展，智能生产调度是解决露天矿传统调度问题的最有效途径。

4.1.2 基于全球导航卫星定位的智能化生产调度

针对矿山智能化生产需求和露天开采产量规模大、覆盖区域广、矿用设备类型和设备数目繁多、运行环境恶劣、移动离散性大等特点，精确的测量技术对露天矿山的智能生产调度成功与否具有极大的影响。

为了更好地进行数据采集与精确测量，全球定位系统 GPS 应运而生。该技术应用领域广阔，尤其是在矿山开采行业，得到了广泛应用。GPS 的出现，将导航定位技术发展到一个前所未有的阶段。20 世纪末期，人们已经能够通过各种技术手段精确估计出时间、速度和位置等信息。随着我国技术的快速发展，由我国自主研制的北斗卫星导航系统（Bei Dou Navigation Satellite System，BDS）进入公众视野。“北斗”的最大特点，就是把导航与通信紧密结合起来，这是其他导航系统所不具备的。例如，在沙漠、草原等地方，手机无法使用，此时“北斗”就能发挥出重要作用。目前，已基本建立了包含美国 GPS、中国“北斗”、俄罗斯 GLONASS 和欧盟 GALILEO 这四大导航卫星系统在内的全球导航卫星系统（Global Navigation Satellite System，GNSS）。如何结合全球导航卫星精确定位技术，在实时掌握设备位置的基础上，更好地掌握设备工作状态，更合理有效地对设备进行调动，提高设备效率，完成计划产量，是矿山企业走向智能采矿道路亟待解决的关键技术，也是建立露天开采自动化体系的必然要求。

4.1.2.1 国外智能生产调度的研究进展

在国外，露天矿智能生产调度系统研制得比较早，这与计算机及通讯系统的发展有着必然的联系。20 世纪 80 年代，美国的 Tyrone 露天矿率先成功地安装和使用了计算机控制卡车的自动化生产调度系统，提高产量 11%。自此，计算机控制露天矿生产调度系统的发展步入了一个崭新的阶段。

随后，加拿大的 Wenco International Mining Systems 采矿公司也进行开发并研制了计算机控制卡车调度系统，它的产品可以分为三类级别：① 仅以实现监控和报表作业的生产监控系统；② 根据最大运输生产能力的 PMCS2000 调度系统；③ 优化产品质量和生产的 PMCS3000 调度系统。PMCS 最大的特点是能运用模块结构，而且各个级别可以相互兼容，比较容易实现自某一级别到上一级别的转变。

90年代中后期，随着全球卫星定位系统 GPS 技术的发展，美国 Modular 公司将 GPS 应用到新开发的 Dispatch 卡车调度系统中，使得系统在定位速度、精度方面更加优良，从而更加方便地对露天矿生产进行调度和监控，并且在矿区能够实现全天候调度，避免了由于恶劣天气造成有线通信故障的不利影响，使得调度系统运行更加稳定、高效。

目前，计算机控制的露天矿山智能化生产调度系统已经在国外得到大规模安装使用，在很大程度上提高了矿山企业的经济效益。

4.1.2.2 国内智能生产调度的研究进展

国内对露天矿调度系统的研究和开发始于20世纪80年代中期。国内一些学者在卡车-电铲配比优化、合理调度以及系统模拟等方面做了大量研究工作，取得了不少研究成果，但在具体应用方面进展缓慢。

1998年，江西德兴铜矿引进了美国 Modular 公司的 Dispatch 计算机卡车调度系统，1999年正式投入使用，运行后设备的利用效率提高了9.3%，并且设备的故障率得到了明显的降低，极大地提高了经济效益。德兴铜矿于2000年收回了系统的投资成本。

2000年，鞍钢齐大山露天铁矿结合生产实际，综合运用计算机技术、现代通信技术、全球卫星定位技术、最优化技术等，建立了集矿山生产监控、设备优化调度于一体的露天矿 GPS 智能生产调度管理系统。该系统运用现代通讯网络，将调度中心与矿区采运设备车载终端、电铲联通，实时采集卡车、电铲的生产运输数据。调度中心将采运设备发送来的位置、状态等信息综合处理后实时显示在二维模拟图中。在调度过程中，系统根据矿区各设备的状态信息，依据调度策略及生产要求，生成调度指令并下发到各个作业设备，从而指导矿区生产。系统在鞍钢齐大山露天铁矿应用效果明显，提高了矿区的生产效率。

随着计算机、通信技术、GPS 等技术的快速发展以及硬件产品价格的大幅度下降，将有越来越多的露天矿山参与研制适合我国矿山自身特点的智能化生产调度系统。基于全球导航卫星定位的智能化生产调度系统技术在我国露天矿山特别是大型露天矿山有着广阔的应用前景。

4.1.3 智能调度系统组成与功能

露天开采智能生产调度系统涉及计算机、自动化、微电子、信息、网络、导航定位和优化调度等多项技术，是一个集软硬件、人机互动于一体的智能化系统。智能调度系统需要搭建在无线网络传输体系上，无线网络数据传输体系需要保证车载终端与调度中心的数据实时准确传输。

在功能上，系统主要由车载终端数据采集系统和调度中心生产指挥系统组成。车载终端数据采集模块完成设备实时信息的采集，包括位置信息、状态信息、物料信息、故障信息等，并发送给调度中心；同时接收调度中心发送的指令提示给司机。调度中心生产指挥模块实现设备信息收集、设备运行实时动态跟踪显示、调度指令产生与发送、采矿信息录入与计划制订、查询统计与报表制作、设备运行回放等功能。智能生产调度系统的组成结构如图4-1所示。

4.1.3.1 车载终端的数据采集系统

车载终端是安装在运输设备、采装设备和辅助设备上的硬件单元，主要由主机、显

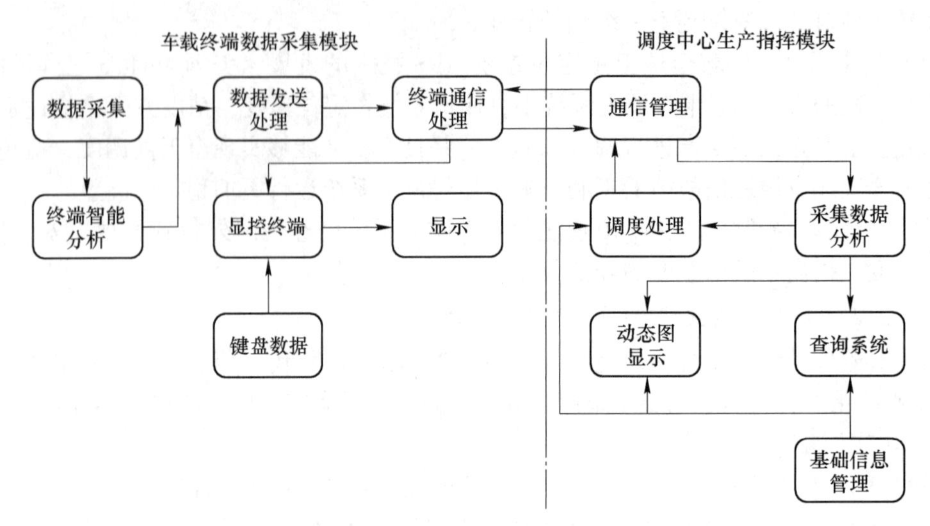

图 4-1　智能生产调度系统的组成结构

控、通信天线、导航定位（如 GPS、北斗）天线、电源、传感器以及相关连接电缆等部分组成。图 4-2 所示为车载终端数据采集模块原理图，主要具备以下 10 项功能：

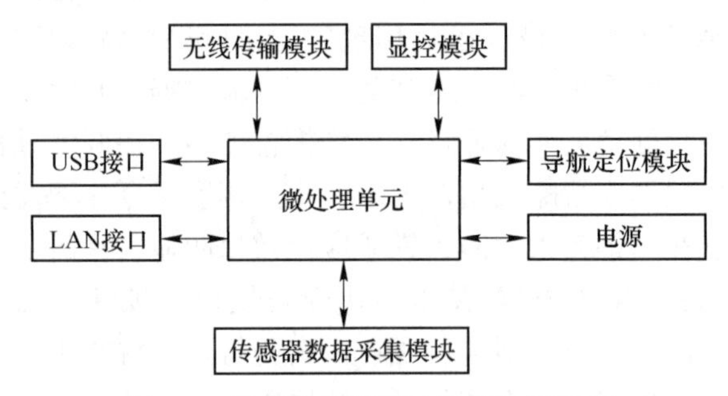

图 4-2　车载终端数据采集模块原理图

（1）通信功能：车载终端数据采集模块的通信功能是设备与调度中心生产指挥模块之间联系的桥梁，将设备状态信息及各种数据上传到调度指挥中心，同时能及时接收调度指挥中心发出的指令。

（2）导航定位功能：车载终端数据采集模块结合车载电子地图与自身位置数据，根据当前调度指令，自动寻找最佳路径，并提示最佳路径。

（3）接口功能：终端预留信号接入接口和 USB 接口，方便数据采集，并为将来生产设备的各类信息自动化采集做准备。

（4）信息缓存功能：终端自动检测通信状态，在通信情况不佳的情况下，终端能够自主备份数据，自动记录各类需上传的信息及请求，并自动维持生产流程检测。待到通信状况恢复后，终端自动将缓存的信息发送至调度中心，使生产过程不间断进行。

（5）语音播报功能：终端通过语音合成方法自动播报出调度指令、生产的重要信息和调度员的通知信息。能够使司机在工作过程中，及时获取最新的调度指令，及时修改工作内容。

（6）物料更改功能：适用于采掘设备和运输设备。采掘设备具有物料更改功能，包括更改物料和临时货物。更改物料在电铲挖掘物料有实质性变化时候使用，而为了生产过程更加平稳，电铲挖掘物料临时改变时，应使用临时货物功能。当采掘设备系统发生故障，或者操作失误时，运输设备可以代替采掘设备操作物料功能。当然，必须要得到调度人员的同意。

（7）报警功能：适用于运输卡车、工程设备、辅助设备和指挥车等。当设备出现超速、越界、非法停车、油量异常、无故停机、会车、举斗行车、驶离路线等异常变化时，终端会报警提示司机，如有必要还要上报调度室，并保存历史记录。

（8）燃油管理功能：适用于辅助设备。加油车能够自动采集油料消耗情况，记录每台设备的加油量，然后及时传给中心。中心经过分析给出设备用量对比，为单机考核提供依据。

（9）轮胎管理功能：适用于运输设备。终端通过车速和载重量计算吨·千米/小时值（TKPH），通过网络上传到上位机管理系统。管理系统对轮胎运行状况进行跟踪，出具分析图表和报告，对轮胎寿命形成报表，供相关人员进行维护和管理。

（10）分析岩石硬度功能：适用于穿孔设备。终端利用激光传感器获取的孔深数据，结合钻孔时间，得出钻孔的行进速度，依据钻孔速度的变化对岩石硬度进行间接度量。最后计算出岩石硬度，上传调度中心，出具相关报表，为爆破提供参考依据。

4.1.3.2 调度中心生产指挥系统

调度中心生产指挥模块是露天开采智能生产调度系统的核心，包括硬件系统和软件系统。硬件系统主要包括中心服务器、工作站、交换机；软件系统是实现人机互动的关键，主要实现矿山基础数据管理、采场设备实时调度和实时状态监控与报警。

系统的功能包括生产信息监控、生产计划编制、智能配矿管理、生产调度监控、自动计量与智能分析。这些功能系统之间协同工作，保证调度指挥中心正常运转。

（1）生产信息监控系统。利用视频技术对主要生产作业场所和主要设备实现实时监控。同时与防盗、报警等其他技术防范体系联动使用，使矿山生产管理人员能实时掌握前端采场的实际情况，保证露天矿正常的生产活动，提升露天矿山自身管理水平。

（2）生产计划编制系统。利用图数融合，集图形处理与数值计算于一体，充分发挥三维矿业软件、CAD 等软件编辑和转换数字化的技术特点，实现矿区地质数据库、地质模型管理和生产计划编排的系统化、可视化、集成化和智能化。

（3）智能配矿管理系统。针对露天矿地质条件复杂、矿石品位波动较大的问题，为保证入选矿石品位的均衡，将高精度卫星定位技术、GIS 技术与采场爆破数据库管理技术结合起来，自动实时采集电铲的出矿品位，利用多目标配矿及动态品位优化控制模型，自动生成配矿生产计划，从而实现科学合理配矿。

（4）生产监控调度系统。针对露天矿生产管理的综合性、复杂性、不确定性等特点，利用全球卫星定位技术、无线通信技术、GIS 技术和最优化技术等高新技术，通过车铲生产调度优化模型，建立生产监控、智能调度、生产指挥系统，实现卡车、电铲的车流规划、动态配比、实时语音及指令调度和监控。

（5）自动计量与智能分析系统。根据露天矿特殊的生产环境，利用身份识别技术与传感器称重技术相结合，实现矿岩运输量的自动计量；然后以生产配矿计划和实时计量结果为基础数据，自动检测运矿卡车、供矿电铲和入矿碎矿站的计划完成情况，对未按计划执行的作业进行报警控制。

4.1.4 应用案例

洛阳栾川钼业集团股份有限公司三道庄露天矿是我国特大型的钼钨型矿田，位于河南省栾川县境内。矿区矿体厚大集中，矿体走向在矿区范围内长大于1420m，沿倾向延伸大于1120m，厚度为80~150m，最大厚度达346m，呈现层状透镜体产出。年均矿岩采剥量达3000万吨以上，剥采比为1.23。

岩石区域穿孔以KY-310A牙轮钻为主，铲装以WK-10B型电铲为主，运输设备为北方TR50电动轮汽车。作业现场还夹杂近300台后八轮汽车及20余台1~2立方挖掘机设备负责矿石运输及铲装任务。为解决露天采场内大型设备过多、监管难、协调难等问题，公司2007年提出利用GIS、GPS、GPRS技术绑定作业设备，在SURPAC、CAD软件的辅助下形成一个集成的数字化平台，以实现露天矿山智能生产调度系统，从而在计划编制、计划实施、生产调度、信息反馈和统计计量过程中实现露天采矿的自动化采集和智能化监控管理。2008年进行基础性硬件投入，2009年至今花费1000余万元对软件系统进行升级改造，并结合三道庄露天矿实际情况进行软件的二次开发，使数字化平台的露天智能生产调度系统能够更好地服务于生产。

该数字化平台下的露天智能生产调度系统的具体运作流程如下：

（1）生产信息监控系统能够实时对生产作业情况进行查看，监控设备是否按指定位置摆放及对指定设备发送生产调度指令。

（2）及时把生产探矿所获得的地质资料录入SURPAC软件并更新地质模型，在制定年计划、半年计划、月计划时，根据技术部门提供的铲装路线，从SURPAC块体模型中提取铲装范围内的矿岩分布情况、矿石品位、岩石性质等信息给决策管理部门。

（3）利用自动计量与智能分析系统获得实时的运输设备的净重数据，把运输设备绑定铲装设备，从而获得铲装设备的实时铲装量，并完成任何时间段的作业量统计。通过露天矿生产调度语音系统，及时通知铲装设备作业方向及铲装完成情况，避免铲装设备作业超出或低于计划量。

（4）根据技术部门下达的铲装计划，设定破碎站的计划任务量、供矿品位等信息。利用智能配矿管理系统把铲装设备绑定至设备作业台阶，并根据各台阶爆破的矿石质量，通过线性规划优化铲装设备的供矿任务，使其达到破碎站的供矿要求。

（5）利用生产计划实时监控系统实时地跟踪各铲装设备及碎矿站任务完成情况，并在系统内统计任何时间段碎矿站的完成情况。

系统的应用效果表明，应用露天矿智能生产调度系统能够提高作业设备的运转率且节约生产成本，在提高矿石质量的同时，产生效益3500万元以上。系统优势体现在如下几点：

（1）作业设备：露天矿智能生产调度系统有效地提高了设备运转率，钻机穿孔效率提高了7.5%，电铲铲装效率提高了8.1%，车辆出车率由原有的73%提高至87%。车辆的出车率提高也得益于后勤维护质量的提高。

（2）矿岩计量：系统运行前入站矿石由核子秤计量，亏吨为17.5%；运行后亏吨下降至0.85%。岩石部分原来以收方计量亏达11%，系统运行后则以过磅数据为准，全面避免了测量误差。

(3) 矿石质量：矿山矿年均配矿量1500万吨左右，钼配矿计划品位为0.120%，实际全年平均完成0.121%。品位最低完成在2月0.116%，最高品位完成在5月0.125%，品位波动范围±3.73%。在利用配矿管理系统进行配矿以来，品位波动由原来的±15.82%下降至±3.73%，极大地提高了供给选矿厂的矿石质量。

从以上几方面能够看出，系统将露天矿繁杂的生产调度系统集成于一个开放的、标准化的数字化平台下，实现露天矿计划编制、动态配矿、生产信息的实时获取、存储、查看和利用，提高了生产管理的实时性，提高了管理人员对生产过程的调控能力，达到生产合理、有序地按计划进行；提高了企业对生产全过程控制和管理的能力，为矿山生产决策提供了可靠、科学的数据支持。

4.2 卡车运行自动化

4.2.1 卡车自动运行简介

运输是露天采矿的重要环节，也是矿山生产成本的主要构成部分，运输设备的能力和效率很大程度上决定了矿山的生产规模和盈利水平。随着技术的不断进步，为了在节省成本、改善安全绩效指标的同时也提高生产效率和矿山盈利水平，矿用卡车运行自动化(无人驾驶) 应运而生，它也与矿山对设备管理、资产管理、状态和监控诊断等方面的需求很好地结合在一起，成为露天开采自动化运行的重要组成部分。

卡车运行自动化的基本概念，是在无驾驶人员的情况下，由计算机根据程序对设备进行控制，使其按照特定的运输线路行驶和装载、卸载，自动地完成工作循环，遇到意外情况时能减速或停车。系统主要由车载传感装置、自动控制装置、导航定位系统、无线通信系统等构成。图4-3所示为卡车运行自动化系统的工作原理示意图。

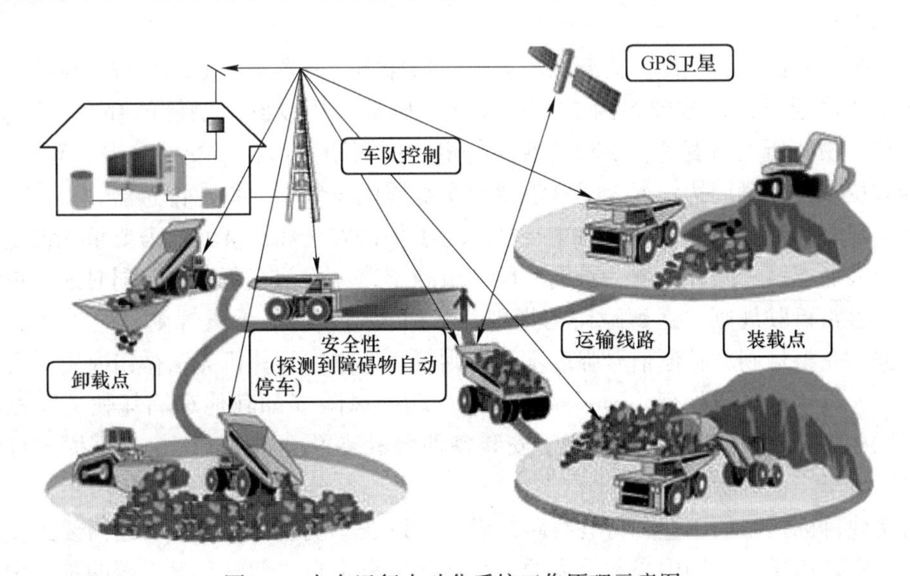

图4-3 卡车运行自动化系统工作原理示意图

由图4-3可知，卡车运行自动化系统是卡车智能调度系统的一部分，所有的自动驾驶卡车都会与调度中心后台连接，由监控员实时监控。传统的卡车调度，是将装卸卡车得到的导航定位信息传送到调度中心，调度中心将卡车装卸目的地发送至卡车终端，驾驶员按照终端指示，到指定的地点进行作业。而卡车运行自动化系统则应用无人驾驶技术，通过车载传感装置、车辆控制装置、导航定位系统和软件等，改变传统意义上的“人-车-路”闭环控制模式，将卡车调度中司机这一人为不可控因素从闭环系统中剔除，利用计算机系统代替传统车辆行驶过程中的人为操作，从而提高了车辆行驶的效率及安全性能。在此系统下，每一台卡车首先都需要实时收集多种信息，包括：

(1) 位置信息和方向信息。在目前的技术条件下，车载全球导航卫星系统就可以满足一般要求。但在装载区和破碎机卸料区，或是在道路上避开障碍物时，都需要高精度的定位信号，因此有必要设置固定基站作为基准并将误差修正信号发送给车辆，以满足精度要求。

(2) 车辆状态信息。主要包括预先设定的车辆轮廓尺寸、车辆行驶特性，以及从车辆控制系统反馈的其他车辆状态信息，如速度、油门开度、挡位、制动阀开度、前轮偏转角度、装载状态或吨位、车厢举升位置等。为了保证车辆本身的正常工作，还需要掌握各种工作参数，如发动机转速、气压、电压、机油压力、液压油温度及各种报警信号等，以便将数据传回控制中心，并在必要时采取紧急措施，停止机器的运行。

(3) 线路信息。通常需要从控制中心获取，指挥控制人员根据生产的要求将一条或多条任务路线传送到车辆上，并根据实际情况随时改变任务。车载计算机控制车辆顺序或反复执行任务。任务路线是一个位置信息序列，它采集于实际的工作路线并被数字化。一条任务路线的两端，通常是装载和卸料等待区的口门。

(4) 道路状况信息。包括宽度、坡度、转弯半径、积水及积雪情况等，有些信息是与路线信息重合的，通常只要道路维护及时，于车辆运行有影响的主要是宽度和坡度。为了帮助车辆获取与路缘的距离，可以在路缘安置一些反射器，以正确引导车辆行驶。坡度信息随路线信息传递给车辆，用以帮助车辆控制系统选择正确的油门开度或制动阀开度，保证高效和安全。

(5) 障碍物的位置判断。需要靠车载障碍物探测传感器来获取，比较常见的方法是使用毫米波或略低于毫米波频率的24GHz雷达传感器，用以感应物体的存在、运动速度、静止距离、物体所处角度等，要求其性能稳定、探测距离远且不受雨、雪、雾天气影响。为了全方位掌握车辆周边情况，通常需要在车身周围安装多个雷达传感器。

车辆需要在计算机的控制下自主行驶。为了保证安全和经济性，需要事先设定若干界限，如最大加速度、最佳速度、不同路段的最高车速、与前车距离等，同时还需设定若干规则，如道路行驶规则、遇到障碍物规则、队列规则、指令矛盾规则、应急情况处理规则、数据不完整规则、控制信号强度不足规则等。通常在计算机无法做出决定时会将车辆停住，由人员登车进行处理。为了避免各种可能的风险（如其他车辆驾驶员及地面人员的误判），自主驾驶车辆通常在车身上安装各种警示装置，如模式灯，根据模式灯的状态就可判断该车当前的状态。

为实现目标指令的下达和行驶线路的设定，以及车辆管理和监控，还需要无线通信进行数据的实时传递。控制中心和可靠的无线系统是整个自主驾驶车辆系统的神经中枢，指挥人员需要与生产控制人员一道制定任务计划，包括采集并及时更新装载区、卸料区及行驶路线上的各种信息，并根据车辆自身状况下达任务。在任务执行过程中，需要实时监控状态，更新指令，并采集生产方面和车辆运行状态方面的数据。对于装载区和卸料区，需要人工进行控制，还需与现场人员保持密切的联系，随时发现并处理各种情况。通过远程通信，控制中心甚至可以设在数千千米以外。

具体来讲，为保证卡车自动化系统的顺利运行，需要实现以下分步操作：

(1) 由装备了高精度定位能力的调度中心控制车辆管理，为每辆车指定装载机的位置和运输路线，车辆通过接收无线指令以合适的速度按照目标路线运行；

(2) 卡车由导航定位系统、调度中心控制装置无线指令和其他导引装置来确定车辆在矿山的准确坐标并了解周围的情况，使得卡车能在无人操作的情况下实现复杂的装载、运输和卸载循环的自动运行；

(3) 装载时，由同样安装了导航定位系统的挖掘机或装载机来计算并引导卡车至正确的位置，由装载机自动进行装载；

(4) 卸载时，监测中心控制装置发送卸载点的位置和路线信息，卡车在相应设备引导下到达卸载点，准确进行卸载；

(5) 安全方面，在卡车自动化系统运行下，如果障碍物侦测系统发现行走路线上有其他车辆或人，卡车就会马上减速或停车。

4.2.2 国内外卡车自主运行装备的研究与应用

在国外，露天矿山卡车运行自动化的研究早在 20 世纪 70 年代就已经开始，但发展缓慢，直到近 20 多年来才加快了进程。目前，世界排名前两位的工程车辆巨头美国卡特彼勒（Caterpillar）和日本小松（Komatsu）走在了前面，分别与必和必拓（BHP Billiton）、力拓（Rio Tinto）合作并为其提供卡车自主运行解决方案。原理上大同小异，实现上略有区别。

4.2.2.1 日本小松公司

日本小松公司很早就进行车辆自主运行方面的研究，卡特彼勒也曾参与过美国国防部的相关项目，但在实际运用上，小松公司领先了一步。其第一辆 77t 无人驾驶卡车首先在日本一家水泥公司的采石场试验，用雷达检测障碍物，最大运行速度 36km/h，并于 1996 年在澳大利亚昆士兰矿山投入使用。同年，小松公司 5 辆无人驾驶卡车在西澳大利亚投入运行，采用架线供电方式，沿道路每 150m 设一根标杆，以 10 次/秒的耦合脉冲激光校准制导和 GPS 定位系统准确地引导卡车，以 cm 级精度在矿区道路上运行。

2005 年，小松公司在智利 Codelco 旗下的 Gabriela Mistral 铜矿开始进行无人自动运输系统（Autonomous Haulage System，AHS）的试验。2007 年时有 5 台试验车在此使用，2010 年初时有 11 台 930E（载重量 290t）自动化卡车在运行，这是首次在世界最干燥的智利阿塔卡马沙漠中使用此系统，如图 4-4 所示。

2008 年年底，力拓公司位于澳大利亚的几座铁矿也开始运营小松公司的无人驾驶卡车。位于西澳大利亚的皮尔巴拉（Pilbara）地区是闻名于世的铁矿石产区，运输铁矿石的卡车每天 24 小时不间断地在广袤而空旷的褐红色土地上行驶，如图 4-5 所示。而这些两三层楼高的卡车上没有驾驶员，也没有随车人员，一切全由 1500 公里外珀斯市的计算机控制中心来远程控制，如图 4-6 所示。迄今为止，力拓集团在澳大利亚 4 个矿山中共启用了 73 辆无人驾驶卡车。

图 4-4　智利 Gabriela Mistral 铜矿 930E 自动化卡车

图 4-5　运行在皮尔巴拉（Pilbara）地区的卡车

图 4-6　力拓集团珀斯的计算机控制中心

到2017年底，小松公司在澳大利亚、南北美洲的6座矿山（包括铜、铁和油砂），自动化运行卡车总数超过100台，累计运输了15亿吨的物料。这些车辆以及系统在安全性、生产力、环境耐受性和系统灵活性方面经受了考验。

此外，小松还计划增强AHS在混合型车队的应用能力，即一个车队中同时运行有人驾驶和无人驾驶卡车，这有利于现有矿山逐渐过渡到全自动矿山。

2016年，小松公司发布一款无人驾驶矿用卡车，如图4-7所示。直接取消了卡车上的司机驾驶室。新设计的车身重量被平均分配到了四个轮子上，同时还配备四轮驱动和四轮转向，卡车有更好的控制性和可操作性，从而将无人驾驶的概念执行得十分彻底。该车长15m，有效荷载为230t，最大功率2700马力，最高时速可达64km/h。

图4-7 小松公司取消了司机驾驶室的自动运行卡车

4.2.2.2 美国卡特彼勒公司

20世纪80年代末，工程机械巨头卡特彼勒公司就已经是矿山卡车自动化领域的活跃者，开始了无人驾驶自卸矿用卡车的研究，以785型135t的矿用卡车为基础，造出了矿用自动化卡车（Autonomous Mine Truck，AMT）。1994~1995年间，卡特彼勒公司777型自动化卡车在前、后、侧面均配备了扫描雷达系统，可检测100m内道路上的人员和障碍物，使卡车有足够时间减速或停车，当卡车到达装车位置时自动停车。两台777型无人驾驶卡车在美国德克萨斯一个石灰石矿试用并成功运行两万多千米。在1996年的MinExpo矿业博览会上展示了777型无人驾驶卡车的测试运行情况。

实现自动化的关键是在2008年，卡特彼勒公司的工程师们在提高集成化矿山运行的核心技术方面与知名大学的机器人研究所成为合作伙伴，开发了大型自动化运输卡车。新的控制模块能驱动20个喷油器和交换器，监控30多个重要的引擎功能，可将100个代表发动机健康状况的多项引擎参数记录在案，并协助诊断问题。

澳大利亚福蒂斯克金属集团（Fortescue MetalsGroup，FMG）矿区位于澳大利亚皮尔巴拉地区，地广人稀，人力成本极其高昂。2013年，福蒂斯克金属集团与卡特彼勒公司合作，在索罗门（Solomon）铁矿区签署无人驾驶卡车协议，第一批8台无人驾驶的全自动793F矿用卡车在矿区投入使用，如图4-8所示。至今已经拥有54辆，无人驾驶卡车累计运量达到2.4亿吨。近期无人驾驶卡车将增至59辆，是世界单一矿区规模最大的无人车队。数据监测显示，无人驾驶卡车车队比普通同类车队的生产力高20%。同时，无人驾驶卡车系统可以减少人为失误，使生产的安全系数得到提高。

图4-8 自动化的CAT793F（载重量227t）

相比小松的电传动卡车，卡特彼勒公司认为机械传动更适于实现自动化，如今一辆797型矿用车的车载电脑系统之复杂程度超过了第一架航天飞机，而现代化的采矿运行中心的精密程度甚于当年水星载人航天计划的指挥部。

我国在卡车运行自动化的开发方面起步较晚，但目前也有很多公司和矿山企业参与自动化运行卡车的研制和应用，如北京踏歌智行、洛阳钼业、东风汽车等。

4.2.2.3 踏歌智行

无人驾驶初创公司踏歌智行，提供了矿区卡车运行自动化解决方案，该方案已经获得国内矿用车企业的认可。踏歌智行公司提供的智能化改装方案比较简单，传感器主要为激光雷达、毫米波雷达、GPS。因为矿场内多扬尘，摄像头很难发挥作用，所以激光雷达是主传感器，布置在车辆的前向与后向，且探测角度向下。作业矿车在固定线路行驶，因此不需要高精度地图，只需要提供运动轨迹。无人驾驶卡车均为低速行驶，感知范围只需要20m。

在控制方面，考虑到线控改造的难易程度，提供了加装机器人和线控改造两种方案。其中100~200t特大型卡车的控制层技术被国外零部件供应商垄断，因此多采用加装机器人的方式。而60~70t的矿用卡车基本是手动挡，无法用机器人控制。因此公司对卡车进行了线控改造，所有无人驾驶卡车都会与后台连接，由监控员实时监控。一名监控员可同时监控30~50辆卡车，当某辆卡车出现问题时，系统就会弹出故障自主报警，再由人工线下排除故障。目前公司在包头白云铁矿和鄂尔多斯乌拉煤矿已经有了落地项目，2018年7月无人驾驶卡车开始进矿试运行。图4-9所示为踏歌智行公司的自动化运行卡车。

4.2.2.4 洛阳钼业

2018年6月，由洛阳钼业公司与河南跃薪智能机械有限公司联合研发的SY系列纯电动矿用卡车在三道庄矿区正式投入使用，标志着洛阳钼业成为全球矿山行业首家完成矿用卡车动力电池组改造的企业。与此同时，洛阳钼业公司加大研发投入，在纯电动改造的基础上，完成智能装备与新能源改造的完美结合，研制出集纯电动驱动、远程遥控操作及无人驾驶技术为一体的智能环保型采矿装备。在操作现场，挖掘机和卡车上都没有司机，而挖掘机和卡车的运矿作业，是由在矿区边上办公楼内两名工人通过操作台上的按钮远程操控的。

图 4-9 踏歌智行公司的自动化运行卡车

4.2.2.5 东风汽车

东风汽车早在 2013 年就开发出 A60 无人驾驶概念车。近几年，东风汽车研制的 AX7 等车，已实现自动泊车、智能辅助驾驶、自主式无人驾驶、网联式无人驾驶等成果。东风商用车已在复杂矿山、水坝施工现场试行自主式无人驾驶。

总体来讲，目前我国在卡车运行自动化领域依然落后于世界先进国家水平。近年来，国内各大型矿山企业在向“智能采矿”努力的过程中，井下无人电机车等技术已经取得突破，在多个矿山投入运行，这对与无人电机车技术有很多相似技术的卡车运行自动化是极大的促进。相信在今后十年内，我国露天矿山的无人驾驶卡车技术将会得到很好的推广。

4.3 胶带运输自动化

4.3.1 胶带运输自动化的发展

胶带输送机属于带式运输机，是一种输送松散物料的主要设备，因以胶带作为载物面而被称为胶带运输机。因为具有输送能力大、结构简单、投资费用相对较低以及维护方便等特点，广泛应用于港口、码头、冶金、热电厂、水泥厂、露天矿和煤矿井下的物料输送。1868 年，世界上第一台带式运输机在英国诞生。随后，科技的不断进步，特别是化工生产、冶金工业、机械制造等技术的发展，促使胶带运输机的各种结构不断完善、构造不断优化、设计越来越标准化、性能越来越强。它开始广泛地应用于工农业生产的各个方面，并逐步由完成车间内部的物料搬运，发展到实现在企业内部、企业之间甚至各个城市间的物料输送，成为物料运输系统自动化和机械化不可缺少的重要组成部分。

作为矿产资源大国，随着我国大型冶金露天矿山开采深度的不断增加，采矿场的空间变得越来越深、越来越小，冶金露天矿山的运输条件（特别是使用铁路运输的冶金露天矿山）日趋恶化，矿山的生产能力大幅度降低，矿石的生产越来越困难，以胶带运输为核心的运输系统为解决我国冶金露天矿山运输落后这一难题提供了可行的方案。与汽车运输相比，它具备运营成本低、生产能力大、爬坡能力强、自动化程度高、能够实现连续化作业等优点。

然而，传统的胶带运输生产控制方式效率低下、故障率高，难以满足生产需求。要始终保持胶带运输系统良好稳定的运行工作状态，这使得对胶带运输自动化系统的性能以及其保护控制要求也越来越高。随着计算机技术、传感检测技术、网络通信技术的飞速发展以及控制理论的进步，对胶带运输系统实现自动化控制，及时、准确地对设备运行中出现的早期异常状态或各种故障进行报警、给出诊断，对于预防和消除故障，提高设备运行的可靠性、安全性和有效性，具有重要的意义。

4.3.1.1 国外胶带运输自动化技术研究进展

1868 年，首台带式输送机诞生。1891 年美国新泽西州的磁铁矿，首次采用胶带运输机运输矿物。第一次世界大战时，德国最先开创了斗轮铲和胶带运输技术的使用。经过一百多年的发展，国外的胶带运输自动化系统，其控制与管理的理论、技术、功能以及设备更为先进、安全、可靠，应用范围更加全面。

目前，国外胶带运输的技术主要向以下三个方面发展：

(1) 功能的多元化，应用范围扩大，如研制大倾角胶带运输机、空间转弯胶带运输机等各类运输机型；

(2) 功能与技术向长距离、高带速、大运量等大型胶带运输方向发展；

(3) 关键零部件向高可靠性、高性能、低能耗等方向发展。

对于胶带运输自动化控制的发展，国外早在 20 世纪 60、70 年代就初见成效，尤以美国、英国、德国的发展最早，也最为突出。目前，国外大型胶带运输自动化的监测监控系统已经非常完善。在这些系统中，拥有先进的 PLC，应用了成熟的现场总线进行网络通信，开发了先进的程序软件。它们除了对胶带运输的启动与制动可控制、对皮带跑偏实行自动监控外，还对皮带的运行速度、各种安全保护装置、皮带张力、传动滚筒与托辊轴承温度等信息进行实时监测与控制。

英国采矿研究院（M·R.D·E）将研制的曼洛斯系统（MINOS-Mine Operation System）应用在煤矿井下开采领域，可以实现在地面中央控制室对井下皮带输送机的集中监控与保护。在中央控制室有两个显示器：一个显示井下皮带输送机、煤仓系统运行状况；另一个显示器则用数字显示皮带输送机的急停、负荷、煤仓装满的百分数等。皮带运输系统的启停全由中央控制室操纵，重要转载点有视频监视。除了值班电工、钳工外，井下不安排皮带输送机司机。

同样，作为传统的煤炭工业大国，德国也于 1970 年代迎来了胶带运输集控系统的自动化发展。佛德利希莱茵兰特矿下属的鲁尔公司于 1979 年开始，针对一套胶带运输系统，借助 Geamatie 2000i 型自动化系统对其监视，并由地面皮带调度室控制。该系统包括总长 18 千米的皮带 26 条，井底辅助煤仓两座，原煤煤仓 10 座。其将 Geatrans21 型遥控系统、Geatrans FQM200i 型高频遥控系统、LogistatGoi 型逻辑电子控制系统进行相互配合与连接，形成分级控制结构。它们将给主皮带运输系统供煤的其他顺槽皮带逐步纳入监视、控制系统，从而可借助快速处理设备独立地进行局部控制和监视。同时，实现对运输量的集中分配。如此一来，利用上述处理设备更有利于及时发现皮带运输系统内的大多数故障，从而提高了运输系统的安全性。再者，因其提供的信息准确，可减少维修量。另外，加入计算机控制设施后，能更有效地使用这套运输系统。系统第一次对胶带运输系统进行了较为全面的集控保护：统一皮带规格，各类滚筒、支撑架的技术规格实现标准化；实现一定量的带式运人设施。监视范围包括：皮带跑偏，打滑系数与带速控制，纵向撕带保护，系统温度保护，急停闭锁开关保护，载煤量监测，胶带清扫器的位置，扬声器的人员即时通信装置，重环保。

胶带运输自动化系统在金属露天矿也得到了广泛应用，并取得了较好的经济效果。20世纪50年代末，胶带运输工艺首先应用在德国的石灰石矿。从70年代末开始，美国、加拿大、南美、苏联（乌克兰、俄罗斯）等国家和地区的大多数金属露天矿开始普及胶带运输自动化运行系统，如美国的西雅里塔（Sierrita）露天铜矿、宾厄姆（Bingham）露天铜矿、南非的锡兴（Sishen）露天铁矿等。

4.3.1.2 我国胶带运输自动化研究进展

我国对于胶带运输自动化研究起步较晚，20世纪60年代以来，我国在矿用胶带运输系统设计方面不仅实现了自主研发，而且在功率、运载量和输送距离等方面的规模都越来越大。但是，我国矿用胶带运输机普遍存在“大马拉小车”的情况，胶带运输机的运行速度多以恒速为主，而且总是以最大额定速度运行。当载重变化时，带速不能随着载重等进行调节，经常会常出现低载高速甚至空载高速的情况，最终导致胶带运输的实际工作效率只有40%左右，系统成本比较高，运行的安全性、可靠性较差，保护功能与精度较低，难以完全满足矿山生产的需要。

我国冶金矿山的科技工作者根据国内外胶带自动化连续运输的发展，相继为各大型冶金露天矿山的开采研究和设计了各类型的间断-连续自动化运输工艺系统，并投入了生产应用。例如，鞍钢东鞍山铁矿的排土作业，于1982年投产的间断-连续自动化运输工艺系统为：铁路运输-地表固定破碎机-胶带自动化运输-排岩机排岩。鞍钢大孤山铁矿的排土作业于1982年投产的间断-连续-间断运岩工艺系统，于1992年被改造为坑内汽车运输-移动胶带运输-排土机排土的间断-连续自动化运输工艺系统。

亚洲最大的冶金露天铁矿，鞍钢齐大山铁矿扩建工程中的岩石运排系统，是我国金属露天矿唯一以胶带运输为主要运输方式的间断-连续自动化运输系统。其主要技术参数为：矿石设计规模1700万吨/年，矿用自卸汽车载重量154t，胶带总长度2500m，胶带段数3段，胶带带宽1600mm，带速4m/s，胶带的小时生产能力为5968t。这套胶带自动化连续运输系统的建成和成功运营，标志着我国金属露天矿山以胶带运输为基础的间断-连续自动化运输工艺技术已达到了国际先进水平。

4.3.2 胶带运输自动化的系统构成

胶带运输自动化系统是基于计算机、通信网络、自动化、工业控制等技术，运用传感器对以胶带运输机为核心的运输系统设备进行控制、监测和保护。传感器将采集到的设备与系统的运行工况参数（如跑偏、撕裂、温度、速度等）通过工业控制总线（如Profibus等）通信技术，反馈给以PLC为核心的工控机进行数据处理。然后，PLC利用工业以太网将处理好的数据通过组态软件（上位机）处理后，呈现为图像与表格等形式，最后以友好的人机画面提供给工作人员，进而根据反映的运输系统情况，进行具体操作与控制。下达的操作指令又逆向传输，通过上位机—PLC—现场设备的顺序，完成对设备的动作，最终实现系统的实时监测与自动化集中控制。

系统控制采用“集中室集中控制为主，就地操作为辅”的控制方式，根据硬件结构可分为管理层、控制层和设备层三级网络体系，如图 4-10 所示。

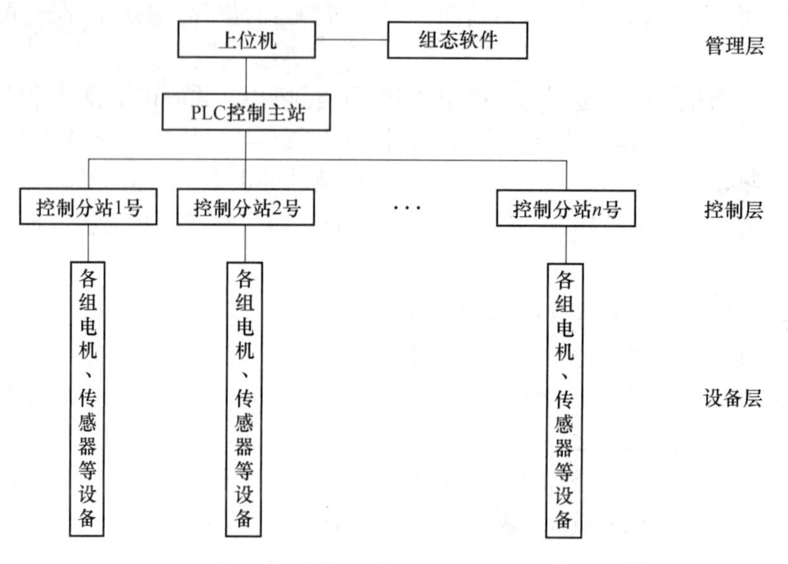

图 4-10 胶带运输自动化系统结构图

系统主要由上位机、PLC 控制主站与分站、变频器、就地控制箱、矿用网络交换机、阻燃光缆、阻燃电缆、矿用光纤、通信扩音电话、传感器和矿用摄像仪等设备组成。

（1）管理层。通过上位机，可以对整个运输系统进行实时监控，获取所有设备的运行状态，采集并处理工况数据，下达控制指令，显示现场动态工艺流程，管理、存储、更新以及共享数据库资源，并且实现与整个矿山智能化生产调度系统的网络连接与通信。

（2）控制层。由以 PLC 为核心的主站、分站、防爆控制箱组成。PLC 发挥其强大的数据处理能力，负责采集现场各传感器数据，进行数据的逻辑运算与处理、信息转换、指令操作，提供故障保护、现场数据显示、控制现场设备与工艺流程，并通过储存的程序指令进行条件判断，是实现远程集中控制的关键。

（3）设备层。即保护系统的各类传感器与相关执行设备。针对系统的运行动作、故障点等进行参数采集与状态反应，将系统的各条皮带启停、跑偏故障、打滑故障、撕裂故障、现场温度、语音通信、声光报警等动作进行相关保护或实现，并实时反馈给控制层以及管理层。

其中，上位机（组态软件）、PLC 控制站、传感器分别为管理层、控制层、设备层的功能核心。系统的主要功能具体如下：

（1）通过上位机以及控制中心的显示屏显示现场环境及工作环境温度、带速等参数，对大功率胶带运输进行变频调速，实现理想的定速运行。

（2）当传感器或执行器的模拟量输出发生改变时，显示相应的数据，若出现如胶带打滑、现场烟雾浓度超标、设备温度过高等故障异常时，系统能够发出报警信号，显示相应的故障类型和地址，停止皮带运输生产，直到故障排除后，再恢复运行。

（3）当系统保护传感器或执行器的开关量发生改变时，显示相应的故障类型和地址。当开关量故障异常状态时，系统发出报警信号，自动控制断电器执行断电；当故障排除，开关量正常后，解除报警并恢复运行。

（4）在遭遇到跑偏、撕裂、堆料等严重故障时，系统直接控制停车，在遭遇到温度过高、烟雾过多等故障时，可编程控制器启动洒水装置对故障进行处理。如果此类故障持续恶化，可根据故障信息进行条件判定后停车，同时将故障信息传输至上位机中。另外，还可以通过人工手动控制，对系统的皮带机、振动筛等设备进行断电。

（5）针对大功率胶带，由于其运载量大，运行速度会受到运输量的大小而波动，可能出现空载高速与满载低速的状况，浪费电能且生产低效。系统利用模糊控制与变频技术调速，使其实现理想的定速运行，满足节约能源和适应生产的需要。

4.3.3 应用案例

云南华联锌铟股份有限公司是集采矿、选矿于一体的大型矿山企业。采矿场与选矿厂隔差一座山，且道路地形复杂。若用汽车运输，需修建 6km 公路；若用胶带运输，则只需修建 2km 隧道即可。因此，胶带运输自动化控制方案是解决矿物运输的一个较优方案。

但是，胶带运输为柔黏性力学系统，输送带由弹性单元组成，在启动加速、停车减速及张力变化过程中均呈现出复杂的运动力学特征，主要表现为横向振动、纵向振动以及动态张力波在胶带中的传播和叠加，造成输送系统的不稳定，具体表现为胶带断裂、机械损害、叠带、撒料、局部谐振跳带等。因此，胶带运输机的启动方式、停车方式、保护装置的自动化控制设计显得很重要。

通过对企业传统汽车运输与胶带运输进行对比与选择，提出了基于 2 台西门子 G150 变频器（一主一从）和西门子 S7-300、S7-200PLC 胶带输送机自动化控制方案，最终实现了大型矿山企业胶带输送机安全、高效运行。

现对该胶带运输自动化控制系统解析如下。

4.3.3.1 胶带运输自动化系统方案设计

控制系统主要由西门子 G150 变频器、S7-300PLC、S7-200PLC、外部保护装置等构成，包含 3 层网络，分别为设备层、控制层、管理层。设备层负责采集现场控制仪表信息（拉绳、跑偏开关）；控制层负责头尾部 2 台控制柜传递控制指令及子系统信息；管理层负责与厂级集散控制系统（Distributed Control System，DCS）通信。系统共设置 2 个 PLC 工作站，A 站放置在驱动间电气室，采用西门子 S7-300PLC 进行控制；B 站放置在尾部转运站，采用 S7-200PLC 进行控制。A 站作为厂级中控的从站，与 DCS 控制系统相连，采用 DP 通信方式上传各个工作站的工作状态和故障信息，也可以接受全厂中控的命令。

控制系统硬件联系图如图 4-11 所示。

4.3.3.2 控制功能及操作

胶带运输控制模式有就地手动、就地自动、触摸屏自动控制和远程 DCS 控制。

长距离皮带输送机开车指令发出后，启动皮带机沿线声光报警器，10s 后启动变频电机风扇（防止电机受潮，吹干）；控制系统收到变频电机风扇运行信号后，启动尾部液压绞车自动张紧装置；收到张力正常信号 3s 后，启动变频器，利用变频器零赫兹制动功能将输送机“抱死”，以防盘式制动器松闸时，上运长距离输送机倒行下滑。PLC 控制系统接收到变频器运行信号后，启动盘式制动器，变频器按照 PLC 控制系统给定的优化 S 形速度曲线输出频率，带式输送机平稳启动。停车指令发出后，变频器按照反 S 形曲线输出

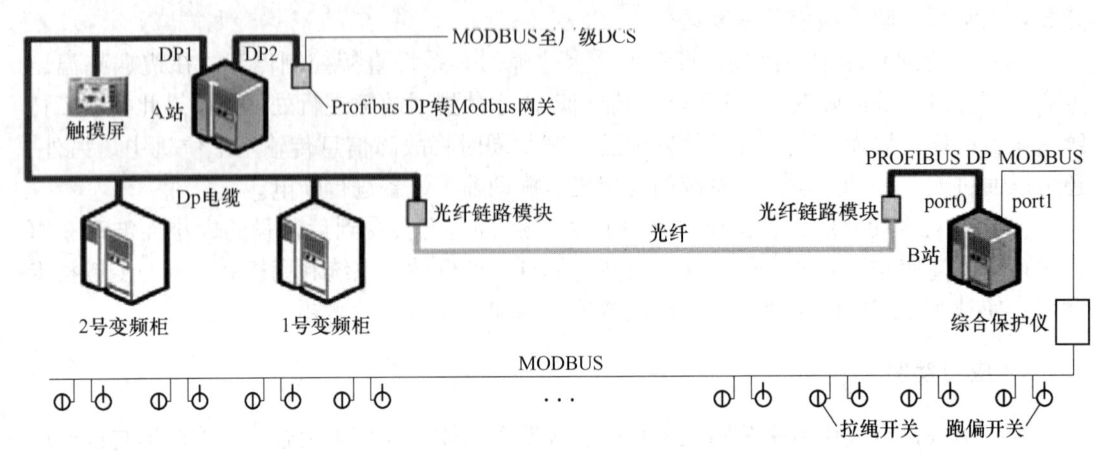

图 4-11　云南华联锌铟股份有限公司-胶带运输自动化控制系统硬件联系图

频率，当输出频率为零时，利用盘式制动器紧急制动功能将带式输送机“抱死”；在收到盘式制动器制动信号后 3s，停止变频器运行；变频器运行信号丢失后 3s，停止尾部液压自动绞车张紧装置；然后依次停止电机、风机，停车结束。在拉绳、跑偏、防撕裂、皮带打滑、电动机绕组轴承温度等保护功能动作情况下，控制系统立刻发出停车指令，变频器停止工作。变频器采用自由停车方式，立刻封锁脉冲，此时无电压、频率输出，同时，带式输送机采用盘式制动器柔性制动功能将输送机“抱死”（制动时间可调）。

当控制装置选择 DCS 远程控制方式时，皮带机的启动和停止及速度给定将接收来自 DCS 远程中控的指令。在中控工作方式下，可以观察到皮带机跑偏报警、拉绳开关操作报警、撕裂报警、变频器报警，每台电机的轴承和三相绕组的温度数值以及变频器的运行电流、转矩和频率等。在远程中控工作状态下，PLC 控制部分只是将以上大部分报警信号发送到远程中控，由远程中控决定是否马上停机。当发生拉绳开关操作和控制柜及现场操作箱停止按钮操作时，为了保护人身安全，皮带机将立刻停机，并将停机操作原因发送到 DCS 远程中控，可读取有关的皮带机停机原因和信息。

4.3.3.3　其他相关技术

（1）胶带保护功能。胶带撕裂、失速打滑、拉绳、跑偏，电机轴承绕组温度以及各个子系统故障等信号，都进入 PLC 控制系统，参与联锁控制。各参数可根据现场情况和装置、仪表精度在触摸屏上进行调整。

（2）抗电磁干扰措施。由于皮带机运输系统采用 2 台大功率变频器拖动，对供电电网谐波污染，空间磁场干扰严重，为了保证控制系统可靠运行，采取的措施包括：采用在线型不间断电源以及隔离变压器消除线路耦合干扰；所有的输入输出开关量，通过中间继电器隔离后输入 PLC 模块或输出控制子设备，以防止空间电磁干扰及控制电缆破损与动力电缆接触高压击坏模块；所有的模拟量经无源隔离模块隔离后进入控制系统，确保参与控制的温度信号稳定；采用软件技术对开关量进行“消抖”，对模拟量进行滤波。

4.3.3.4　应用效果

在实际应用过程中，胶带输送机自动化控制方案相对于汽车运输，不仅环保、安全、高效，节省了大量人力资源与道路资源，同时具有输送量大、结构简单、维修方便、部件标准化等优点。基于2台西门子G150变频器和S7-300PLC、S7-200PLC胶带输送机自动化控制的设计是安全、环保、高效的。方案中友好的用户操作界面能大大节约故障停机问题的查找与处理时间，2台西门子G150变频器主从驱动方式实现转矩闭环控制，取得理想的功率平衡效果，能够有效降低功耗，节约生产成本；3层控制网络的设计节约了系统硬件材料成本，完善的设备保护装置增强了控制系统的安全性，同时也降低了系统维护过程中的人力成本。

参考文献

[1] 班印．胶带运输系统在白云鄂博西矿的应用前景［J］．中国矿业，2010，19（zk）：179-180.

[2] 陈梅．远程移动监控系统中GPS信息的获取［J］．华东交通大学学报，2005（01）：132-134.

[3] 杜红波．三道庄露天矿数字化采矿平台的构建［J］．中国钨业，2012，27（03）：6-9.

[4] 郝丽娅．浅析带式输送机控制系统现状及发展趋势［J］．江西煤炭科技，2013（02）：94-96.

[5] 贾祝广，孙效玉，王斌．无人驾驶技术研究及展望［J］．矿业装备，2014（05）：44-47.

[6] 李发本，阮顺领．基于GPS的露天矿动态路径生成算法［J］．计算机工程，2012，38（01）：236-238，241.

[7] 李军才．DISPATCH系统在我国大型露天矿山中的应用［J］．中国矿业，2000（S1）：105-108.

[8] 李欣，孟匡匡，张勇．浅谈带式输送机的发展［J］．科技创新导报，2017，14（31）：91-92.

[9] 毛文军，左正一，原喜屯．GPS监测技术在矿山机械调度中的应用［J］．矿山测量，2013（05）：4-5.

[10] 明亮，郑刚，曹志刚．露天矿GPS智能调度系统的应用［J］．中国矿山工程，2012，41（04）：7-10.

[11] 王龙楣．莱茵兰特矿计算机控制的新型皮带运输系统［J］．煤矿自动化，1980（04）：54-62.

[12] 姚素芬．胶带自动化连续运输工艺在大型冶金露天矿山的应用［J］．冶金自动化信息，2001（3）：10-12.

[13] 袁瑜．矿用卡车的无人驾驶技术［J］．矿业装备，2013（10）：72-74.

[14] 张兵．胶带输送机自动化控制方案设计与应用［J］．现代矿业，2018，34（04）：145-147.

[15] 张玉梅，欧阳平．国际矿业形势变化及我国矿业管理改革的思考［J］．中国国土资源经济，2015，28（07）：41-43.

[16] 赵亦林．车辆定位与导航系统［M］．北京：电子工业出版社，1999.

[17] Arelovich A, Masson F, Agamennoni O, et al. Heuristic rule for truck dispatching in open-pit mines with local information-based decisions［C］//13th International IEEE Conference on Intelligent Transportation Systems. IEEE, 2010: 1408-1414.

[18] Caskey K R. Genetic algorithms and neural networks applied to manufacturing scheduling［D］. University of Washington, 1993.

[19] Cavalieri S, Gaiardelli P. Hybrid genetic algorithmsfor a multiple-objective scheduling problem［J］. Journal of Intelligent Manufacturing, 1998, 9（4）: 361-367.

[20] Cheng R, Gen M. An evolution programme for the resource-constrained project scheduling problem［J］. International Journal of Computer Integrated Manufacturing, 1998, 11（3）: 274-287.

[21] Gao Z N, Chen Q W, Hu W L. A new experimental platform for networked control systems based on CAN and switched-ethernet［J］. Information Technology Journal, 2011, 10（1）: 219-230.

[22] Himebaugh A E. Computer-based truck dispatching in the tyrone-mine［C］//Mining Congress Journal. 1920 N ST NW, WASHINGTON, DC 20036: J ALLEN OVERTON JR, 1980, 66（11）: 16-21.

[23] Kemner C A, Koehrsen C L, Peterson J L. System and method for managing access to a resource in an autonomous vehicle system: U. S. Patent 5, 586, 030 [P] . 1996-12-17.

[24] Parreira J, Meech J. Autonomous haulage systems - justification and opportunity [C] //International Conference on Autonomous and Intelligent Systems. Springer, Berlin, Heidelberg, 2011: 63-72.

[25] White J W, Arnold M J, Clevenger J G. Automated open-pit truck dispatching at Tyrone [J]. E&MJ-Engineering and Mining Journal, 1982, 183 (6): 76-84.

[26] Xu Y, Hou X, Li C. Research on the intelligent protection system of coal conveyor belt [C] //2012 IEEE International Conference on Automation and Logistics. IEEE, 2012: 337-342.

5 固定设备无人值守

本章学习要点：针对矿山生产的一些辅助生产作业，包括通风系统、井下排水系统、供风系统、变配电系统以及充填系统，需要在实现远程监控的基础上进一步实现智能化管控。本章讲述了在实现现场无人化操作的前提下，通过智能控制算法保证系统运转的连续、高效与低成本，实现这些系统的全面无人值守。

在矿山的生产过程中，采矿、掘进、提升运输以及矿石加工担负着主要生产任务，实现了矿石位置的转移或是性质的转变。通过这些环节，矿石从地下采出运送至地表直至最终产品，其性质也由最初的矿产资源完成了从资源到储量、从保有到采出，从原矿到精矿的转变，因而被称为主生产作业。除此之外，为了保障主生产作业的顺利进行，还需要诸多的生产辅助环节，如通风、排水、压风、供电等。此外，充填法采矿的矿山还建设有充填系统。

这些辅助生产系统尽管不会带来矿石流动，但是却保障了主生产作业的顺利进行，为矿石的流动提供支撑，同时也保障了现场作业人员与设备的安全。由于这些系统位置固定、设备运转的规律性强而且操控方式相对简单，因而容易实现系统的自动化和无人化，多数矿山在进行数字化建设时，通常会优先考虑固定设备设施的远程操控与无人值守，可以迅速达到现场少人化的目标，在国内外都有许多成熟应用。

作为智能生产的一部分，固定设备的自动化与智能化目标是在远程控制的基础上进一步实现智能控制，在实现现场无人化操作的前提下，通过智能控制算法保证系统运转的连续、高效与低成本。

5.1 通风系统

5.1.1 智能化需求与目标

矿井通风是保障矿井安全最重要的技术手段。在矿山生产过程中，必须源源不断地将地面新鲜空气输送到井下各作业地点，并稀释和排除井下各种有毒、有害的气体和矿尘。只有科学地、可靠地控制矿井风流，才能有效地为防尘、防爆、降温、灭火等创造良好的工作环境，保障井下作业人员的身体健康、劳动安全和设备的正常运转。

我国传统的矿山井下通风系统调节控制，不论是调控方案决策还是调节控制方法，一般都是人工进行的，没有定量化风量调节装置和自动决策手段，很难根据现场实际情况及时调节风量。虽然部分矿井安装了遥控风门，可以远距离控制风门的开关，但其目的主要是对于行车和行人而言的，并不是根据通风控制的要求进行自动控制，而且风机和风窗的调节也主要靠人工完成。

随着高新技术的不断发展，智能化的理念深深地渗透到矿井通风系统的设计与管理中。智能化通风系统就是利用先进的计算机技术，结合数据采集和传输技术、控制技术、制造技术和管理技术，将矿井通风模糊、抽象、动态、人为的各种因素和问题转化到设备设施的清晰、具体、相对静态、物化的工作成果，并通过较为友好的人机交互界面进行通风系统的设计和管理，以更好地为矿山生产服务。

在此基础上，通风系统可进一步实现无人值守功能，现场设备的实时状况全部采用远程监控或集中监控方式。在建设有调度指挥中心或分控中心的矿山，应将智能通风系统，包括信号、参数、视频以及数据等，接入并集成至调度指挥中心的集成控制平台。

5.1.2 系统构成

根据通风系统设计和管理的智能化设想，智能矿井通风系统至少应包括以下部分：各种传感器、现场监控计算机、现场主控制器、远程监控计算机等，如图 5-1 所示。

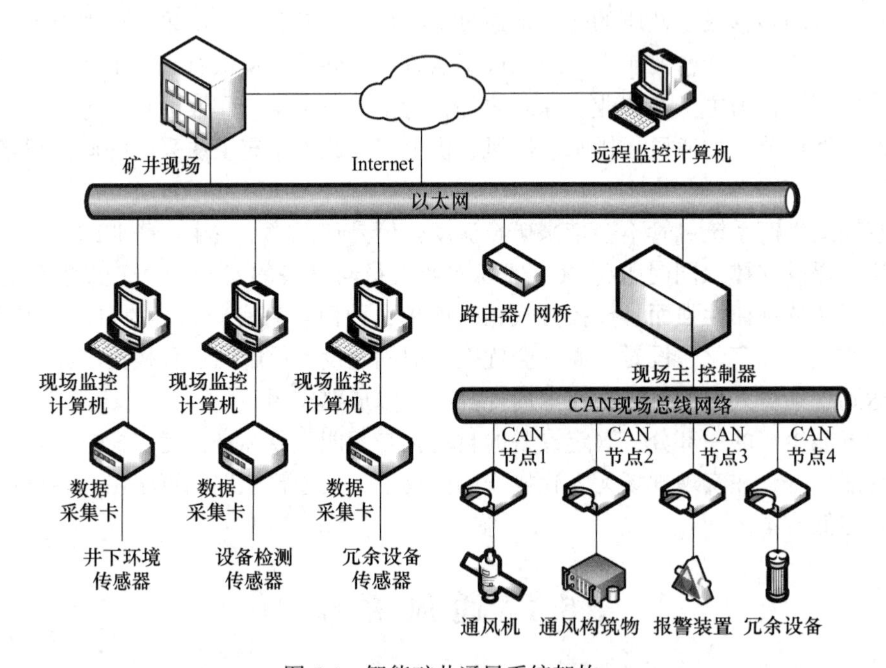

图 5-1 智能矿井通风系统架构

各井下设备检测传感器将井下的环境信息、设备运行信息等通过数据采集卡传送到现场监控计算机，并通过以太网发送到远程监控计算机。远程监控计算机借助于智能算法，通过数据分析与处理，智能判断井下的工作状况，然后通过网络将远程控制命令数据发送给现场主控制器，现场主控制器通过协议解析，将命令数据发送给各 CAN 节点，从而控制设备运行，并接收和处理 CAN 节点传来的各项监测数据和设备运行状态。

远程监控计算机采用智能分析软件和模糊控制算法对井下系统建模，并根据现有数据对整个运行系统进行预测分析。当井下出现安全隐患并且现有通风系统难以处理时，远程监控计算机会及时向现场主控制器发送命令，井下报警系统开始运行，及时提醒井下工作人员撤离。

智能通风系统需实现的主要功能具体如下：

（1）遥测功能。

1）井下作业环境的在线监测，包括温度、湿度、有害气体、粉尘浓度等；

2）通风机的风速、风压、风量等相关数据及电动机的温度、速度、电压等的在线监测；

3）主通风机安装视频监控设备，视频信息可同时显示在生产调度指挥中心的综合显示区域，进一步保证系统安全。

（2）遥信功能。

1）收集通风机、电动机、风门、风桥等设备的现场状态量，并将这些数据传递进行处理；

2）主通风机安装视频监控设备，传递视频信息并显示在生产调度指挥中心的综合显示区域，进一步保证系统安全。

（3）矿山通风系统的自动解算与模拟优化。

1）基于适用的软件建立三维可视化的通风系统，模拟显示整体的通风系统运转，以及相应的通风系统参数；

2）模拟实现通风网络的自动解算；

3）基于三维可视化的通风系统模拟进行通风系统的智能优化。

（4）遥控功能。

1）远程控制：基于现场环境监测，根据需风量的多少，通过远程自动开停风机以及控制风机正反风、变频调速、风门等，实现智能化通风管理；

2）远程控制与手动控制两种方式可切换；

3）远程控制条件下的安全保障：安全风机启动前发出启动警告信号，两地启动互锁等。

（5）自动报警功能。当矿井智能化通风系统的相关数据的实测值超过预设值，系统将会发出警报。例如：对井下作业环境在线监测，一旦有毒有害气体超标，数据异常，立即报警；对风机的工作电流、电压、轴承温度、风机发出的风量、风压等参数进行连续监测并在上位机上模拟显示，当检测到风机过载时，及时发出报警信号，并关闭过载风机，以保护过载风机的电机不被烧毁等。

（6）故障记忆功能。当矿井通风设备发生故障时，会自动记忆并传输相关数据至上位机，为以后的矿井安全生产提供有价值的参考。

5.1.3 应用案例

同煤集团塔山煤矿是一座以现代化经营理念、现代化管理模式、现代化装备制造著称的年产 2000 万吨的特大型矿井。塔山煤矿作为我国高瓦斯矿井的典型代表，其工作面生产过程中瓦斯极易超限，容易形成安全隐患，影响矿井的安全高效开采。然而，塔山煤矿原有局部防控瓦斯安全的装备相对落后，尤其遇到瓦斯涌出量大时，现有风机设备不能自动增风，导致瓦斯超限，迫使工作面停产，形成瓦斯超限隐患，严重影响着矿井的正常生产。

通常情况下，可设置大风量风机有效解决超限问题，但在瓦斯涌出正常情况下，大风量风机又容易造成电能和风量的浪费，同时造成粉尘量增大，加剧粉尘污染。针对以上问题，塔山煤矿研究开发了矿井智能局部通风系统，实现了关联瓦斯的按需供风，且保证了自动引排方式下设备稳定运行，有效解决了井下局部瓦斯治理的难题。该矿智能局部通风系统原理如图 5-2 所示。

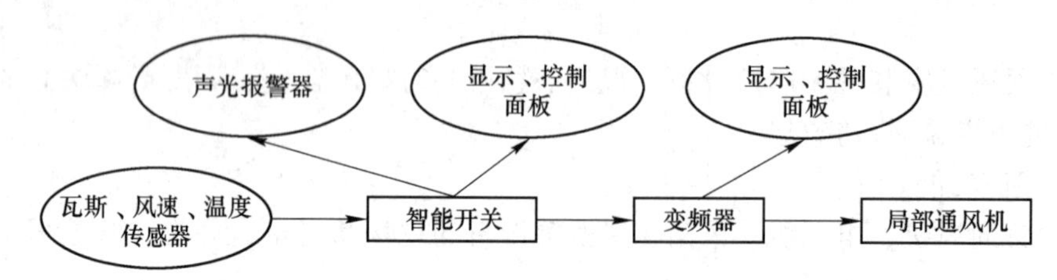

图 5-2 塔山煤矿智能局部通风系统原理

系统工作原理如下：以井下掘进面迎头、掘进巷道回风流、回风巷道混合处的瓦斯浓度和风速为控制变量，以智能开关为控制器，以煤矿风机用隔爆型变频器为执行器，以局部通风机为被控对象组成的闭环调速控制系统。采用 PLC 与变频器组成的控制系统，对风机转速实时调控，实现“实时预警，人机双控，按需供风，节能运行，防灾减灾”。该装备的关键在于流道式变频器和智能控制开关。

塔山矿智能局部通风成套装备的研究及应用，是矿井通风由自动化、半自动化向智能化发展的必然趋势。高新技术的应用带来了高效益和高产出，产生了良好的社会经济效益。

5.2 井下排水系统

5.2.1 智能化需求与目标

井下涌水是危及矿井安全的重要因素。一旦发生井下透水事故，不仅影响井下生产，甚至会使矿井淹没，危及生产工人生命。井下水泵房排水系统担负着整个矿井排除积水的任务，其安全可靠性直接影响矿井生产的效率和安全。

目前我国大多数矿井水泵房仍然普遍使用传统的人工操作排水系统。这种排水系统由于操作过程繁琐、劳动强度大、人为因素多、启泵时间长、自动化程度低、应急能力差，还做不到根据水位或其他参数自动开停水泵，这将严重影响井下主排水泵房的管理水平和经济效益的提高，存在很大的安全隐患。随着我国矿业的发展，井下排水系统智能化已成为亟待解决的问题。

智能化排水系统应采用工业以太网通信，通过 PLC 与地表上位机通信、传递数据、交换信息，以实现遥测遥控。系统建设目标主要包括两个方面，一是保障安全生产，二是节能降耗。排水系统中的电气控制硬件、泵组要求、安全保护、运行环境、排水性能等，须严格遵守相关的标准规范。此外，智能排水应达到或逐步达到无人值守的运行条件，实现水仓水位监测、水泵自动或远程控制、水泵设备状态监测、流量监测等功能，并将系统接入调度指挥集控平台。监控或调度人员在调度中心远程控制泵组的开停状态，水泵房现场实现无人值守，有利于节能降耗，减员增效。

5.2.2 系统构成

根据井下排水系统设计和管理的智能化设想，智能井下排水系统应包括以下主要部分：井下控制分站、就地控制箱、各种传感器以及控制主站。系统采用全分布式结构，如图 5-3 所示，控制主站位于控制室，所有数据均由以太网或工业总线进行传输，PLC 与传感器之间采用矩阵结构连接。

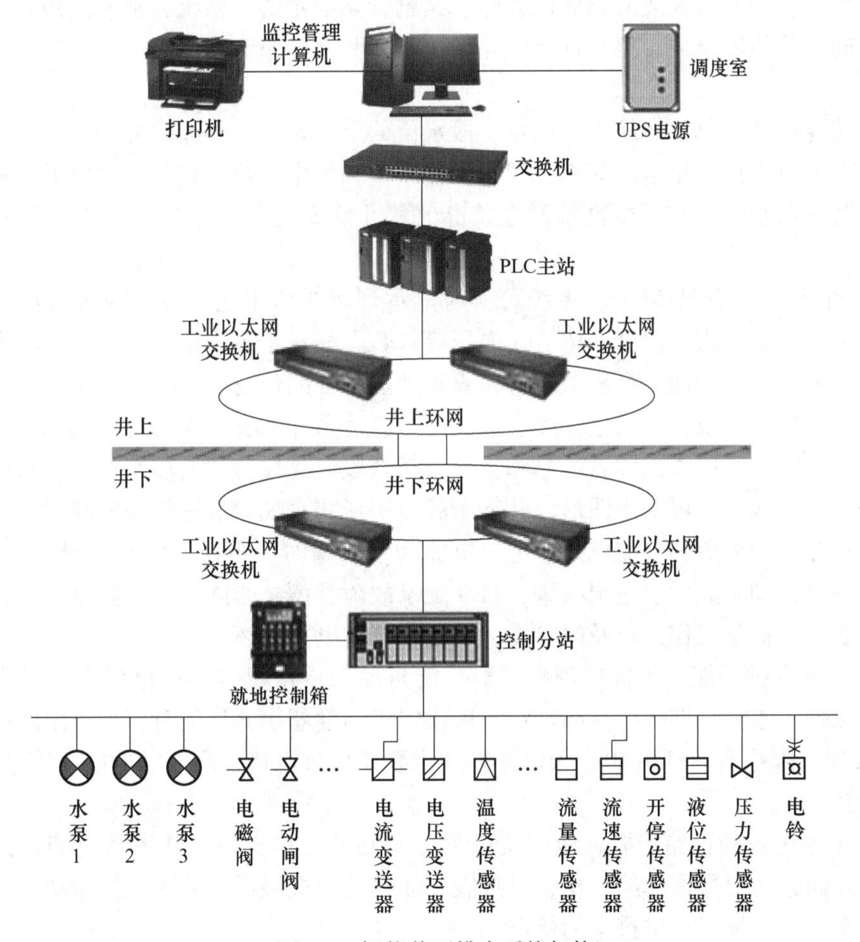

图 5-3 智能井下排水系统架构

智能井下排水系统需要实现的功能具体如下：

（1）数据采集与监测。系统可采集与监测水泵、电机、各个排水管、阀门、水仓等所有现场设备的实时数据，如水仓水位、水泵轴温、电机轴温、电机电压、电流、功率、水流量、水压、水泵运行效率等，并且可以实时显示各个设备的工作状态。

（2）控制功能。系统具有灵活多样的控制方式：

1）就地控制：在此种控制方式下，操作员通过就地控制箱上的按钮及指示灯完成对执行机构的直接控制，主要用于设备检修维护。

2）井下集控：操作员通过触摸屏实现对水泵的半自动控制，控制命令由触摸屏下发至 PLC，后者完成整个控制过程。

3）远程集控：操作员在地面远程控制终端，通过鼠标点击控制软件，实现对井下水泵机组的远程控制。

4）全自动控制：在该控制方式下，用户无须操作，PLC 根据水仓水位实时数据合理地调度水泵机组，智能排水。例如。

①控制程序将水泵启停次数、运行时间、管路使用次数、流量等参数自动记录并累计，系统根据这些运行参数按一定顺序自动启停水泵和相应管路，使各水泵及其管路的使用率分布均匀。当某台泵或所属阀门故障、某趟管路漏水时，系统自动发出声光报警，记录事故，同时将故障泵或管路自动退出轮换工作，其余各泵和管路接续按一定顺序自动轮换工作。

②系统通过计算单位时间内不同水位段水位的上升速率，判断矿井涌水量，同时检测井下供电电流值，计算用电负荷率；根据矿井水量和用电负荷，控制在用电低峰和一天中电价最低时开启水泵，在用电高峰和电价高时停止水泵运行，以达到避峰填谷及节能的目的。

（3）图形显示与报警功能。系统可实时显示现场排水工艺流程，通过图形动态实时显示水位、流量、压力、温度、电流、电压等参数，显示水泵、电动阀的运行状态，采用改变图形颜色和闪烁功能进行事故报警，直观地显示开闭位置，实时显示水泵抽真空情况和压力值。可用图形填充以及趋势图、棒状图方式和数字形式准确实时地显示水仓水位，并在启停水泵的水位段发出预告信号和低段、超低段、高段、超高段水位分段报警，用不同形式提醒工作人员。可采用图形、趋势图和数字形式直观地显示管路的瞬时流量及累计流量，可对井下用电负荷的监测量、电机电流和水泵瞬时负荷及累计负荷量、水泵轴温、电机温度等进行动态显示、超限报警，自动记录故障类型、时间等历史数据，并在屏幕显示故障状态，以提醒工作人员及时检修，避免水泵和电机损坏。

（4）系统保护功能。设备出现故障时，能自动采取停机等保护措施，并提示故障类型。超温保护：水泵长期运行，当轴承温度或定子温度超出允许值时，通过温度保护装置及 PLC 实现超限报警。利用 PLC 及触屏监视水泵电机过电流、漏电、低电压等电气故障，并参与控制。

（5）数据记录和存储功能。地面监控系统实时采集重要参量并进行定期存储，操作员可查询存储到历史数据库的数据，以报表和曲线的形式展示，并支持打印功能，为技术人员分析系统运行情况提供科学的依据。

5.2.3 应用案例

通化矿业集团八宝煤业公司装备有三台多级耐磨离心泵进行排水。由于矿山属于高瓦斯矿井，采用水采方式进行煤炭生产，加之自然涌水，因此井下涌水情况复杂，靠单一的液位传感器监控很难准确对水位进行判断。为此，设计了一种基于 PLC 和数据融合技术相结合的智能井下排水系统，通过对井下涌水环境中各因素的模糊动态最优化调整来提供井下水仓水位的最佳检测依据，从而提高水位的监测精度；联合井下人机界面监控装置对水位进行数据融合计算，实时对排水系统各部分传感器（包括温度、正压、负压等）进行数据分析，从而提高井下排水系统的智能化、安全性和稳定性等。

系统主要由 PLC 控制箱、井下集中控制平台、井下数据采集计算机、井上数据监控计算机以及各类传感器组成，如图 5-4 所示。

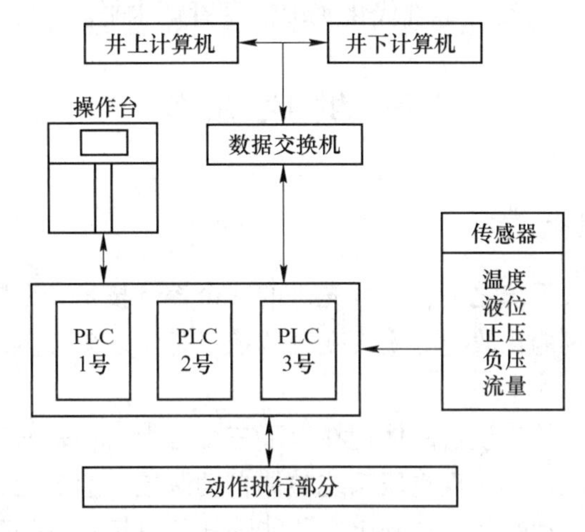

图 5-4　八宝煤业智能井下排水系统组成

系统功能的实现主要分以下步骤：多台液位传感器检测液位变化后将液位信息传给 PLC 控制器，PLC 控制器经过数据融合处理并与经验值进行比较提前做出是否启泵判断：如满足启泵条件，将开启抽真空装置、检测真空度、判断启动水泵台数并开启水泵。进行正压判断后开启出水阀门，最终完成排水启动。

八宝煤业智能井下排水系统与传统的排水系统相比其优点在于以下 4 条：

(1) 能够及时反映现场各部分数据信息，以便现场操作人员及时了解参数变化信息；

(2) 将现场各部分数据信息集中显示，不须手动操作即可看到相关信息，不须现场操作人员实地观看，减少劳动量；

(3) 在井下数据采集计算机内部设置输入融合处理功能程序，减少了 PLC 计算量，提高了系统反应速度；

(4) 各部分数据采用 TCP/IP 和 485 总线技术进行通信，保证了数据通信的快速性和准确性。

八宝煤业智能井下排水系统与传统的排水系统经过实验对比数据见表 5-1。

表 5-1　实验参数对比表

对 比 参 数	智能排水系统	传统排水系统
液位控制精度/%	98	90
液位反应时间（给定液位上涨速度）/s	20	60
整体系统反应时间/s	90	180
井上计算机反应速度/s	2	6
是否开泵判断方式	智能	人工

八宝煤业智能井下排水系统自投入运行后，取得了良好的经济效益和社会效益。

(1) 直接根据多传感器液位反应信息集合经验数据，自动判断是否开启水泵和开启几台水泵，基本做到了无人值守，保障了井下职工的人身安全并提高劳动效率；

（2）提高了启泵的合理性，降低了启泵台数的误操作性，集中显示井下数据信息，与井上监控系统配合，全面提升了整个系统操作的准确性和快速性；

（3）系统的应用也大大提升了现代化矿山信息管理水平。

5.3 供风系统

5.3.1 智能化需求与目标

供风系统是矿山八大系统之一，结合先进的冗余控制技术、变频节能技术、无人值守测控技术等，对其进行智能化改造，实现变频调控，是实现矿山生产节能降耗、减员增效的重要途径之一。

矿山供风系统智能化的建设目的体现在以下三个方面：一是通过远程监控，根据实际需要自动开机和加载空压机，实现空压系统整体自动调控，达到无人值守的目标；二是通过优化调节压风系统的启动时间，达到生产节能降耗的目标；三是配合远程计量系统，实现压风动力计量的远程自动化。

系统建设完成后，所要达到的功能要求须满足金属非金属地下矿山供风系统建设的相关标准规范要求，系统建设需充分考虑空气压缩机本身自带的控制系统与参数读取系统，在此基础上采用现场控制+上位机远程控制的建设模式。智能供风系统应达到或逐步达到无人值守的运行条件，实现压力监测、空压机自动或远程控制、设备状态监测、供风量自动计量等，并将系统接入至调度指挥集控平台，监控或调度人员在调度中心远程控制空压机组的开停状态，空压机房现场实现无人值守。

5.3.2 系统功能

根据供风系统设计和管理的智能化设想，智能供风系统应包括以下主要部分：PLC 主控系统、上位机在线监测、变频调速控制系统、在线监测仪表及传感器等，如图 5-5 所示。

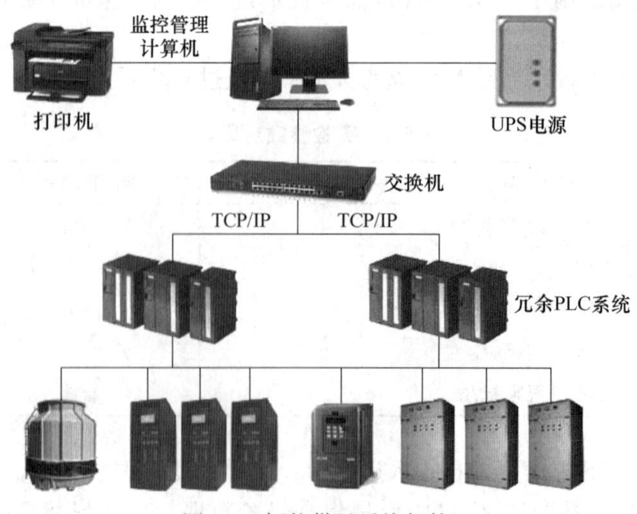

图 5-5 智能供风系统架构

智能供风系统需要实现的功能具体如下：

（1）监测功能。系统具备实时在线监测功能，监测数据包括：管道出口压力、压风机运行参数、加载卸载状态、压风机出口及储气罐温度、冷却系统参数、运行状态及故障报警、配电系统参数。

（2）控制功能。系统具有灵活多样的控制方式：

1）就地控制：可以人工地控制设备的启停，可用于设备的检修。

2）半自动控制：操作人员可以在上位操作员站手动启停压风机及相关设备。

3）无人值守智能控制：

①开机自动检测：压风机运行前自动进行压力检测、供电参数检测、压风机循环使用记录检测，满足要求时才会对压风机进行运行控制；

②变频节能控制：投入变频控制系统，使供气压力恒定在设定压力值，如果变频有故障，可自动切换到备用变频；

③压风机自动开停控制：可以在上位机或者现场控制柜上设置启停时间运行模式，在设置的时间段内，压风机自动运行；

④压风机自动轮换：控制系统将空压机启停次数、运行时间和停止时间等参数自动记录并统计，根据这些参数按照一定顺序自动启停压风机，使各压风机均衡运行，延长设备使用寿命；

⑤冷却系统以及其他运转条件的自动保障；

⑥综合考虑峰平谷电价条件下的设备开启时间，优化与自动控制；

⑦系统自动报警：当设备出现故障时，通过形象的上位监控画面，及时向工作人员提供声光报警，阻止事故进一步扩大。

（3）系统保护功能。

1）超温保护：压风机、电机温度超过警戒值时，提供超温报警；

2）电机保护：检测电机电流、电压、有功功率、功率因素等参数；

3）电动阀门保护：检测电动阀门的故障信号，并参与空压机的联锁控制；

4）配电系统保护：实时监测配电系统参数，发生故障时及时采取措施，保护设备的安全。

（4）数据记录和存储功能。能够将现场运行信息存入数据库，以便于随时进行历史数据查询；可绘制各种运行参数的实时曲线及历史曲线；能生成运行参数的日报表、月报表及年报表，报表可打印，同时还具备事件打印功能等。

5.3.3 应用案例

北宿煤矿原有的供风系统在地面安装 ML-160 型空压机 5 台，配用电机功率 160kW，正常情况下，3 台运行、2 台备用，特殊情况下同时运行。每台额定排气量 28m^3/min，工作空压机总供风量 140m^3/min，主风管径 150mm。全矿供气管网总长 25000 余米，供风系统耗电量占整个煤矿耗电量很大的比例，如何降低供风系统耗电量，对整个矿井的节能减排会起到非常显著的效果。为此，设计了一种基于 PLC 与变频器的节能供风系统，主要由 PLC 控制系统和变频器控制系统两部分构成。

（1）PLC 控制系统。利用 PLC 技术对整个供风系统进行智能管控，实现空压机的自动投切、自动轮值、阀门自动关启、故障停车报警、检修退值、远程监控等目标，使供风系统更加安全、先进、稳定和可靠。

由 PLC 完成所有供风系统相关电机、阀门、开关柜、变频器等的启停，实现风压闭环控制，无须人为参与，只需设定风压值并启动总的启动开关即可。

（2）变频器控制系统。变频器控制系统可以与主控 PLC 进行通信，实现风压的恒压闭环控制。

北宿煤矿通过供风系统的变频节能改造，实现了空压机无人值守自动化运行，保障了供风系统的稳定性，保护了现场设备，实现了输气管道的运行安全和人员安全，提高了设备的运行效率，减少了维护量。同时，加装变频器后，风机启动十分平稳，启动过程无冲击电流，启动电流由零逐渐提升至运行电流值。对于这种频繁启动的风机来说，在启动过程中对电机的保护和节约电能方面的效果都是非常明显的。

北宿煤矿的节能供风系统具备及时、快捷的调节风机风量及风压的能力。矿方可根据井下生产状况，合理制定各个时期的用风量，做好每天分时段的用风量调节工作，从而最大可能地节约电能，提高企业的经济效益。

5.4 变配电系统

5.4.1 智能化需求与目标

矿山的传统变配电系统往往只能保障系统的安全可靠运行，所有变配电设备通常独立运行，不具备系统远程监控的功能，无法及时获得系统预警信息，并及时预处理故障。随着计算机技术的发展和信息化水平的不断提高，出现了新一代智能配电产品，也对变配电系统提出了标准化、智能化和信息化的新要求。如今，智能信息化在变配电系统管理中的广泛应用使得孤立的设备单元彼此连接，通过进行合理、系统的智能化控制，实现对系统的数据采集、数据分析、操作控制、监护管理等作业。

变配电系统智能化的建设目标是，通过综合自动化系统把高压变配电系统与以太网交换机连接，把高压变配电系统的相关信息传输到生产调度指挥中心，并安装视频监控设备，使调度控制人员可以在调度室对高压变配电系统实现远程监视和控制，及时有效地控制各线路负荷，实现变配电系统的无人值守、自动监控与系统监控的集成接入，实现井下用电情况的精细化分配与读取，便于分析供配电系统运行状态，达到电能合理分配利用。

智能化变配电系统的系统架构可以分为 3 层，分别为应用层、系统控制与管理层、现场设备层（互联互通设备层），如图 5-6 所示。

其中，应用层可以实现信息推送、需求分析、供电分析、设备管理、监测及自动化控制等功能，结合大数据分析技术，实现线上线下的互动式管理、全新的智能化服务体验，以及能源优化、过程优化、电力设备全生命周期管理等功能。

系统控制与管理层是智能化变配电系统的核心层，通过安装后台监控系统，实现对全部的一次设备进行监视、测量、控制、管理、记录和报警等功能。后台微机监控系统配不间断电源（UPS），为后台微机监控系统的备用电源。后台监控系统采用 PC 机作为硬件平台，综保装置采用双以太网口与系统连接，保证各通信单元的独立性。各通道采用

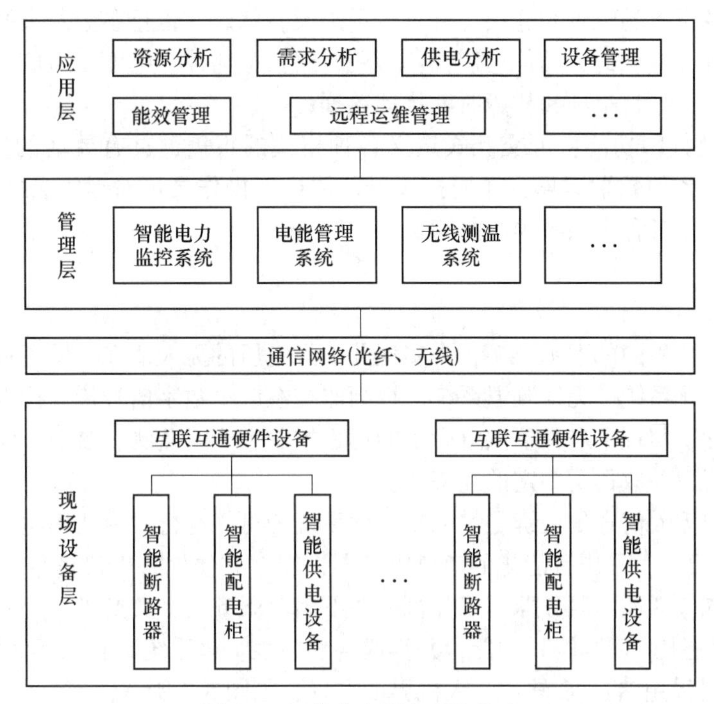

图 5-6　智能化变配电系统构成

TCP/IP 通信协议，保证通信技术的先进性、通用性。目前变配电系统得益于物联网创新的技术，变配电网络可以从根本上提高安全性和可持续性。

现场设备层为基础层，是具备实现终端设备的保护、计量、监测、控制、数据传输、无功补偿等一系列功能的设备，主要包括管控终端、内置通信模块智能断路器、通信型断路器加外置通信模块、智能数字计量仪表、智能配电柜、UPS、双电源切换装置（ATSE）、智能微机保护装置等智能终端。这些设备为变配电系统的正常运转提供坚实的基础。

智能化变配电系统应具备以下基本功能：

（1）数据处理功能：具备以通信单元为单位分类组织实时数据，包括遥测量（模拟量）处理、遥信量（数字量）处理、电度量（脉冲累计量）等，可按时段处理电度量，峰谷时段可定义选择；

（2）统计计算功能：定制各种计算公式，如主变负荷率及损耗等；

（3）实现事件顺序记录、保护动作、报警机制等；

（4）绘图功能：包括变电站接线图、负荷曲线图，I、P、Q、U 曲线图（历史/实时），系统配置图、常用数据表以及用户自定义各类画面等，图形制作简单，提供专门用于电力系统使用的专用图形工具板绘制各种图形，且提供修改图元功能，可在线完成增加、修改、删除画面而不影响系统运行，图元数目不受限制；

（5）监测数据显示：遥测（I、P、Q、U、COS）、遥信（手车、断路器、刀闸、保护信号、变压器挡位信号等）、电度量、频率、温度、系统实时或置入的数据和状态、计算处理量（功率总和、电度量累计值）等；

（6）实时监视：通过系统配置画面直观显示系统各模块运行状态和网络通信状态，

直观显示系统各设备的配置和连接，分类表示出设备状态、运行参数及报警信息，并以通信单元为单位分类组织的远动信息监视：遥测、遥信、遥控、电度、通信配置，突出站内的保护动作事项、报警事项和故障时的扰动数据；

（7）报表及打印功能：可交互式定义各种格式的报表，具有灵活的报表处理功能，可进行表格内的各种数学运算，在授权许可范围内，操作员可对运算公式在线设置和修改，并进行报表、各种电网事项的打印。

5.4.2 应用案例

山东能源新矿集团的翟镇煤矿，为实现井下配电所的无人值守，做了一系列工作：通过采用供电自动化系统、无线测温系统、视频监控系统、数字信号传输技术等，配合行之有效的管理制度，实现了对井下供电设备的远程控制和实时监测、监视，保证了供电设备的安全可靠运行，并取得了一定的经济效益。

配电所实现无人值守的关键是供电自动化系统的可靠运行，为此构建了基于工业以太网+现场总线的模式，采用智能化的串口服务器，能够方便地将串口信号通过以太网传至地面。整个系统包括地面服务器、工控机，井下串口服务器、交换机、智能保护器，能够实现“遥测”“遥控”“遥信”功能，并生成各种报表。该系统具有以下优势：

（1）上位机采用 WinCC 软件，人机界面友好，如图 5-7 所示；

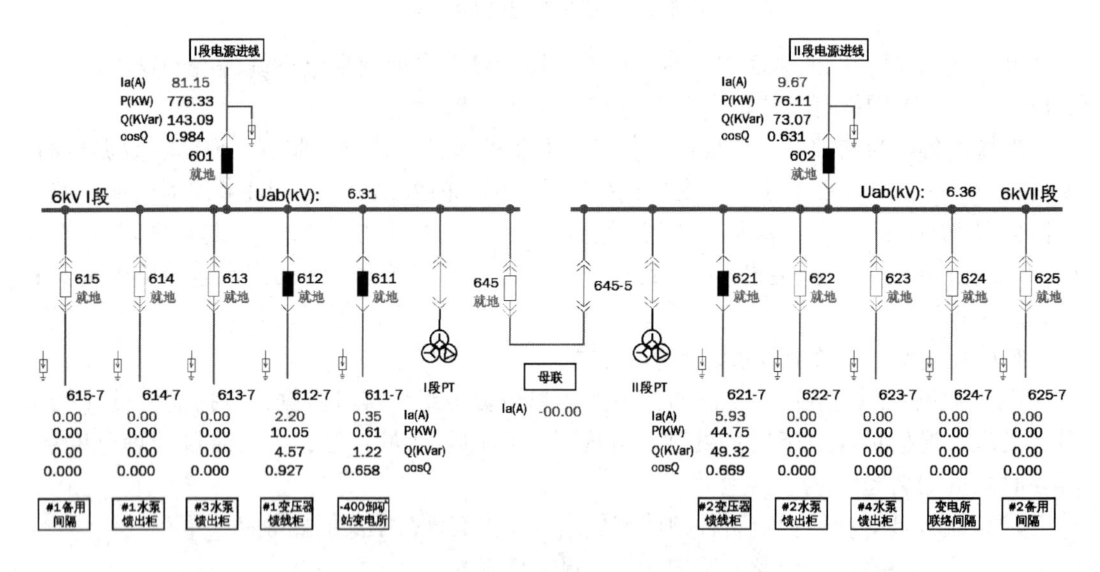

图 5-7　无人值守变配电系统人机界面

（2）服务器冗余设计，保证了系统的稳定性；

（3）系统实时性好，检测、反馈及时、准确；

（4）支持 Web 浏览，方便各级管理人员查看数据。

无人值守配电所还建设有以下系统：

（1）无线测温系统：系统由无线测温传感器、无线测温主机和通信网关组成，将温度传感器附着在高防开关发热点、干变和进线电缆表面。数据经处理后，通过无线通信的方式按照一定周期将数据传送到温度主机，再由主机传送至地面上位机。超温报警时，上位机弹出报警对话框。

（2）声音图像远程监控：通过视频监控系统，实现配电所内外重点设备的视频监控，在集控中心能360°无死角观测配电所现场设备运行状况。

在正常运行的情况下，无人值守变配电系统可以记录各电气设备的运行参数，并生成各种记录供查询。若发生停电故障，可以立即弹出报警窗口，并标明故障原因，方便维修人员排除故障，缩短事故的影响时间，加快停、送电操作速度；也可以及时进行开关维护，杜绝开关带病运行引起的设备损坏，减少停电事故，缩小事故范围，确保煤矿安全生产的正常进行。同时，系统有助于矿山的减员增效，能够产生一定的经济效益。考虑到该矿井下共有4个在用采区配电所，12名值班人员，若全部实现无人值守，仅减员产生的工资费用每年就超过90万元。

无人值班变电所的实现和正常运行，可以提高煤矿自动化管理水平，提高矿井的供电质量，保证矿井的安全生产，具有良好的社会效益。同时又可以带动排水、运输等其他系统实现监测、监控，使矿山的生产自动化、智能化逐步达到安全、优质、经济运行的新水平。

5.5 充填系统

5.5.1 智能化需求与目标

智能化充填技术是工艺、设备、智能控制等技术高度融合并通过实践提升的生产技术，以网络技术、总线技术、智能管理技术建立的生产数据库为研究对象，提高对原料性质、设备状态、生产状态的识别能力，提高控制决策的准确性和适应性，用精细化和知识型的生产操作模式代替粗放、经验式生产模式。

充填系统智能化的建设目标，是实现地表充填站的自动化运行与充填工艺各个环节生产工艺参数基于任务的自主精确调节，并对充填车间设备的主要参数进行实时监测，保证造浆效果、搅拌桶液位、充填浓度和充填流量等工艺参数的稳定，进而保证充填强度，延长充填系统的使用寿命，确保井下持续、均衡和高效的生产。具体体现为以下三个方面：

（1）与充填计划相结合，合理规划充填进度，以保证充填系统的连续性、稳定性和均匀性，达到贴近工艺、服务工艺的目的；

（2）根据相应的充填工艺要求，实现地表充填站的全流程自动化运行和少人化；

（3）地表充填系统与井下充填作业相协同，根据充填量计划自动控制充填时间，以及根据现场充填作业要求实时自主控制地表充填系统的运行。

5.5.2 系统构成

智能化充填系统采用分层、分布式结构，对充填料浆制备过程进行检测、计量、控制和调节，包括数据采集、信号传输、设备管理、过程控制、报表记录等几个组成部分，由PLC、现场仪表及其就地显示/操作箱、配电柜、操作台、工业控制计算机及外部设备、系统外部检测仪器及执行机构等构成，如图 5-8 所示。

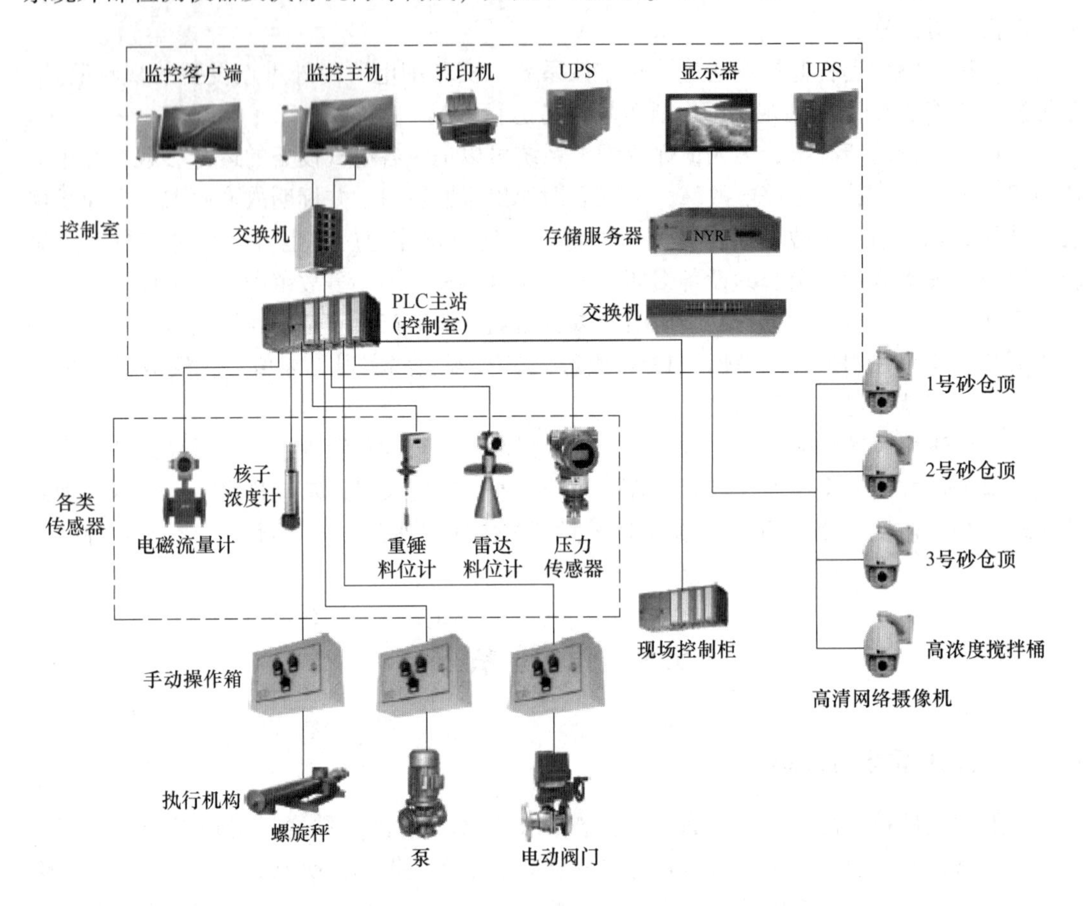

图 5-8　智能化充填系统构成图

其中，现场仪表有流量计、浓度计、压力传感器、料位计等，执行设备有泵、阀门等。在系统运行的关键位置布设高清网络摄像机，控制室操作人员可实时直观地掌握现场情况。系统利用计算机后台监控管理软件和网络通信技术将采集到的数据上传至监控管理平台，通过计算物料配比，自动控制现场执行机构动作，得到满足工艺要求的流量和浓度参数，从而实现对充填料浆制备全过程的监控管理与自动化运行。

充填系统的智能化建设具体实现过程如下：

(1) 充填站配电系统。充填站配电室包括进线柜、无功补偿柜、出线柜等。进线柜安装电子式多功能电能表对该站内的电量消耗进行计量，具有分时有功、无功计量，瞬时量测量等功能；无功补偿柜设有功率因数补偿器，能够检测负载侧的功率因数，功率补偿器采用自动和手动补偿；出线柜分为变频柜、软启柜（已无软启）和动力柜，柜内装有变频器、电机保护器及低压元器件。以上控制设备实现了对现场电气设备的稳定控制。变频、智能电机保护器均具有 PROFIBUS-DP 远程通信接口，实现与 PLC 总线控制系统的连接，能够完备地传输设备运行参数及全面的故障诊断信息，大大降低了维护量及工人的劳动强度。

(2) 智能仪表检测技术实现。采用自带显示、通信以及控制功能的智能仪表，分别完成对砂仓料位、灰仓料位、蓄水池、砂仓、副桶的检测与过程控制，实时显示放砂浓度、流量、出料浓度、出料流量、副桶液位、蓄水池液位，各种泵如加料泵开停状态、搅拌泵开停状态等，均通过通信接口与上位机通信。

（3）自动控制技术的实现。控制系统采用 PLC 完成系统的逻辑控制，并进行系统的上位组态。在控制室配备工控机，为智能仪表监测的时实数据提供更高效率的处理和储存，应用组态软件与智能仪表更好的自动控制。同时，配置控制柜，实现本地或远程控制；应用智能仪表对温度、压力、液位、流量等各种工业过程参数测量，显示和精确控制出料浓度、出料流量；控制两台水泥搅拌电机的启停，实现水泥加料。

系统工作过程中的关键数据检测和控制单元如下：

（1）砂仓料位检测及报警。立式砂仓是充填系统的重要组成部分，合适的砂仓料位可保证充填工作流程的连续性和稳定性。砂仓料位检测推荐采用重锤料位计。除尾砂仓料位测量外，还包括水泥仓料位测量。水泥仓料位检测推荐采用雷达料位计。

（2）砂仓底部排放尾砂干砂量计量及稳定控制。根据砂仓底部排砂管道上浓度计及流量计的检测数据，系统可自动计算出干砂量。若干砂量与设定值有偏差，则调节尾砂排放管道的胶管阀开度，从而控制尾砂进入搅拌桶的排放量。

（3）立式砂仓放砂浓度控制。确保立式砂仓底部尾砂排放浓度恒定，对于稳定调节后续灰砂混合比例控制回路有重要意义。

（4）充填尾砂量与水泥的比例控制。根据灰砂比以及由尾砂排放管道流量计和浓度计测得的干矿量，可计算出水泥添加量。根据螺旋电子秤测得的水泥实际添加量数据，可通过专用控制算法来控制水泥螺旋输送机频率，从而自动调节水泥给料量。

（5）充填料浆干矿量计量及浓度控制。充填料浆浓度对于充填体质量有一定的影响，浓度过高，流动性差，充填采场表面不平整；浓度过低，充填体产生离析，影响充填体强度。因此，需根据工艺要求将充填料浆浓度控制在合理范围内。

（6）搅拌桶液位控制。要保持充填的连续性，避免断流或溢出，须将搅拌桶内浆体液位控制在一定范围内。若液位过低，则会断流；若冲洗不及时，易造成充填管路堵塞。因此，当雷达料位计测量的搅拌桶液位低于下限时，须增大尾砂放砂管道的管夹阀开度及水泥给料量。若液位高于上限，则须减小尾砂排放管道的管夹阀开度及水泥给料量。

智能化充填系统应具备以下基本功能：

（1）实现生产数据的不间断采集、实时监测功能（如实时显示放砂浓度、放砂流量、出料浓度、出料流量、砂仓液位、回水池液位、各个闸阀开闭状态）。

（2）可在控制室集中控制进沙电动阀、出沙电动阀、进水泵、搅拌机、加料等设备，实现远程控制启停。

（3）可通过“蓄水池液位计”测得实际液位，控制蓄水池液位在设定液位范围内。

（4）可通过上位机运算控制“水泥进料泵”的运转速度，达到理想的水泥加料量，实现设定的配料比例。

（5）可进行工艺参数设定。根据具体的充填工艺需求设定相应的系统参数，如料位、压力、浓度和流量等参数的上限和下限值，以及充填砂浆的配比值。

（6）具备数据整理、报表功能。能以报表的方式查出某个历史时间段的某个数据的变化，并生成历史曲线图，可以自动生成日报、月报、年报和自定义报表，进行打印。

（7）实现充填全流程的自动控制，从打砂、回水到充填造浆及浓度液位控制等环节，全部实现自动控制。

5.5.3 应用案例

新疆阿舍勒铜矿的充填制备站有两套充填系统，相互独立。每套充填系统包含一座1500m³立式砂仓，一座527m³水泥仓，一套水泥搅拌桶，一套卧式搅拌槽，一套戈壁料输送系统，一套水泥输送与计量系统。其充填工艺具有以下特征：

（1）充填骨料主要为戈壁料，尾砂量用量很少，设计的水泥：戈壁料：尾砂配比为1：5.4：1~1：9：1，戈壁砂骨料定量供料将容易控制并实现自动化。

（2）水泥先制备成浆体，然后再与戈壁砂骨料搅拌混合。该方案砂灰比不易调节，但具有两段搅拌的优点。将水泥先制备成一定浓度的水泥浆，然后定量供料，系统比较稳定，也易于实现自动化。

（3）充填能力大，达到160~180m³/h，工艺参数的稳定性对管道输送系统安全至关重要。

（4）矿山充填工艺要求充填料粗、细粒度要均匀，具有较优的粒径级配，粒级较粗将导致充填料浆离析，影响充填质量，同时，因浆体中颗粒沉降也易导致堵管事故；另外，细粒级含量不应过大，否则充填料浆输送阻力将增大，而且对充填体强度具有负面影响。

为保证充填系统的稳定性与运行效率，阿舍勒铜矿建设了一套充填自动化控制系统，由管理层、网络通信层、现场设备层三部分组成，包括两台上位机监控操作站、一台视频显示器、一个DCS主站、通信元件及仪表、现场执行机构、摄像机等。

系统上位机监控操作站与下位机控制站采用工业高速以太网通信，保证了系统的实时性。通过采集现场仪表、阀门等各类模拟、数字信号，满足充填站控制流程、工艺和安全性要求；对采集的信号进行加工处理，最终控制现场各阀门、电机设备按照预定程序工作，实现整个生产过程全自动化。

系统实现了不同的控制方式及报警、报表、充填参数实时曲线等功能：

（1）模拟工艺组态流程图。充填工艺组态图如图5-9（a）所示。流程图画面显示静态图形和动态参数（如动态数据、开关、趋势图、动态液位等）。单击动态参数，可在流程图画面上弹出该信号点相应的内部仪表；在动态数据上单击鼠标右键，可弹出动态数据的相关信息。

（2）实时及历史数据趋势图显示。实时趋势用于实时显示数据的变化情况，在画面运行时，实时趋势曲线对象由系统自动更新。历史趋势图可以用于查询一段时间内的数据趋向，在一个查询画面可以同时查询几个历史曲线，以作为对比参考。实时曲线界面如图5-9（b）所示。

（3）消息系统及事故报警处理功能。消息系统为过程故障和操作状态提供综合信息，在报警画面提供显示信息以及语音警示。

（4）报表（记录）和存储。操作站提供了一套集成的报表系统，数据库里的所有过程点都可以打印输出。

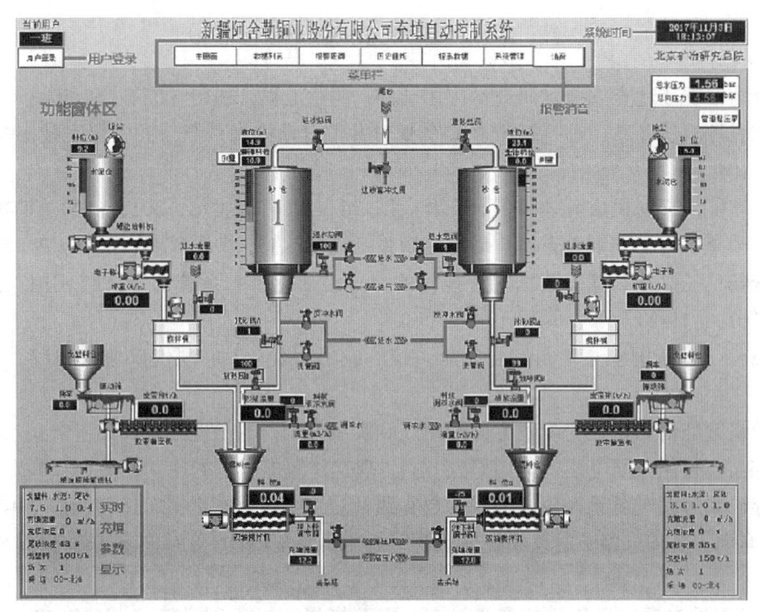

(a) 阿舍勒充填工艺组态图

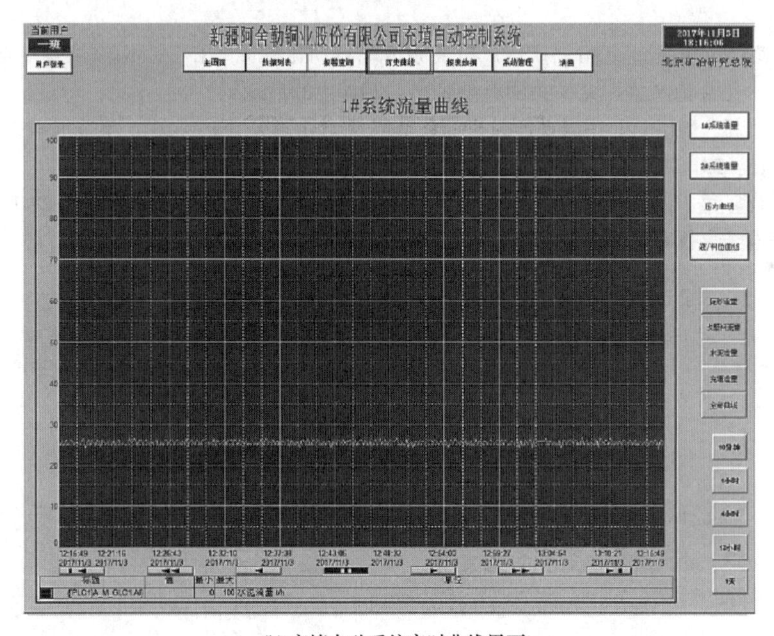

(b) 充填自动系统实时曲线界面

图 5-9　充填工艺组态和系统实时曲线

阿舍勒铜矿依据自身充填工艺及现状，采用 DCS 控制系统实现了充填作业的智能化建设。系统的应用实践表明，计算机代替人工对生产设备和工艺过程的在线操作和监控，降低了工人劳动强度，优化了操作人员岗位，达到了减员增效的目的；而且提高了系统的稳定性与运行效率，实现了充填工艺参数的精确监测与控制，使充填参数达到设计要求，确保了充填体的稳定性与回采的安全性。

参考文献

[1] 段银联，李涛．智能化充填技术研究与应用［J］．铜业工程，2015（02）：52-56.
[2] 郭凤仪，郭长娜，王爱军，等．基于PLC的煤矿井下自动排水系统［J］．仪表技术与传感器，2012（10）：101-104.
[3] 刘平．矿井智能局部通风成套装备的研究及应用［J］．煤矿现代化，2017（05）：87-88.
[4] 吕世武，史采星．阿舍勒铜矿充填自动化控制系统应用［J］．中国矿业，2018，27（S1）：226-231.
[5] 宋晓光，李杨，王兴佳．基于数据融合技术的井下自动化排水系统的设计与应用［J］．科技资讯，2014，12（07）：19-20.
[6] 王革奇，董峰．安庆铜矿充填自动化控制系统的应用实践［J］．现代矿业，2017，33（09）：178-180，183.
[7] 王剑英．浅析智能信息化在变配电方面的建立和发展［J］．电子世界，2018（05）：83-84.
[8] 徐茹越，陈波．智能云配电系统应用研究［J］．现代建筑电气，2018，9（11）：1-5.
[9] 徐兴民．煤矿采区配电所无人值守的探索与实践［J］．煤矿现代化，2016（06）：99-100.
[10] 杨杰，赵连刚，全芳．煤矿通风系统现状及智能通风系统设计［J］．工矿自动化，2015，41（11）：74-77.
[11] 张润果．井下排水系统自动化的意义［J］．山西煤炭管理干部学院学报，2011，24（01）：149-150，166.
[12] 孙鹏，李培新，魏国．北宿煤矿压风机变频节能自动化研究［C］．//山东煤炭学会2010年工作会议暨学术年会论文集．兖矿集团有限公司，2010：231-232.
[13] 孙鹏，李培新，魏国．北宿煤矿压风机变频节能自动化研究［J］．2010年节能减排绿色矿山建设专刊，2015：231-232.
[14] 游安弼，肖广哲．计算机在矿业中的应用［M］．北京．化学工业出版，2013：123-131.
[15] 山东恒安电子科技有限公司产品展示［EB/OL］．http：//www.sdhadz.com/879.

6 智 能 选 厂

本章学习要点：选矿作业作为矿山中的流程型加工环节，具有长流程、大滞后、非线性、多变量强耦合的特点，其智能化的重点是提高选矿生产设备和过程的可靠性，提高过程自动化及操作智能化程度，稳定和优化流程，减员增效，提高技术和经济指标等。本章讲述了智能选厂的体系架构、组成与功能，以及智能选厂中选矿大数据、智能操作和虚拟选厂的建设与运转模式。

选矿作业是金属非金属矿山作业流程中的重要组成部分，对矿山企业整体的绿色、高效、安全运行有巨大作用。在过去的几年中，技术的发展和工业自动化的普及，很大程度上促进了选矿作业的建设与发展，对提高生产的安全性、可靠性与经济效益做出了重要贡献。

近几年计算机产业不断发展，大数据、云计算等信息技术逐渐被运用到各个领域，极大地促进了工业机械化、信息化、智能化的发展，为智能选矿厂的建设带来可能。选矿智能化在矿山企业的应用还处于发展阶段，但是选矿智能化对于我国矿产资源的开发利用所带来的促进作用却是不可忽视的。从选矿的整体流程看，选矿智能化的推广与利用有着多方面的优势：第一，智能化的操作严格依照选矿标准参数进行，能够有效保证选矿质量、提高生产效率；第二，智能化设备的广泛应用，很大程度上降低了人工成本、优化了操作流程；第三，智能化操作能够降低选矿过程中的损耗，保证了更大的经济效益。选矿智能化的应用能够很大程度地提高矿石回收率，提高矿石产品质量，有利于提高矿山企业的利润。

6.1 选矿智能化的需求与目标

选矿是继采矿作业之后的一个长流程、大滞后、非线性、多变量强耦合的复杂流程的工业生产过程，来自采矿场的矿石要经过选矿流程中的碎矿、磨矿、浮选等工艺，才能最终得到符合质量要求的精矿产品。随着计算机技术的发展，越来越多的专业选矿自动化仪表及重型机械设备具备了“独立思考”的功能，设备的驱动已经不止满足于 DCS 系统的集中控制信号这么简单。特别是随着网络技术和故障诊断理论的发展，越来越多的复杂型大型仪器具备了自诊断与云服务的功能，用户大部分时间可以远离现场干预并控制这类仪器或设备。

随着科技的进步，技术的发展，确立了智能选厂的目标：智能选厂在考虑生产、管理、安全、高效等多个方面的前提下，综合利用信息化、自动化、计算机等手段，利用智能制造、传感器与现代信息化等先进技术，建设和提升现有的传统数据采集平台，消除传统流程相互独立而形成的“信息孤岛”问题，使得选矿过程中各个阶段的数据真正实现互联互通、信息能够做到相互调用；建设能够实现智能操作、虚拟仿真的选矿车间及云服务系统，进一步促进智能的选矿装备、选矿工艺、自动化与信息化的融合，以提高选矿生产设备和过程的可靠性，提高过程自动化及操作智能化程度，稳定和优化流程，减员增效，提高技术和经济指标，从而提升我国在智能选矿领域的国际竞争力。

6.2　智能选厂的体系架构

选矿是将由采矿车间运送的矿石在物理或者化学方法下提取出矿物原料中有用的矿物，去除无用的废石或者是将多种有用矿物进行分离的过程，是矿山企业整个矿产品生产过程中最为重要的一个环节。经过选矿工艺处理后得到的有用成分称之为精矿，没有用的则称之为尾矿。选矿作为一个得到最终产品的重要作业流程，大致分为碎矿、磨矿、分级、分选、过滤等步骤，具体流程如图 6-1 所示。

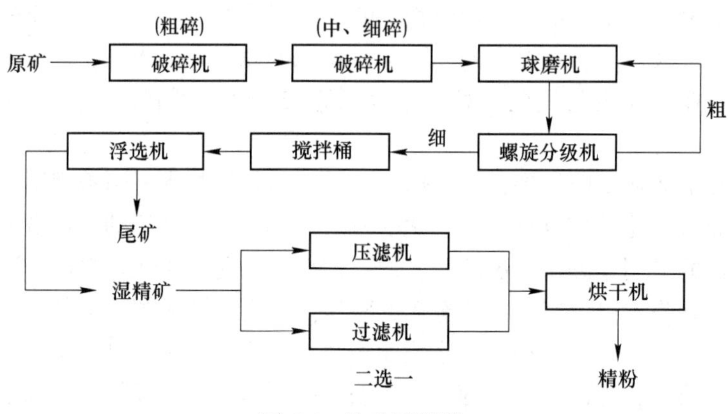

图 6-1　选矿流程图

随着自动化、信息化、数字化、人工智能、互联网、大数据等技术的快速发展，智能选厂以安全、绿色环保、高效生产为目标，实现矿石加工过程全生命周期内的智能化，体现了智能工厂建设的体系与核心理念。

智能化选矿车间重点涵盖矿石加工过程，其体系架构如图 6-2 所示。

最底层为设施信息层，中间层是智能控制层和管理控制层，最上层为企业资源层。智能选厂内部各层级、基础设施之间，以及外部信息系统，均通过企业服务总线进行系统集成。

智能化选厂的设施信息层包括了数字化车间生产制造所必需的基础设施，如生产过程中用到的碎矿设备、磨矿设备、洗矿设备、分级设备、浮选设备、运输设备等，同时还包含了选矿设备在选矿流程中产生的各种设备运行的数据、矿石相关数据等，是智能选矿厂实现高效、安全、智能的选矿流程的最基础部分，为监测选矿效果、设备状态等提供必要的基础数据。

智能控制层是智能选矿车间的核心，包含了破碎、磨矿、分级、浮选、尾矿排放的相关智能控制系统。该层通过设施信息层提供的数据，分析设备状态、矿石指标等，借助监测监控设施实现对选矿流程的智能控制。

管理控制层，一方面是对经营指标进行分解并制定具体的生产与管理计划和企业物流方案，同时制定安全保障、人力资源和协同办公的具体措施等；另一方面是通过财务管理与分析为经营管理指标的制定与改进提供数据依据，也为生产与经营过程中的成本与费用控制提供数据支撑。

最上层的资源层通过对下层传输的选矿车间各类数据的整合分析，制定合理的作业计划，提供必要的物资支持，辅助选矿流程正常进行。

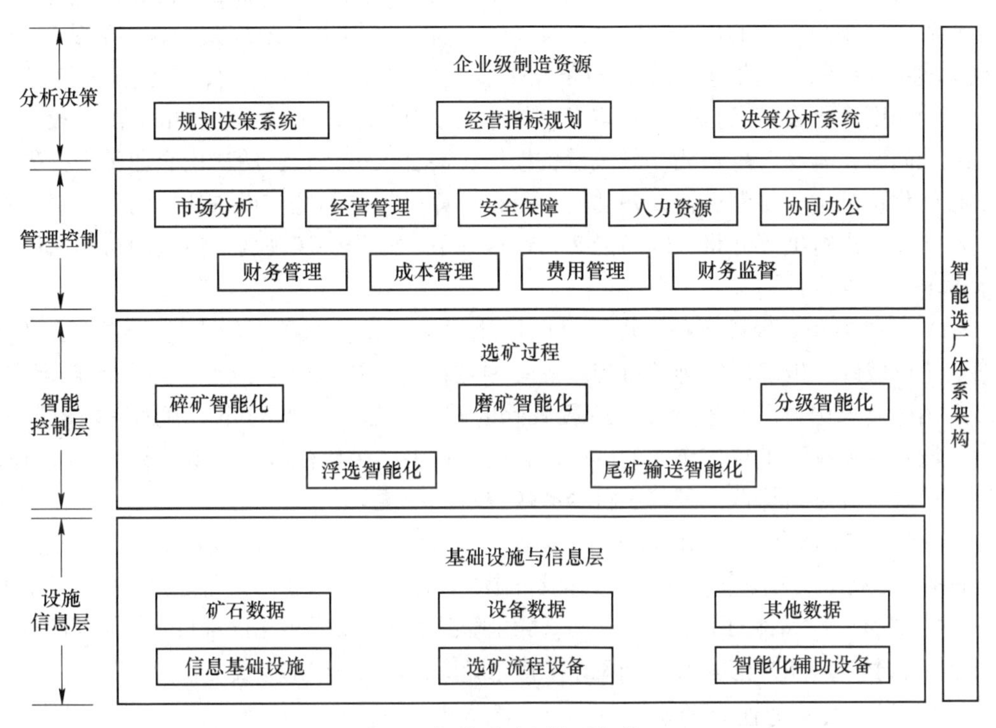

图 6-2　智能选矿厂体系架构

6.3　系统组成与功能

6.3.1　碎矿智能化

破碎作业是选矿流程的第一步，是将入选的原矿在破碎机中进行机械破碎的过程。该过程的作用主要是为之后的作业提供合格的物料支持。然而破碎过程所消耗的能源大，能量转换率低，实现碎矿过程智能化，能够使用尽量少的能源完成尽量多的作业，最大限度地降低能耗，从而提高经济效益。

6.3.1.1　主要破碎设备

破碎的主要设备是破碎机。破碎机一般用于处理较大块的矿石，产品粒度较大，通常大于 8 毫米。破碎机可分为粗碎机、中碎机和细碎机，对应的碎矿过程称为粗碎、中碎、细碎。破碎机分为颚式破碎机、反击式破碎机、冲击式破碎机、圆锥破碎机、锤式破碎机、旋回式破碎机、复合式破碎机、液压破碎机、深腔破碎机、辊式破碎机、西蒙斯圆锥破碎机、液压圆锥破碎机、欧版颚式破碎机等多种类型，其中颚式破碎机是矿山较为常用的破碎机。

6.3.1.2 破碎系统构成

碎矿系统一般包含皮带运输设备、破碎设备、降尘降温系统等。

（1）皮带运输设备。皮带运输是一种高效连续的运输设备，相比于其他运输设备而言，具有输送距离长、运量大、运行状态平稳、运行可靠、连续输送等优点，易于实现自动化和集中控制。传统的皮带运输虽然具备多种优点，但由于缺少集中控制和实时监测，导致运输系统控制灵活性差，而且各条皮带装置的配置也有所不同，造成作业人员岗位多、劳动强度大、设备运行效率不均衡、整体效率低等。由于缺少必要的监测手段，不能及时发现问题，容易发生事故，导致设备损坏，甚至人员伤亡，给矿山企业带来损失。在碎矿智能化系统中，皮带运输设备功能，是在计算机与监测监控设备的辅助下，将矿石运输到破碎设备进行破碎并将破碎后的矿石运送到下一流程，实现皮带运输的自动启停，保证运输的安全高效性。

（2）破碎设备。破碎设备是进行碎矿作业的主要设备。矿石经皮带运输到破碎机的进料口进行破碎，破碎后经排矿口排入皮带输送设备，进入下一流程。为保证破碎质量，很多矿山企业采用对矿石进行多个阶段破碎的破碎方法，常见的碎矿流程有两段碎矿流程、三段碎矿流程、带洗矿作业的碎矿流程等。在上述破碎流程中，矿石经过几个阶段的破碎，矿石粒度逐渐降低，破碎至符合磨矿要求的粒度。

（3）降尘降温系统。矿石破碎过程中会产生大量粉尘，如果不采取措施降尘，会造成作业环境恶劣，不利于人员健康；同时，破碎设备作业过程中由于设备与矿石之间的挤压摩擦使得设备产生大量热量，不利于设备稳定运行。除尘降温系统主要是根据破碎机主轴两端的轴承温度以及破碎机箱体内的粉尘浓度，自动采取措施降低破碎设备内的温度与粉尘浓度。

6.3.1.3 破碎智能化的实现

在上述设备设施的基础上，对破碎流程的监测监控和故障分析与警报，进一步实现智能破碎。通过各类监测监控设备和信息采集设备对破碎设备、矿石进行信息采集，经过计算机对数据的分析处理，达到监控合一、智能识别和处理故障。

A 破碎过程智能监测系统

破碎流程的智能感知，是指通过研发矿石粒度的在线检测方法及设备，对破碎机设备实现破碎过程中关键工艺参数的在线智能监测。监测监控设备是实现智能选厂的重要组成部分，是保证破碎设备正常运行、矿石产品合格的关键所在。

矿石粒度的在线检测设备可对破碎机设备实现关键工艺参数的在线监测。通过视频监控设备的监测，实时获取监测皮带视频。在对矿石粒级信息进行分析的同时，还可以直观地监测皮带运矿的各项生产状态，主要包括皮带运行状态、皮带带矿状态、异物检测等，保证矿石运输正常运行。

（1）皮带运行状态的监测：由于皮带运输运量大并且处于连续作业状态，使得皮带的运输不能一直维持正常，皮带位置、皮带温度、皮带转速等都会随着工作时间的增加而发生改变。采用视频监控采集皮带运输的实时画面，以便在出现异常情况时能进行自动调整。问题无法解决时进行报警，由工作人员处理，保证运输过程中皮带正常运行。

（2）温度检测。对皮带温度进行实时检测，并将收集到的温度数据与设定的温度区间进行对比，当皮带温度不在区间以内时，对温度检测设备进行报警提示。

（3）异物检测。在选矿厂破碎作业的正常生产中，皮带传送带上的矿石会包含木质或铁质的异物。这些异物的存在给破碎设备的安全运行带来了隐患，情况严重时会割破皮带、堵塞下料口或者损伤破碎机等，给选矿厂带来较大的经济损失。矿石中的异物形状往往和正常矿石形状不同，一般呈现为长形棍状或者片状。这些形状属性差异为通过矿石粒度图像分析仪检测矿石中异物提供了实际支持。矿石粒度图像分析仪实时获取皮带上所有目标的图像，通过图像处理分析，检测目标的形状信息，找出异常目标，最终给出异常目标报警，完成皮带传送带矿石异物检测。

（4）筛网实时监测。在破碎作业中破碎后的矿石，一般通过筛分设备进行矿石粒级分级，筛上是不合格产品，返回上一级作业；筛下是合格产品，进入下一级作业。筛网是筛分设备中的关键部件，筛网的实时监测同样也是保证选矿产品质量的重要环节之一。在实际生产过程中，该部件易磨损、损坏。如果筛网在生产中突然损坏，矿石粒级就会明显发生变化，不合格的产品会混入合格产品中进入下一级流程，最终破坏整个破碎作业的稳定生产。筛网状态主要通过是否有异常大块矿石进行判断，筛网破损则会出现异常大块。在粒级检测功能开启时，矿石粒度图像分析仪会实时计算每一批的矿石目标信息，如果其中目标的信息超过阈值，即进行报警场景记录，并给出筛网破损报警信息。

B 故障诊断系统

故障诊断对保证破碎作业设备正常运行和矿石产品质量都至关重要。故障诊断系统将破碎生产过程产生的数据建立数据库，利用破碎生产流程的实时数据库，通过建模方法实现破碎工艺及设备的在线故障诊断，减少故障开停车时间、提高生产效率、降低生产成本。故障诊断系统包括如下功能：

（1）故障检测。系统输出偏离了预期的目标范围，或者影响系统输出的过程参数，过程状态或特征量发生变化并超出预定的范围时，诊断系统应能及时检测出来。

（2）故障分离。根据检测到的故障信息，寻找故障源，确定故障类型及大小。故障源可以是元件、组件，也可以是子系统。

（3）故障评价。将故障对系统性能指标、功能的影响等做出判断和估计，给出故障的程度、大小及故障发生的时间等参数。

（4）故障决策。根据故障检测的信息和故障评价的等级，针对不同的工况，对系统做出报警、修改操作或控制、甚至停机维修等决定。

图 6-3 为故障诊断系统示意图。

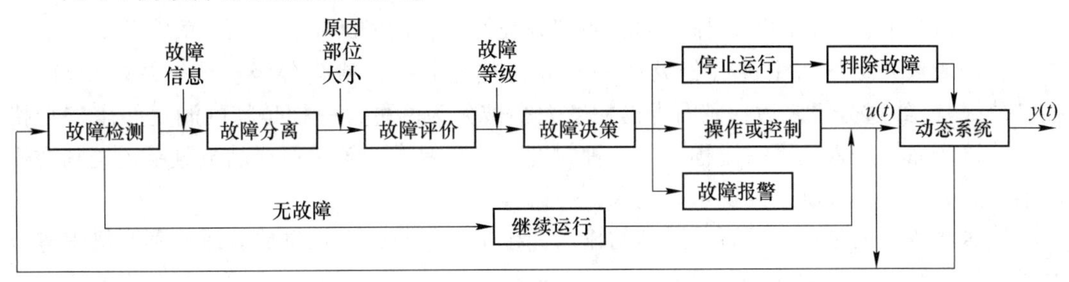

图 6-3 故障诊断系统示意图

6.3.2 磨矿智能化

磨矿分级是选矿全流程中最为关键的一个环节，磨矿质量会对之后的选别指标产生影响，同时磨矿作业也是选矿过程中动力消耗与金属材料消耗最大的作业。只有保证了磨矿过程中参数设置的科学合理，才能使矿石经过磨矿作业后达到磨矿产品的质量标准，在此基础上为之后的浮选作业提供准确的选别指标。在选矿作业中，磨矿是经过破碎流程破碎后的矿石在进行分选之前的粒度准备作业，破碎后的矿石在连续转动的磨机筒体内部完成磨矿作业。磨矿设备中装有钢球、棒、异形球棒、大块矿石、砾石等不同的磨矿介质，在磨矿过程中筒体转动，内部的磨矿介质也随其转动。在这个过程中对待研磨的矿石产生复杂的作用（如冲击作用、研磨作用、剪切作用等），使得矿石在研磨介质复杂的受力作用下破碎成细小的颗粒。

6.3.2.1 *磨矿系统组成*

磨矿系统包括磨矿设备、分级设备、输送设备和智能监控设备。

磨矿设备是该过程的核心设备，经过破碎的矿石进入磨机内，通过磨机旋转带动研磨介质转动，对矿石进行研磨，使其成为更细小的颗粒。

磨矿设备的分类有很多种，常用的有以下四种：① 按采用的研磨介质特征，分为球磨机、棒磨机、砾磨机、自磨机等；② 按磨机结构特性，分为卧式圆筒型和立式圆筒型；③ 按排矿方式，分为溢流型、格子型、周边排矿型；④ 按磨矿产品粒度，分为普通磨机和用于制备超细颗粒的超细磨机。球磨机是矿山选厂较为常用的磨机之一，如图 6-4 所示为球磨机实物图与工作原理图。

(a) 实物图

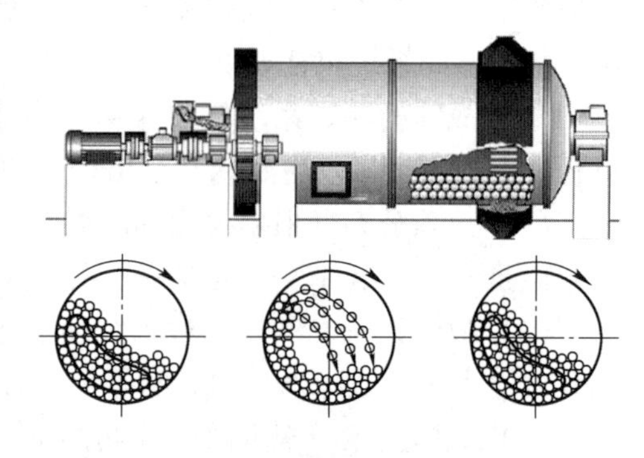

(b) 工作原理示意图

图 6-4 球磨机

一般情况下，矿石的磨矿作业同时搭配分级作业，构成磨矿分级组。磨机将矿石磨碎之后，进入到分级设备中进行分级（一般分为预先分级、检查分级、预先及检查分级、控制分级）。经过分级之后，矿石根据粒度大小被分为两种，一种是粒度满足要求的合格产品，该产品将进入到下一流程；另一种粒度不满足要求，该矿石产品被重新运送到磨机内继续研磨，直到粒度达到要求后进入下一流程。

输送设备主要是负责矿石一系列的输送，包括：①将矿石从排放口运送到磨机中进行磨矿；②将经过研磨后的矿石送入分级机中进行分级处理；③将分级后粒度合格的矿石输送到下一流程；④将分级后粒度不合格的矿石输送回磨机继续研磨。

6.3.2.2　磨机监测监控装置

监测监控是实现磨矿过程智能化的关键，主要的监测内容包括：磨机工作状态、矿浆浓度、水量、皮带给矿量、磨机钢球量等。通过控制磨机的转速、给矿量、加入钢球量、补加水量等来调节磨机磨矿浓度、分级机溢流浓度和细度，获得合格的选别细度。

智能磨矿过程采用自动化的检测技术实现控制手段多元化，对磨机的监控监测逐步实现全方位、多维度的信息捕捉跟踪，通过大量参数的采集反馈，以及在线数据分析、大数据的挖掘提取，及时发现问题，对球磨机工作状态进行调整，保证球磨机工作状态达到最佳，指标达到最优化。

（1）分级过程的监控。通过粒度监测设备对螺旋分级机内的矿石颗粒进行实时监测，根据分级机要求的粒度分级特性，在保证矿石供给条件稳定的前提下，在一定浓度范围内，通过调整螺旋分级机内的补加水量实现对矿浆浓度的控制，进而实现对分级过程的控制。当监测设备检测到溢流的细度增加，浓度变大的情况时，将信息反馈到计算机，对该信息处理后控制其增加补加水量，使螺旋分级机内的矿石颗粒加速沉淀，颗粒较细的矿石溢流出去，较粗的矿石颗粒重新返回进行球磨，从而使得溢流浓度下降；反之，降低补加水量时，螺旋分级机内的矿石颗粒的沉淀速度减小，粒度较大的矿石颗粒与粒度较小的矿石颗粒一同溢流，使得溢流浓度增加。

（2）磨机负荷智能监控。对球磨机给矿过程控制优化的前提，就是能够准确掌握球磨机的工作负荷状态。这工作可以通过磨音和功率两个有变化规律的信号进行判断，通过检测设备对两种信号的收集、分析，判断充填率是否达到最优标准，并相应的调整给矿量。

（3）细筛筛下粒度的监控。当筛下矿石粒度不满足设定的上下区间时，监控设备将对细筛给矿情况进行监测，当发现不正常时，将信息反馈到计算机，由计算机对细筛给矿浓度进行调整，使其恢复到正常情况。如果细筛给矿浓度正常，但是筛下的矿石粒度仍不达标时，系统将报警提示，并在计算机屏幕上显示报警原因，提示工作人员对原因进行排查。

6.3.2.3　磨矿智能化的实现

磨矿智能化控制系统的目标，是在保证磨矿作业安全稳定和保证磨矿产品合格率的前提下，尽量提高磨矿作业的产量，降低单耗，实现高度自动化，大大减轻工人劳动强度，取得良好的经济效益和社会效益。为此，不仅需要控制系统具有可靠的硬件，而且更需要有先进的控制技术。智能化控制系统采用混合智能方法，即采用智能 PID 控制、串级控制和模糊控制，以期达到对磨矿作业的有效控制。

为了提高控制系统的可靠性，便于调试和维护，控制系统采用传统的分布式控制结构 DCS，控制系统由上位机、下位机、检测仪表、执行机构等组成。上位机负责管理，下位机负责控制，并可以脱离上位机独立运行。检测仪表负责控制系统有关参数的检测，执行机构负责 PLC 的命令（控制信号）以控制有关参数。DCS 控制系统的显著特点是控制和管理分开，设有上位主机、下位主机和多个仪表。

6.3.3 浮选智能化

浮选工艺的原理是按照矿物表面亲水疏水性质的差异，将有用矿物和脉石分离。按照有用矿物的排出方式可将浮选分为正浮选与反浮选，正浮选是将有用的矿物浮入到泡沫中，由刮板将其从上方刮出，其他的杂质脉石从设备底部排出；反之，反浮选是将有用的矿物留在矿浆中从设备底部排出，将杂质脉石留在泡沫中。

浮选过程是直接影响到精矿产品的作业，是选矿流程的最后一步。传统的浮选作业主要是由工作人员根据自身经验对药剂的加入量进行控制，这种操作存在的弊端是经常有滴漏或者是最终指标出来之后才能进行相应的调整。智能化浮选技术的应用能有效避免这一缺点，能够保证药剂的添加顺利进行，有效避免了因为人工操作造成的加药不及时等错误。浮选智能化能够实现远距离的定量、定时加药，通过现代化程序控制设定对加药机进行调节，保证给药过程的准确、高效，同时能够控制整个浮选过程，并且还能实现对多槽浮选作业的液位、充气量自动调节，使浮选流程更稳定，保证矿物回收率的提高。

6.3.3.1 浮选设备

浮选机是浮游选矿机的简称，是指完成浮选过程的机械设备。浮选过程中，在浮选机的矿浆内加入一定的药剂，矿浆在药剂的处理下，通过搅拌充气，使某些矿物或者杂质脉石有选择性地吸附在气泡之上，浮至矿浆表面被刮板刮出形成泡沫产品；未能吸附在泡沫上的部分则保留在矿浆中，从设备底部排出，从而达到矿物与杂质分离的目的。

6.3.3.2 智能监控系统

浮选智能监控系统具有连续检测和自动控制技术，主要是采用特定的检测设备、控制器以及执行单元为硬件基础，由作业人员配合操作完成的，监控系统包括视频监控与数字信息监控。通过视频监控可以实时监控浮选机内部的液位情况，数字信息监控负责收集设备与矿石的实时数据，并分析浮选过程中的各类设备的运行状况、矿浆数据以及矿石数据等，及时将处理分析的数据结果返回到各个自动化系统，对有问题的设备、矿浆或矿石，指导对应系统做出对应措施，从而保证选矿生产正常稳定进行。

A 浮选泡沫变化监测

在选矿厂浮选岗位实际生产中，操作工要根据来矿的矿物性质、浓度、细度等工艺参数以及浮选泡沫状态来判断浮选流程的当前状态，然后调节浮选流程中的加药量、充气量、液位等控制参数，从而使得浮选流程处于良好工作状态。浮选泡沫的变化能及时反映过程控制量以及矿石性质的变化，可以把浮选泡沫的变化作为浮选作业最快捷的指标。泡沫图像分析仪是根据仿生学的原理，通过采用图像技术、网络技术、计算机技术、照明技术等模仿浮选岗位操作工的“眼睛”，观察浮选泡沫状况，并量化检测浮选泡沫的状态。浮选泡沫移动速度及方向是泡沫图像分析仪检测的关键参数之一，也是进行浮选产率优化控制的基石。通过连续实时处理视频中的每一帧，通过泡沫特征匹配及方向预测技术，可实时计算出分为 24 个区域的泡沫位移及方向，从而计算出泡沫整体移动速度。基于分布机器视觉的泡沫图像分析仪，通过图像分析处理，得到浮选泡沫的颜色、大小、稳定性、移动速度，从而将浮选泡沫状态量化，使得操作工在远程即能直观地获取浮选工况信息。根据工艺设定泡沫参数的正常范围，当泡沫特征参数超出设定的阈值后，系统给出提示。

B 浮选槽液位监控

影响浮选效果的变量中，浮选液位是一个重要变量，通常情况下，浮选液位高，则精矿品位低，回收率高；浮选液位低，则精矿品位高，回收率低。因此，确定合适的液位设定值并使其平稳是决定浮选指标的重要操作条件。该过程的监控由专用液位测量设备、锥形阀、气动执行机构、液位控制器、上位机等一系列设备完成，能够实现控制浮选作业全流程，并且还可以对多个浮选槽的浮选作业的液位变化进行监控。使用PID调节器对浮选槽的液位进行调控，将浮选槽的液位标准值输入到计算机中，当监测设备监测到的液位数据符合标准时，执行机构不发生改变，保持液位不变；当监测设备检测到浮选槽中的液位升高时，PID调节器对测量值进行接收并传输到计算机中，经过计算机系统化的分析处理后，将执行指令反馈到执行机构，增大尾矿排料闸门的开口，使液位降低到标准范围内。反之，如果浮选槽液位低于标准范围，则减小排料闸门的开口，使液位升高到标准范围。

C 药剂添加量监控

药剂添加过程的主要设备为电磁阀自动加药机与计量泵式加药机，通过对加药机的控制实现药剂添加的远程控制。首先通过矿浆浓度检测设备与矿浆流量检测设备对矿浆浓度与流量进行监测，将数据传输到计算机中进行处理，计算出矿量，结合事先设定的药剂用量，将所需药量反馈回加药机，控制加药机添加药量。

6.3.3.3 浮选智能化的实现

浮选过程智能控制主要由基础自动化系统和优化控制系统完成。

基础自动化系统是由一系列的子系统组合而成，包括了原矿再磨分级控制子系统、给矿控制子系统、浓缩控制子系统，能够完成对浮选过程中的逻辑控制和回路连续控制的集成控制，把有用的浮选过程参数和浮选设备的运行状态数据实时传输给计算机，为完成必要的数据统计与分析提供数据支持，并且接受计算机对浮选设备进行优化调节及监控操作的指令。系统对浮选生产过程设备进行启停、连锁保护、故障分析与处理等逻辑控制的同时，实现对生产过程工艺参数（如给矿量、给矿浓度等）的跟踪控制。

浮选过程是一个复杂的动态循环过程，该过程容易受到浮选给矿浓度、给矿粒度、给矿量、药剂等多种因素影响，一般的控制回路很难适应复杂的浮选流程，而且工作人员根据经验对浮选过程中出现的变化进行操作，会出现操作不及时而且很难确定最优过程参数的情况，经常出现“冒槽”“跑槽”等现象，使得浮选精矿产品的质量不稳定，损失一定的有用矿物，造成回收率下降。优化控制系统根据浮选过程的动态变化特点，运用模糊控制技术、品位分析技术等多种控制技术，优化设定浮选流程中给矿量、给矿浓度、给矿粒度等底层控制回路的给定值，最大限度地优化过程参数，实现提高精矿质量、尾矿品位、回收率等指标的目的。同时，最大限度地降低浮选过程的能耗，减轻岗位作业人员的劳动强度。

6.3.4 尾矿输送智能化

矿石经过选矿流程后，除去有价值的精矿外，剩下的泥砂称之为尾矿。这些尾矿不仅数量巨大，而且如果不加处理随意排放，会造成大量土地被覆没，对环境造成严重的破坏。因此，必须将尾矿妥善处理，一般情况会建设尾矿库，将尾矿注入尾矿库或者采用充填采矿法将尾矿注入采空区。这就需要建设尾矿设施来完成尾矿处理的工作，其中尾矿输送就是其中一项。

6.3.4.1 尾矿输送系统组成

尾矿输送系统包含尾矿浓缩池、砂泵站、尾矿输送管路。

(1) 尾矿浓缩池。浓缩过滤是尾矿输送过程的重要组成部分，影响选矿过程品质指标，可在一定程度上提高选矿过程中的品质指标，在对选矿的节约能源、降低损耗方面也同样具有十分重要的经济价值。在有色金属与黑色金属通过重力选矿工艺的选矿过程排出的尾矿浆，一般情况下浓度较低，需修建尾矿浓缩池，使浓度较低的尾矿在浓缩池中再一次通过重力的作用进行沉淀，从而提高尾矿浆浓度。浓缩之后得到的尾矿水，可作为选矿等其他生产过程的循环水源。通过对尾矿浆进行浓缩，能够很大程度上降低水的消耗量，降低选厂因供水和尾矿输送设备的投资和经营费用。矿山较为常见的尾矿浓缩池通常是机械浓缩池、斜板（斜管）浓缩池和平流式沉淀池。

(2) 砂泵站。选矿厂尾矿输送过程应考虑实际情况，采取因地制宜的方法，在存在足够的自然高差、通过重力就可完成自流输送的情况下，就无须为输送过程提供动力；但是如果没有足够的高差而无法实现自流输送时，则需要选择压力输送。尾矿压力输送是借助泵站设备提供动力完成的，因此，砂泵站在尾矿输送中显得十分重要。

砂泵站分为地面式和地下式两种，最为常见的是地面式砂泵站。这种砂泵站对建筑结构的要求低，因此所需的投资费用少；由于这种泵站位于地面，所以操作和检修工作较为方便，也因此在国内的矿山得到广泛使用。一般情况下地面式砂泵站采用矩形厂房；而地下式砂泵站在受到地形条件与给矿条件等约束的情况下使用，通常采用的是圆形厂房。

(3) 尾矿输送管路。无论是自流输送还是压力输送，都离不开输送管路。尾矿输送管路是尾矿由选厂到达尾矿库或者采空区的直接工具。输送管路是由特殊材质制成的管材，具有能承受一定压力、不易磨损、防腐蚀、抗冲击等多种优点。输送管路的质量与内部尾矿的输送状态决定了尾矿输送作业的效率，因此输送管路的完好是实行尾矿输送智能化的前提条件。除了选择质量好的管路进行铺设外，还要对输送管路进行管理，以保证管路输送运行正常。

6.3.4.2 尾矿输送智能化的实现

尾矿输送智能化主要通过智能监控监测设备和传感器实现，对尾矿输送过程中的各类相关参数进行采集，通过对数据的分析，采取相对应的措施，实现尾矿的高效安全输送。尾矿输送的自动正常运行，很大程度上依赖于传感器等辅助设施，通过传感器收集到的数据，经过分析后，可以判断尾矿输送全过程中是否存在异常情况。

(1) 通过传感器智能控制尾矿浓度。在实际生产中，浓缩池底流排矿浓度会有较大的波动，单纯依靠人工难以实现对浓度的精确控制，因此会直接影响选矿工艺指标。采用浓度检测仪对其进行监测，经浓度传感器实测底流矿浆浓度值，输出一个反映浓度值大小的电流信号，此信号一方面由电流表指示，另一方面经转换输入到计算机进行处理。实测浓度值在计算机内与给定浓度值进行比较、判断，若浓度值大于给定范围，则计算机通过相反转换后输出的调节信号相应增大，进行开阀调节；反之，调节信号相应减小，进行关阀调节。开（关）阀程度的大小，取决于调节信号增（减）量的大小，而当浓度值恰好在给定的范围内时，调节信号不变，阀门位置也不进行调节，维持原来状态。这样就实现了胶管阀的自动调节。

（2）通过传感器智能控制尾矿输送压力。在尾矿输送管路上安装压力传感器，可以对输送管路中尾矿的压力参数进行实时采集，并传输至计算机，进行实时监控。当输送尾矿的压力过高或者过低时，及时发出相应的警报，并采取对应的措施增加或者降低压力，使得尾矿输送作业正常进行。

（3）通过液位检测仪智能控制浓缩池液位。在浓缩池中安装液位监测仪，实时监测池内液位情况，同时将实时的液位数据传送至计算机。经过计算机对数据的处理分析，判断液位的情况是否正常。当出现异常时，进行报警并自动将信息传送到控制系统中，指导其采取相应的措施，保证液位正常，实现自动调节液位高低。

6.4 应用案例

三山岛金矿位于山东省莱州市三山岛特别工业区，是山东黄金旗下的骨干矿山之一。三山岛金矿对于企业的信息化建设相对比较重视，先后进行了网络架设、因特网接入、广域网接入、生产管理信息系统及部分管理系统的开发，并逐步展开了设备更新与自动化改造，以实现安全生产过程监控的自动化和智能化。三山岛金矿选矿厂数据采集完整可靠，数据处理准确全面，数据传输广泛迅速，选矿设备先进高效，具体表现如下：

一是建立数据采集平台与选矿数据中心。对选矿生产、能源等生产过程中产生的数据进行连续采集，同时也对采集化验、安全等离散数据进行了完善，确保数据中心采集数据的完整性与质量，保证了选矿设备运行的可靠性与可维护性。

二是构建智能操作选矿厂。在采集设备运行数据的前提下，通过对数据进行分析，达到预测性维护的效果，从而提升设备运行效率；针对选矿流程，通过完善和提升专家系统性能，稳定技术指标，实现少人、无人控制。

三是搭建虚拟选矿厂。虚拟选矿厂不仅是实体选厂的数字复制品，更是引导实体选厂生产优化、高效的大脑，是实体选厂再生产的基因。虚拟选厂不但可实现数据的透明化，实现部分数据软测量功能，更可以通过超实时仿真功能，对特殊工况进行快速决策，引导实际选厂快速响应，实现选厂技术指标最优。

四是协同云服务平台。通过对全矿海量历史信息进行大数据分析，从而挖掘出长周期数据的价值，实现选厂资产监管优化、全流程及采选协同，综合效益最优。

6.4.1 数据采集平台与选矿数据中心

选矿厂数据涵盖生产、能源、安全环保、基础自动化、移动巡检、化验数据等。这些数据具有数据源种类繁多、部分未电子化、具有较强的易消亡性、数据接口复杂等特点，采集难度大。因此，该矿山建设了选矿作业垂直物联网络，用于解决上述数据的采集问题。

该集成平台采用行业内领先的物联网（Internet of Things，IoT）技术平台，可实现快速构建、智能开发、扩展性好的开放式网关框架，从而实现开放、安全和可靠的采集、存储和应用。该物联网平台一方面可实现选矿作业数据互联互通、智能传感仪表垂直集成，另一方面通过部署边缘计算模块，如矿物物性视觉分析边缘计算、设备负荷分析嵌入式边缘计算等模块，可实现数据在选厂生产现场的轻量级运算和实时数据处理。在选厂部署同时连接内部工业网和外部互联网的接口机，应用 Kepware 等服务，通过 OPC UA、CAN、

Profibus、ModBus 等协议解析，将数据推送至物联网平台。并且通过云端数据中心建设，远程用户可以通过手机、PAD、电脑等方式不限时间和地点的访问选矿数据资源，如图 6-5 所示。

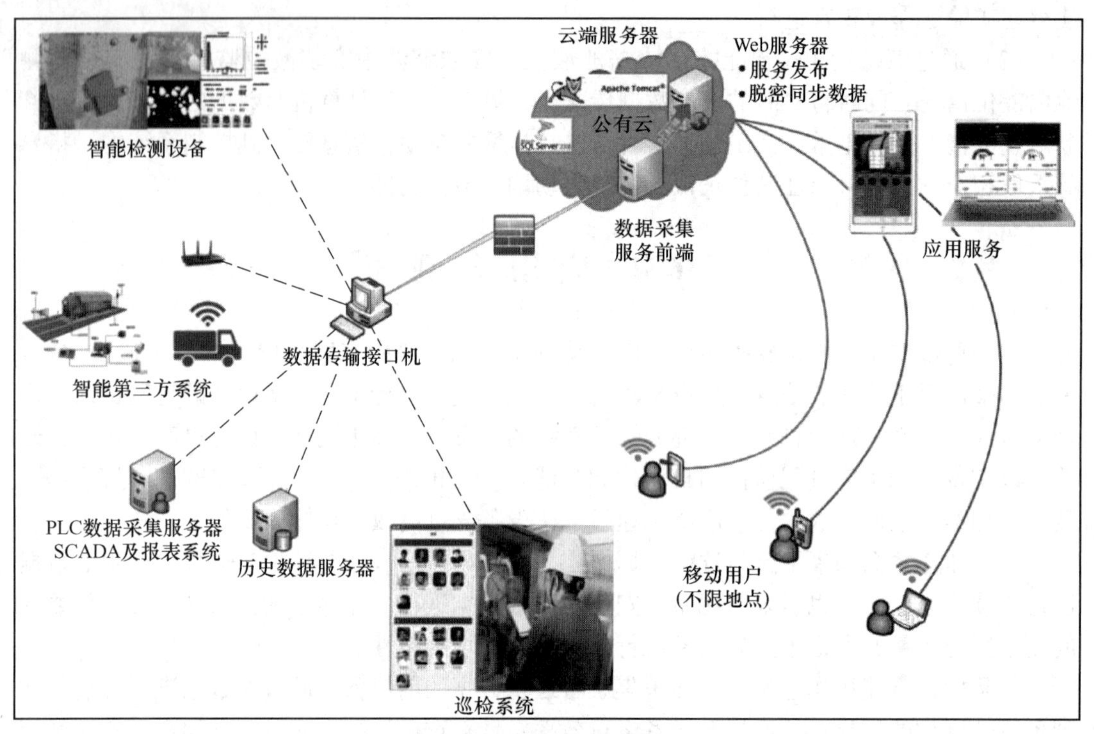

图 6-5 智能选厂的数据中心

6.4.2 智能操作选厂

建设装备远程智能监控和预测性维护系统，提高装备运转率；建设选矿全流程智能化操作系统，形成专家规则控制，实现少人无人操作调控，稳定工艺流程，优化操作岗位。

在选矿生产关键流程和装备上应用具有感知、分析、推理、物联功能的智能检测设备，在线收集生产和管理关注的重点信息并进行就地分析，将智能感知参数接入数据采集平台，通过对工况感知数据智能识别自动进行工况分类与异常检测，实现数据和信息的垂直物联和无缝应用。

应用选矿生产振动信号智能感知装备，在磨机衬板和大型电机轴承上安装振动传感器，对采集的振动信号进行边缘计算智能分析，为设备负载状态感知和故障预判提供重要的依据。

应用选矿生产视觉智能感知装备，包括破碎流程矿石块度分析仪、浮选流程泡沫图像分析仪，对采集的视觉信号进行多方位的分析，提取区域划分、颜色、稳定性等重要图像特征，为选矿生产操作和优化提供重要的特征参数。

（1）设备的传感检测手段。为现有在线检测装备的核心部件和关键技术参数增加传感和数据采集装置，实现基于物联网的装备运行数据的全方位采集，包括点巡检管理数据、人工录入数据、设备运行实时、DCS 及 MES 系统数据抽取等。全方位对设备的测量性能、模型精度、易损件运行状态、日常维护操作等指标进行统计分析。

（2）设备的自诊断功能。采用内置的数据协调等算法，实现关键部件和配套系统运行状态的实时监测，对可能发生的异常和故障进行预测，通过物联网络对检测到的故障推送报警提示和维护建议，提示部件的使用寿命和维护周期，保证测量的实时和准确。根据不同参数的分析仪器使用特点和应用工况，开发各分析仪器专用的智能诊断技术和方法，可通过嵌入式主机系统和远程智能服务系统来实现。

（3）通过网络模块等方式，实现设备的网络物联。对设备的运行数据和测量数据进行汇总统计，通过大数据分析等手段，为设备提供远程诊断、远程优化、远程维护、远程操作指导和信息推送等功能，如图 6-6 所示。

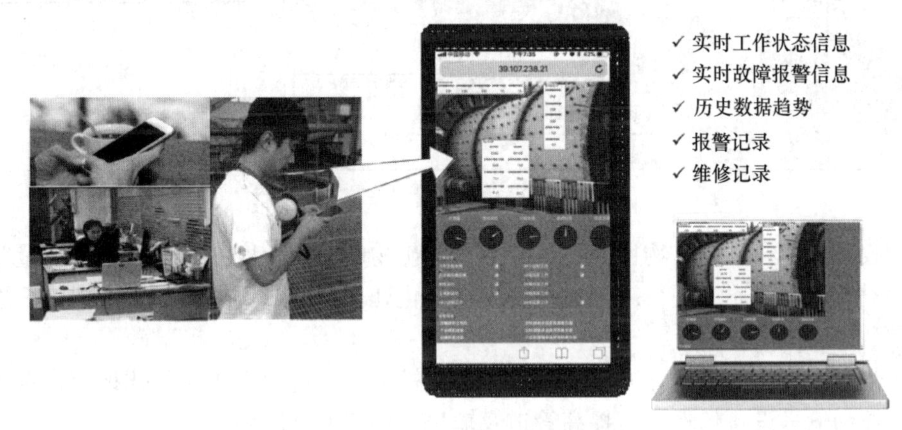

图 6-6　设备远程智能监测

（4）基于过程仪表智能化，建立过程仪表远程服务平台。由于选冶工况恶劣及大型分析仪器结构较为复杂，影响到过程仪表寿命及使用效果，尤其是对仪表的维护要求较高。通过对过程仪表进行智能化改造，实现过程仪表的联网功能；通过云服务技术建立过程仪表的远程诊断和服务平台，实时监控过程仪表的运行状态及故障诊断，在线提供解决方案，最大限度地保障大型过程仪表的正常使用。

6.4.3　虚拟选厂建设

开发出适合相应的黄金矿山数字设计平台与流程模拟平台，描述实体选厂，预测实体选厂指标，引导实体选厂智能优化。通过建立黄金矿山矿物加工流程模拟平台进行黄金选矿破碎、磨矿、分级、浮选、浓密过程的建模仿真计算，实现黄金选矿流程内关键设备的运行状态模拟，单元流程内各节点量化指标计算、现场实际数据与理论模型误差分析，为选厂操作人员提供一种流程信息获取方法，为设备操作、设备维护、流程分析、流程优化提供量化参考依据。

6.4.3.1　描述实体选矿厂

对选矿关键生产设备及物料进行描述和虚拟建模，如图 6-7 所示。关键生产设备建模包括破碎机、球磨机、旋流器、浮选机/柱、浓密机、仓/池、泵等的运行机理进行分析，研究机理建模技术；采集关键设备的运行参数及工艺指标数据，进行数据分析；研究基于机理与数据驱动相融合的建模仿真技术，为虚拟工厂提供基础设备的模型技术支撑。

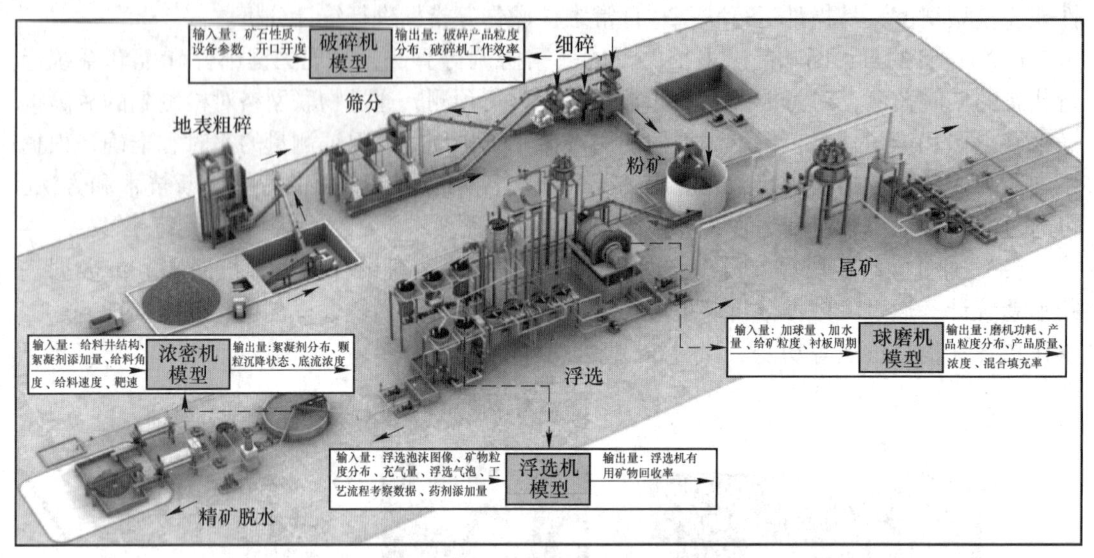

图 6-7 选矿厂关键设备模型

充分收集矿体样品、矿物性质测试参数，如矿物硬度、粒度、水分、组分含量等物性参数，并对实体物料属性进行虚拟化描述和模型化处理，形成可以集成到虚拟工厂平台的物料模型。

在矿浆流过程中，建立介质在管道中的流体模型，通过模拟仿真优化设计，自动进行管径的选择和输送设备的选型，提高管道及输送设备选型的准确性。

6.4.3.2 预测选矿指标

建立黄金矿山矿物加工流程模拟平台，以实体选矿设备及物料的虚拟模型为模块基础，进行黄金选矿破碎、磨矿、分级、浮选、浓密等流程的搭建和流程仿真模拟计算，预测实体选矿过程指标，包括碎磨粒度、浓度、填充量，浮选时间、浮选浓细度、品位、浓密沉降参数以及过程能耗等，为操作人员提供操作参数参考依据，减少试错实验，提高整体选矿效率。

6.4.3.3 引导实体选厂智能优化

通过虚拟选厂离线仿真技术，即利用采集到的选矿厂历史生产数据，基于虚拟模型进行离线仿真，对生产过程中特性与工艺指标进行模拟计算。利用选厂离线与实时仿真技术进行选厂“数字孪生”流程重现，进行特定设备、特定流程或全流程的设备生产重现、流程表现重现和全流程生产指标重现，并根据经验进行选厂生产调节实验，重现错误操作导致的设备故障、流程不稳及生产指标波动，获取相关经验，进行修复模拟，获取解决问题方法，为操作人员提供技术支持。同时，为新员工提供安全、可靠的培训方式，以提高培训效率，提升培训效果。在实时仿真技术的基础上，基于工艺流程的数值模拟和混合模型，对生产实时数据所表现出的运行工况进行在线或离线分析，进而对生产工艺过程的稳定性进行评估和预测。对自动控制操作进行纠偏。开展超实时模拟计算，并根据预测结果给出操作建议或控制信号，提前测试控制操作轨迹、操作参数；通过改变操作变量，使生产过程达到最优；引导实体选厂进行设备运行参数优化、矿物参数优化、流程智能操作优化以及技术经济指标优化。

6.4.4 协同云服务平台

选厂数据中心、矿级综合信息平台和云服务系统共同形成矿级资源中心，打通不同专业数据壁垒，通过对全矿海量历史信息进行大数据分析，挖掘出长周期数据的价值，实现生产、装备、能源等数据价值的挖掘，实现选厂资产监管优化、全流程及采选协同，优化综合效益。

6.4.4.1 选厂资产综合监管优化

选厂资产涵盖工艺装备、仪器仪表、电气设备等，在存储这些资产整个生命周期的运行数据基础上，对选厂资产性能、故障情况、成本进行综合分析，涵盖资产故障预测与健康管理、设备备件管理、质量成本分析。通过从数据中心获取各资产的本身及边缘历史数据，认识学习对象系统的健康/非健康行为，将原始检测数据转化为相关信息和行为模型。综合采用机器学习和统计分析方法，对资产当前运行情况进行诊断，并对未来对象资产系统行为进行预测，并综合做出资产性能评价。生成故障诊断与健康判断报告。实施设备备件管理、备品备件管理、质量成本分析，综合评判资产质量。利用财务数据，分析资产折旧、消耗、剩余寿命及账面价值，动态反应资产成本。综上，对选厂资产进行全生命周期动态监管，提高资产利用效率。

6.4.4.2 生产协同与选矿全流程生产智能优化决策

通过自动获取选矿产品需求变化、矿物原料资源属性方面的数据和信息，根据市场状况及企业自身资源条件，对全流程生产运营进行自适应优化决策。开展以“生产计划—调度—生产监控—反馈优化”为链条的敏捷生产。基于数据中心，快速获取原料、产品需求规格、产品价格变化等数据，根据生产能力、存储能力、资源约束等条件敏捷决策选矿生产指标，包括收益、成本、产能等。结合实时监控生产各环节工作情况、运行状况，及时发现生产计划指标执行情况，动态调优人力、设备、能源、原料等资源配置，并周期性审计生产计划，使“生产计划—调度—生产监控—反馈优化”实现闭环，保证选厂长周期的稳定、安全、均衡生产，最小化能耗、物耗、排放，进而优化经济指标，以获得最大的经济及社会效益。

矿山通过设立调度中心，人工协调采-选生产流程，通过数据中心实现采-选生产计划、产品计划、生产调度和检修计划等信息共享，并应用基于知识约简的大规模协同优化决策，使采、选既各自拥有自主决策运行系统，又达到有效协同。

6.4.4.3 产供销信息共享与评价服务系统

将供应商纳入成本管理以提升矿业企业效益，对各厂矿使用的设备的运行情况进行综合评价，并提供设备供应商信息监测，由此便于实现企业供应链点对点的监控。利用指标评价体系，对供应商供货质量、服务水平、供货价格、准时性、信用度等进行评价，选择优质供应商及设备，削减成本，也提高了采购效率。此外，建立采选联动生产调度、产供销信息服务系统，动态提供金矿各类产品的产、供、销信息，方便矿山各管理机构的统筹、调配。

6.4.4.4 行业对标服务

将山东黄金集团下属矿山生产过程数据上传至云服务系统，并将选厂数字化设计与虚拟仿真、选厂自动化与设备智能化、选矿智能化生产运行控制、资源与生产的智能化管理这四大板块的结果，都发布在云服务系统中。

此外，平台即是共享服务中心，由于集成了其他矿冶企业的数据，矿冶企业可以相互整合数据和信息，对比其他选厂的矿石性质、工艺流程、设备选型、生产指标、运营模式等情况，有助于企业进一步削减成本，提升绩效。

参考文献

[1] 陈艾，倪远平．自动控制系统的故障检测与诊断技术［J］．电工技术，1999（11）：4-7.
[2] 陈琦．基于反馈补偿的选矿全流程工艺指标决策方法的研究［D］．沈阳：东北大学，2008.
[3] 崔麦英，黄瑞强．落实工艺技术标准，提高选矿技术经济指标［J］．铜业工程，2012（05）：35-38.
[4] 丁宪坤．浓缩池底流矿浆浓度计算机自动控制系统的研究与实施［J］．金属矿山，1988（07）：38-41.
[5] 董良，王斌．补连塔选煤厂洗选工艺优化改造与实践［J］．陕西煤炭，2017，36（05）：89-91.
[6] 董彦博．智能型溢流球磨机筒体应力分析及实验测试［D］．鞍山：辽宁科技大学，2008.
[7] 关涛，徐宁．刍议黄金选矿过程自动化系统［J］．中国金属通报，2017（06）：57-58.
[8] 郭荣才．选矿厂磨矿分级智能化控制系统研究［J］．科技资讯，2017，15（11）：31-33.
[9] 郭佐宁，高赟，薛忠新，等．张家峁选煤厂智能化建设架构设计研究［J］．煤炭工程，2018，50（02）：37-39.
[10] 孔令成．论述选矿机械的现状及发展趋势［J］．科技创业家，2013（21）：41.
[11] 雷强．基于离散元的物料破碎机理研究［D］．赣州：江西理工大学，2012.
[12] 李保元，周旭东．选矿自动化系统设计方案［J］．化学工程与装备，2012（06）：142-145.
[13] 李春霞，郭苗，史学玲，等．数字化车间可靠性设计技术研究［J］．自动化与仪器仪表，2017（10）：116-118.
[14] 李明．基于多元统计分析的故障诊断方法及其应用研究［D］．济南：山东大学，2006.
[15] 李永芬．浅析国内选矿自动化技术应用及进展［J］．世界有色金属，2017（14）：30-31.
[16] 梁栋华，于飞，赵建军，等．BFIPS—Ⅰ型浮选泡沫图像处理系统的应用与研究［J］．有色金属（选矿部分），2011（01）：43-45.
[17] 林桂娟，宋德朝，陈明，等．基于 CC-Link 现场总线的远程智能监控系统［J］．机床与液压，2010，38（08）：84-86，3.
[18] 刘凡．浮选机电气自动化技术［J］．机械管理开发，2018，33（10）：231-232.
[19] 刘晓青，程全，李晋，等．浮选生产过程综合自动化系统［J］．控制工程，2016，23（11）：1702-1706.
[20] 刘晓青，郭荣艳，杨静，等．浮选过程自动控制系统设计［J］．矿产综合利用，2016（06）：72-75，79.
[21] 罗杰．基于 MSPC 的故障检测与诊断方法研究［D］．沈阳：沈阳理工大学，2008.
[22] 孟飞．选矿工业的自动化仪表与控制方法［J］．海峡科技与产业，2017（10）：97-98.
[23] 秦其昌．矿山有轨运输系统自动化控制与应用探讨［J］．矿山机械，2007（05）：62-64.
[24] 孙电锋．离散元法在大型半自磨机仿真中的研究与应用［D］．昆明：昆明理工大学，2013.
[25] 孙景敏．数据电台在选矿自动检测及控制中的应用研究［D］．昆明：昆明理工大学，2008.
[26] 唐绍义．浅谈选矿自动化的应用［A］．2009 年金属矿产资源高效选冶加工利用和节能减排技术及设备学术研讨与技术成果推广交流暨设备展示会论文集［C］．中国冶金矿山企业协会，2009：4.
[27] 汪中伟，梁栋华．基于浮选泡沫图像特征参数的应用研究［J］．矿冶，2011，20（02）：82-

84，94.
[28] 王丰雨 . 磨矿分级作业混合控制系统的研究 [D]. 贵州：贵州大学，2007.
[29] 王清 . 磨矿过程溢流粒度软测量研究 [D]. 沈阳：东北大学，2009.
[30] 王旭，徐宁，王庆凯，等 . 破碎流程故障诊断系统开发与应用 [J]. 有色冶金设计与研究，2014，35（04）：28-31.
[31] 薛涛，郭会创 . 略钢黑山沟选矿自动化控制系统 [J]. 河南科技，2013（19）：134-135.
[32] 杨刚，王建民 . 选矿自动化与信息化系统的设计 [J]. 矿产综合利用，2018（06）：132-135，126.
[33] 张海英，林桂娟 . 基于 CAN 总线的破碎机控制系统设计 [J]. 微型机与应用，2011，30（23）：98-100.
[34] 张丽 . 碎磨矿监控系统的设计与实现 [D]. 青岛：山东科技大学，2004.
[35] 张丽 . 自动化控制系统在矿山碎矿磨矿中的应用 [J]. 黄金，2004（11）：34-36.
[36] 张涛 . 矿业新形势下选矿自动化技术应用及建议 [J]. 世界有色金属，2018（14）：21-22.
[37] 张振，陆小兵 . 智能化选煤厂架构探讨 [J]. 煤炭加工与综合利用，2014（09）：57-59.
[38] 赵明宣，张伟洲，孙磊 . 三山岛金矿海下盘区式进路采矿方法创新技术研究 [J]. 价值工程，2014，33（26）：82-83.
[39] 赵钦君 . 闭环控制系统故障检测及自适应重构控制研究 [D]. 南京：南京航空航天大学，2006.
[40] 赵垣衡 . 多 Agent 在磨矿过程控制中的应用研究 [D]. 长春：吉林大学，2011.
[41] 周俊武，徐宁 . 智能选矿厂架构设计 [J]. 自动化仪表，2016，37（07）：1-5.
[42] 朱瑞 . 带式输送机压陷滚动阻力理论与试验研究 [D]. 太原：太原科技大学，2017.

7 智能化安全生产保障

本章学习要点：以安全生产六大系统为基础，针对矿山生产过程中人员、设备和环境等安全要素的信息化与智能化主题，从人机环管集成的角度，讲述了矿山中的智能化安全生产保障体系，包括井下的通信联络系统、人员精确定位、智能化监测监控系统的技术发展、系统构成和功能，以及现代矿山集成化、智能化的安全生产管理体系，并进一步介绍了虚拟现实和增强现实等新技术在矿山安全中的应用。

20世纪80年代后期以来，由于我国经济的发展对矿产品的需求量增大，市场经济条件对国有矿山企业产生了一定程度的冲击。加之个别矿山片面追求经济效益，安全管理和环境保护意识的淡化，开采技术及设备相对落后以及存在民采干扰等因素，导致矿山多年开采过程中积聚的灾害隐患爆发、开采环境不断恶化、矿山工程地质灾害问题日趋严重，造成人员伤亡、环境破坏和矿产资源严重浪费。频繁发生的矿山安全事故给国家、矿山企业以及附近的人民群众造成了巨大的生命财产损失，产生了不良的社会影响，严重制约了国民经济和矿山企业的可持续发展。

鉴于矿山安全在其生产过程中所占有的重要地位，在国发［2010］23号《国务院关于进一步加强企业安全生产工作的通知》一文中，对煤矿、非煤矿山制定和实施生产技术装备标准进行了强制性规定，强制推行先进适用的技术装备，安装监测监控系统、井下人员定位系统、紧急避险系统、压风自救系统、供水施救系统和通信联络系统等技术装备，简称“六大系统”。

矿山的智能化安全保障系统应紧密围绕六大系统的建设，并在此基础上加以集成，实现安全生产的集中监控、安全预警与应急指挥等功能。

7.1 人-机-环-管相集成的智能化安全保障

影响矿山安全管理的核心因素可以归结为作业人员、作业环境、机械设备和安全管理，并且这四者之间相互作用、相互影响，如图7-1所示。

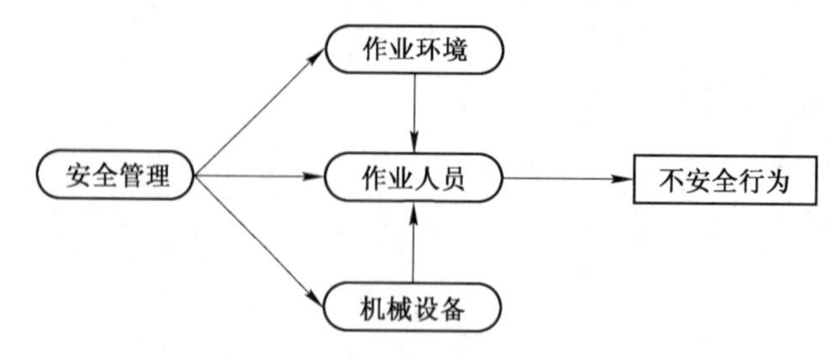

图7-1　人-机-环-管四要素关系模型图

导致事故发生的原因可以归结为物的不安全状态和人的不安全行为，而物的不安全状态又是由人的不安全行为造成的。因此，不安全行为的直接致因是作业人员，而作业环境、机械设备、安全管理三方面的因素都是通过对作业人员的影响而间接导致的不安全行为。同时，安全管理不仅直接作用于作业人员，对作业人员的作业环境及使用的机械设备也有重要影响，从而对作业人员行为的安全性产生间接影响。

借鉴安全管理有关理论及矿山企业的安全管理实际，要实现面向人机环管集成的智能化安全管控，必须在通信联络、人员定位、监测监控等系统基础上，将人员行为安全、作业环境安全、设备运转安全、安全制度保障等安全生产要素全面集成和智能化提升，形成以全面评估、闭环管理、实时联动、智能预警为特征的主动安全管理保障体系，如图 7-2 所示。

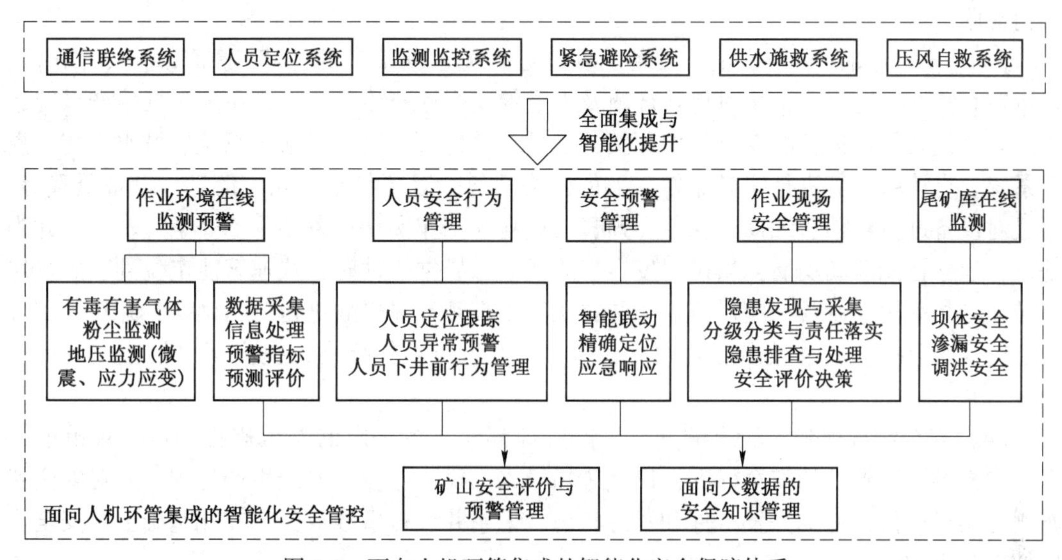

图 7-2 面向人机环管集成的智能化安全保障体系

（1）作业环境的安全保障。采场、掘进工作面等作业地点的环境是保障作业人员、设备安全的关键因素，主要包括：作业地点的岩石条件，顶板状态；通风条件，风速、温度、湿度、粉尘浓度、一氧化碳浓度、氮氧化物浓度等；动力供应条件，风、水、电供应等。通过井下微地震监测、围岩应力应变监测、通风系统监测等手段，结合作业现场的实地检查结果，实时掌握作业地点的安全状态，对安全隐患进行有效控制和及时整改。对在线采集的大量动态数据运用特定算法工具进行分析，综合考虑多种安全生产要素，对作业环境所存在的其他潜在隐患、危害或灾害发出预警，做到作业环境的在线智能预警，以保障作业环境的安全。

（2）作业人员的行为安全。矿山生产过程中，作业人员的行为是安全生产的关键，它包括两个方面的内容：

1）建立智能化的人员定位跟踪系统，实现更为精细化的人员定位跟踪及异常情况预警。通过实现大巷内的人员轨迹精确定位，使人员的安全行为描述更加全面自动化与智能化。在人员下井前，系统根据其工种班组，结合工作需求等信息自动规划其运动路线，通过动态实时对某区域内的所有人员定位显示，预警该区域工作人员数目是否超标，是否存在其他工作人员误入的情况或其他异常情况。设定单个人员的异常预警值，系统通过对人员的下井总次数、工作时长、入井时间、移动轨迹等识别统计分析，自动感知员工是否存在无故缺勤、早退或其他非正常工作情况，并发出相应的预警报告，从人员定位系统上规范井下人员的安全行为。

2）通过人员下井前的行为管理来保证下井人员的身体素质、技能及安全知识需求。对下井人员的身体状况做基本的检查，并按照真实情况在系统数据库里进行登记。对下井人员除例行的安全教育外，还须进行与工作内容相关的安全测试，并将测试结果如实在系统登记。在系统内设定黄色和红色预警值，当员工下井前的身体检查不达标情况和测试不合格次数超过黄色预警值时，系统自动识别并对该员工发出黄色预警，进而系统反馈并持续追踪员工后续的工作情况。超过红色预警值时，系统发出红色预警并反馈，须对其采取惩罚措施。

（3）作业设备的运转安全。设备的安全运转关系到生产的持续性和稳定性，同时设备运转系统在一定程度上也对作业环境及人员的安全性产生影响。它主要包括生产系统运转的安全性和作业设备的安全状态评估。通过自动化管控系统对通风系统、排水系统、提升系统、充填系统等进行实时监控，采集相关设备的运转状态、开停信息、设备负载等。通过对设备进行建档、维修、保养、预警、更新等工作实现设备的平稳安全运转。以此为基础，建立智能联动功能，当矿山发生事故或紧急异常事件时，快速智能定位到事故发生区域或者相关故障设备，使得监控人员更快、更准确地对事故进行分析确认，并对周围环境进行实时监控，及时做出应急响应，指挥作业人员尽快撤离，提高事故处理速度和准确度。

（4）安全制度保障。所有的安全生产管理都建立在一定的安全规程和操作规范前提下，它提供了一致性的安全标准，以此来指导人、机、作业的安全生产过程，并对安全状态进行实时评价，处理突发事件和紧急状态，记录并分析事故成因，在此基础上对安全隐患加以分析和预警。

所有这些安全生产相关数据，在采集、存储、整理分类后，部署于安全生产大数据平台，作为安全生产状态评估的基础来源，对安全生产管理的如下主题产生支撑作用：①人员安全档案，对岗位优化、员工培训、安全操作指南提供模型支持；②设备安全档案，为关键设备运转性能评估、设备预维修体系、设备更新与选型等提供数据支持；③采场安全档案，为采矿设计方案、生产进度安排、作业组织与排产等提供基础条件支撑；④安全状态分级评估，为整个安全管理标准体系完善提供支撑。

7.2 通信联络系统

井下通信联络系统是指在生产、调度、管理、救援等各环节中，通过发送和接收通信信号实现通信及联络的系统。系统以有线通信和无线通信为技术支撑，实现井下、井上随时随地沟通交流。

7.2.1 井下通信联络技术发展

矿井通信联络系统不仅满足日常的通信联络任务，同时还可满足抢险救援任务的要求。井上管理人员可以通过该系统与井下任意一部电话进行通话，并可以随时与上级主管部门建立联系。

井下通信联系通常以有线通信和无线通信为技术支撑，实现井下、井上随时随地沟通交流。在通信联络形式上，不仅可以完成电话之间的一对一通话，还可实现一对多、多对多等形式的通话。随着井下工业网、物联网的广泛应用，终端设备可随时通过网络加入通信联络系统，突破了时间和空间的双重限制，真正做到了集中式管理，分布式组网。而在地表的控制指挥中心，电话控制台图形化，提高了其直观感和指挥效率，突显了人性化管理模式。

目前井下通信联系技术存在着有线通信和无线通信两种方式，两者都有着各自的发展优势与劣势，如表7-1所示。

表7-1　井下通信方式对比分析表

通信类型	定　义	优　点	缺　点
有线通信	狭义上现代的有线通信是指有线电信，即利用金属导线、光纤等有形媒质传送信息的方式。光或电信号可以代表声音，文字，图像等	矿山井下地质条件复杂，而有线通信具有的稳定性、抗干扰性，更适合在该类环境下运用，且依托于强大的媒介，数据传输更加高速。同时，在井下，有线通信可以更好地保障信息的安全可靠	由于矿山井下条件复杂，从而有可能导致信号传输线路的损坏，且有线通信的传输媒介也限制了其发展与扩展
无线通信	无线通信是利用电磁波信号可以在自由空间中传播的特性进行信息交换的一种通信方式，在移动中实现的无线通信又通称为移动通信，人们把两者合称为无线移动通信	与有线通信相比较，其优势在于：建设工程周期短；扩展性好；设备维护较为容易；无需通过传输线等媒介进行信号输送	在井下建设无线通信存在成本过高、管理复杂等问题

7.2.1.1　有线通信

A　光纤环网

传统的光纤网络采用的是主干的方式，中间的任何一条连接线断掉都至少会影响连接中的一个区域，这就给网络的安全性带来隐患，于是建立环网链路防止一处连接发生故障而影响整体网络，使网络处于冗余模式，就可以消除这种隐患。

2008年11月，国家安全生产监督管理总局公布了《矿用网络交换机》标准，为矿用网络交换机设计、生产和检验提供了依据，进一步推动了矿用光纤环网的发展。目前工业光纤环网已经逐渐成为矿山井下主干数字通信的主流方式。矿用工业环网交换机基本都提供了具有1000Mbps传输速率的光纤接口，自愈时间普遍小于300ms，单模光纤传输距离一般在10km以上，并具备一定的网络管理能力。

在实际建设过程中，矿山光纤环网常常采用井上、井下统一设计、统一建设的方式，从而形成一个完整的服务于矿井生产的网络系统。规模较大的矿山在规划设计时，常采用双环结构设计，按照业务量大小、重要程度等因素，将各种业务部署在不同的环网中；规模较小的矿山通常采用较为简单的单环结构，在满足使用要求的同时，可有效降低建设成本。

光纤环网较好地解决了以往现场总线传输方式中不同协议之间的兼容性、通信传输速率低以及传输距离较短的问题，为提升矿井智能化生产水平提供了良好的基础平台。近年来，随着 VOIP 及视频编解码技术的快速发展，基于网络的语音、视频产品日渐丰富，伴随而来的是矿井数字广播、网络视频监控系统的快速应用。在解决设备层数据传输需要的同时，光纤环网所具有的响应速度快、带宽容量大、传输距离长、部署方便等特点，使其成为这些新生系统最合理的承载平台。

从使用效果上来看，矿用光纤环网的应用简化了施工和维护的复杂程度，满足了矿山高容量快速数字通信的要求，有力推动了矿井综合自动化的发展，并为进一步建设数字矿山、智能矿山等新型矿山提供了有力的基础保障。

B　调度电话

调度电话作为保障矿山生产调度、生产安全的重要技术手段，被要求在所有矿山中安装。矿用调度电话系统一般由矿用本质安全型防爆电话、矿用程控调度交换机、调度台、电源以及电缆等组成，通常具有丰富的用户和中继接口，并兼容多种信令和协议，能够满足与行政通信系统、无线通信系统等多种系统的互联要求。为保障井下发生故障停电时仍能进行调度通信，调度通信主要采用独立敷设线路方式，并严禁用矿用移动通信系统代替矿用调度通信系统。

C　矿井广播

矿井广播系统是近年来快速推广的通信系统，特别是在 2011 年国家提出建设完善“六大系统”之后，矿井广播系统建设更加得到重视。

综合考虑到矿方对广播系统的实际要求和特点，从设备的先进性、可靠性、经济性考虑，选用网络音频广播系统。根据企业不同的区域，不同的广播功能要求，设计不同的广播实现方式。最后广播总控制室通过 IP 数据网络平台，根据企业各个区域、各个时段的不同广播需求，对整个企业广播系统进行控制和广播。

矿井广播系统早期主要应用在皮带运输、斜巷运输等局部区域，主要作用是在设备启停、移动时发出报警信号，提醒周边人员注意安全。随着对广播系统认识的提升，矿井广播系统已经不再局限于原有的局部应用，而成为发生灾害时指导井下矿工逃生的重要工具。目前矿井广播系统多为基于 IP 的数字广播系统，主要由上位机、语音网关、广播分站以及备用电源组成，大多具备全体广播、区域广播以及单独广播的功能。

7.2.1.2　无线通信

矿用无线通信系统近年来发展非常迅速，从应用角度上主要分为日常管理型和应急通信型，从技术角度上主要包括漏泄通信、无线小灵通通信、WiFi 无线通信和移动通信。

A　漏泄通信

漏泄通信系统是一种较为成熟的井下移动通信系统，依靠在井下巷道敷设一条中间电缆屏蔽层的完整性被有规律地破坏的同轴电缆来实现。该电缆称漏泄电缆，其与漏泄设备输出口相连接，之后会在周围形成连续、均匀的电磁场，起天线传输作用。漏泄通信系统是一种井下模拟无线通信产品，因其采用模拟调制、频分复用的方式，可能造成噪声累积、工作点漂移等模拟系统的固有缺点。

漏泄通信系统具有拓展性好、敷设灵活、可根据需要增加长度、可调整信道的优点，也具有信号覆盖不均、易出现盲区、容量较小的缺点。漏泄通信系统在20世纪90年代曾经是井下无线通信系统的主导产品，但现在很多已被其他更先进的方式所取代。

B 无线小灵通通信

小灵通，又名“无线市话”，利用微蜂窝技术，以无线方式接入，实现终端通信。井下无线小灵通通信系统的出现，是井下通信系统的一场技术革命，实现了特殊环境下的无线通信。

继漏泄通信系统，小灵通通信系统的发展也已经成熟，后者曾一度取代前者成为井下通信的主流。其建设和使用都较为方便，但存在基站通话数偏少的缺点，且基站不能直接接入高速以太环网。伴随工信部“小灵通退网通知”，曾经风靡大街小巷的小灵通告别了商业市场，曾经的中兴、华为等技术型厂家纷纷转战手机通信领域，小灵通技术几乎走到了尽头，选用更稳定、更先进的无线井下通信技术，是未来发展的必然趋势。

C WiFi无线通信

WiFi是目前应用最广的无线网络通信技术，其广阔的应用前景值得关注。2004年，德国石煤股份有限公司以及多家科研机构开始研发基于WiFi技术的井下无线局域网系统，期望利用该系统实现井下视频、语音、数据的综合传输。2007年，我国已有WiFi设备通过国家安全标准认证，投入使用。

目前，基于WiFi的矿用系统主要集中在语音和视频两个方面。

基于WiFi的矿用语音通信系统经过多年的发展，已经取得了长足的进步，可实现井上井下通信一体化，具备矿井日常管理所需的各种调度功能以及群组调度功能，基本满足了矿井日常移动通信的需要。此外，基于WiFi的矿用语音通信系统具有脱网通信的能力，在出现事故导致主干光缆（电缆）断缆、设备损毁、供电中断等情况发生时，可在不通过地面语音交换设备的情况下实现互联基站间的手机对讲功能，为应急救援工作提供了较好的通信联络手段。

基于WiFi的矿用视频系统相对于其他视频系统具有安装简单、传输速率高、设备功耗低等优点，主要应用于斜巷运输、主副井提升、采掘工作面等区域的视频监控。

WiFi无线通信在矿山应用方面的进展主要得益于在传输带宽、建设成本以及技术复杂度上的平衡。相对于有线网络，WiFi设备安装布设灵活、使用方便；相对于小灵通，WiFi可承载更多样的业务；相较于移动通信方式，不但在传输带宽方面具有明显的优势，在建设成本上也相对低廉。

D 移动通信

移动通信（Mobile Communication）是移动体之间的通信，或移动体与固定体之间的通信。移动体可以是人，也可以是汽车、火车、轮船、收音机等在移动状态中的物体。移动通信系统主要由空间系统和地面系统（包括卫星移动无线电台和天线，关口站和基站等）两部分组成。移动通信系统从20世纪80年代诞生以来，到2020年将大体经过5代的发展历程：①模拟制式的移动通信系统（1G）；②包括语音在内的全数字化、数字蜂窝通信系统（2G）；③移动多媒体通信系统（3G）；④高速移动通信系统（4G）；⑤第五代移动通信网络（5G）。

2009年1月7日，我国工信部正式批准国内三大运营商的移动通信第三代（3G）业务经营许可，中国移动采用TD-SCDMA技术制式，中国电信采用CDMA2000技术制式，中国联通采用WCDMA技术制式，从而揭开我国3G通信商用的序幕。2011年2月，3G无线网络首次成功应用于翟镇煤矿之后，三种3G通信技术陆续实现在矿山的应用，推动了我国矿山无线通信技术的发展。从3G通信的目标来看，三种技术均实现了提供较高数字传输能力的要求，相较之前的矿用无线通信系统，3G无线通信技术无疑极大拓展了无线通信所能够承载的业务范围。

3G矿用无线通信系统基本上都可通过标准接口实现与矿井调度电话、行政电话互联互通，而且也都具备强拆、强插、组呼、群呼等调度功能以及可视电话功能。然而，3G通信系统的关键优势并不在于单纯的技术先进或功能完备，而在于围绕3G所形成的庞大产业链和拥有的巨大潜力，主要体现在：支持厂商多，可选择余地大；核心技术和产品可靠；周边产品丰富，易于转化到矿山企业中使用；相关标准和演进方向明确，国家政策也给予了支持。

在看到3G巨大优势的同时，必须理解3G仍是一个以语音通信为主的技术，它所能提供的无线数字带宽仍然十分有限，虽然可基本满足设备集控、环境监测等小数据量的需要，但对于工业电视这种需要高带宽的系统，3G并不具备替代WiFi无线通信的能力。

分析矿用通信联络技术的发展现状和研究热点，可以认为，未来矿用通信系统将得益于通信产业对传输能力永无止境的追求。已经进入商用的4G系统所能提供的数字传输能力将10倍于3G，更有分析人士认为有望在2020年进行部署的5G将提供100Mbps端到端的通信速率。因此，根据以往地面系统成熟后迅速被引入矿山井下的经验，矿用移动通信也将在传输能力上得到极大提升。矿用通信系统发展的另一个趋势是融合，既包括网络融合，也包括终端融合。语音通信将仅仅是一种基本应用，数据、图像乃至多媒体应用将更加便捷地融合在统一的通信平台中。

7.2.2 井下通信联络系统构成

根据井下通信联络系统在矿山生产、调度、管理、救援等各方面的功能需要，矿井通信联络系统建设的内容主要涉及矿用调度通信系统、矿井广播通信系统、矿井移动通信系统和矿井救灾通信系统等。

7.2.2.1 矿用调度通信系统

矿用调度通信系统一般由矿用本质安全型防爆调度电话、矿用程控调度交换机（含安全栅）、调度台、电源、电缆等组成，如图7-3所示。

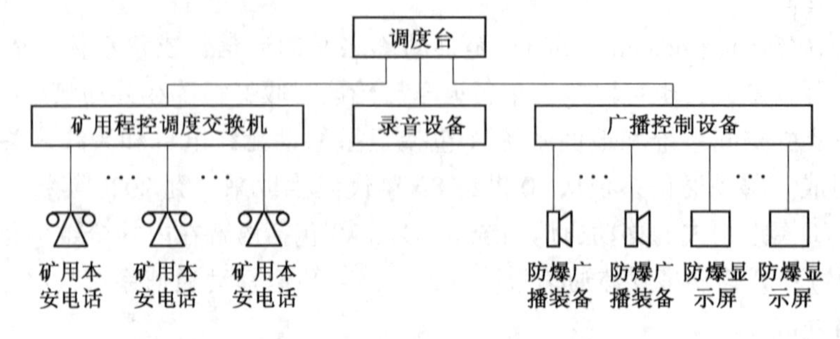

图7-3 矿用调度通信系统和矿井广播通信系统

矿用本质安全型防爆调度电话（矿用本安电话）实现声音信号与电信号的转换，同时具有来电提示、拨号等功能。其中，本质安全型电器设备的特征是其全部电路均为本质安全电路，即在正常工作或规定的故障状态下产生的电火花和热效应，均不能点燃规定的爆炸性混合物的电路。矿用程控调度交换机控制和管理整个系统，具有交换、接续、控制和管理功能。调度台具有通话、呼叫（组呼/全呼/选呼）、强插、强拆、来电声光提示、录音及监听等功能。

矿用调度通信系统不需要井下供电，系统抗灾变能力强：当井下发生超限停电或故障停电等，不会影响系统正常工作。当发生顶板冒落、水灾、瓦斯爆炸等事故时，只要电话和电缆不被破坏，就可与地面保持通信联络。因此，矿用调度通信系统抗灾变能力优于其他矿井通信系统。

7.2.2.2 矿井广播通信系统

矿井广播通信系统一般由地面广播录音及控制设备、井下防爆广播设备、防爆显示屏、电缆等组成，见图 7-3。地面广播录音及控制设备具有广播、录音、控制等功能，一般由矿用程控调度交换机和调度台承担。防爆广播设备将电信号转换为大功率声音信号，及时广播事故地点、类别、逃生路线等。防爆显示屏显示事故地点、类别、逃生路线等信息。

7.2.2.3 矿井移动通信系统

矿井移动通信系统一般由矿用本质安全型防爆手机、矿用防爆基站、系统控制器、调度台、电源、电缆（或光缆）等组成，如图 7-4 所示。矿用本质安全型防爆手机实现声音信号与无线电信号的转换，具有通话、来电提示、拨号、短信等功能，同时还具有图像功能。矿用防爆基站实现有线/无线转换，并具有一定的交换、接续、控制和管理功能。系统控制器控制和管理整个矿井移动通信系统的设备，具有交换、接续、控制和管理等功能。调度台具有通话、呼叫（组呼/全呼/选呼）、强插、强拆、来电声光提示、录音及监听等功能。

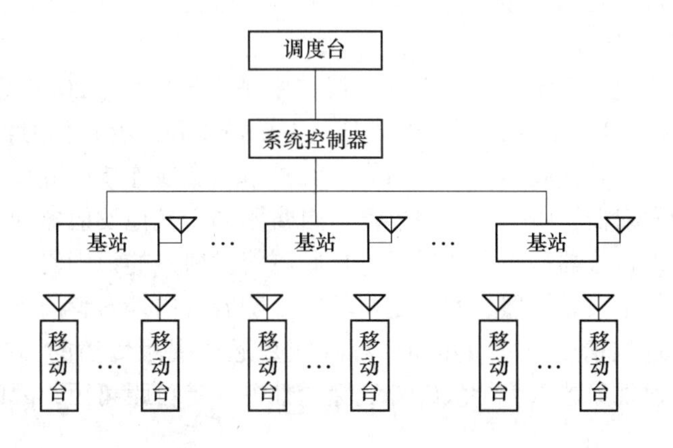

图 7-4 矿井移动通信系统

矿用防爆基站和防爆电源设置在井下，矿用本质安全型防爆手机主要用于井下。当井下发生超限停电或故障停电等，会影响系统正常工作。

7.2.2.4 矿井救灾通信系统

矿井救灾通信系统一般由矿用本质安全型防爆移动台、矿用防爆基站（含话机）、矿用防爆基站电源（可与基站一体化）、地面基站通信终端、电缆（或光缆）等组成，如图 7-5 所示。

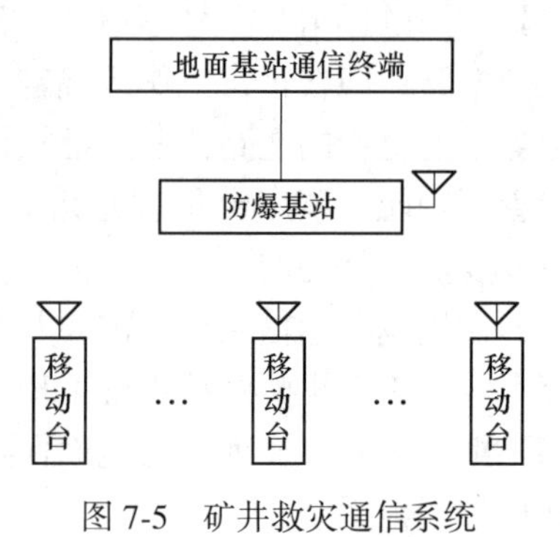

图 7-5 矿井救灾通信系统

井下通信联络系统不仅仅能实现井下生产过程中的日常通信联络，还能够实现井下作业人员救援请求、汇报人员信息、事故情况信息和安全生产隐患等目标。矿山企业领导和调度室值班人员可以利用矿用调度通信系统向井下作业人员说明逃生路线，下达撤出命令等。矿井救灾通信系统主要用于灾后救援。

7.3 井下人员定位

井下人员定位系统是矿山安全生产的重要保障，是国家安全生产监督管理总局推广的矿山安全避险六大系统之一，在矿山安全生产、事故应急救援和事故调查中发挥着重要作用。井下人员定位系统可对井下作业人员进行有效管理，及时掌握井下人员的动态分布及作业情况，如遏制超员生产、防止矿工误入危险区域、考勤管理等。一旦发生事故，可根据井下人员位置进行有效的救援，有效提高救援效率。

7.3.1 人员定位技术发展

针对井下环境的特点，根据定位介质的不同，可以将井下人员定位技术分成 3 类：基于特定设备的定位方法、基于 WiFi 信号的定位方法和基于便携式传感器的定位方法。

7.3.1.1 基于特定设备的定位

特定设备是指可以发送、接收指定信号波并具有必备的运算处理能力的硬件设备，如红外发射器、RFID 设备等。

早期的矿井检测定位系统大都基于红外线技术来实现定位。20 世纪 90 年代，Olivetti 实验室设计了 ActiveBadge 系统，利用红外线（InfraredRay，IR）信号波定位。系统的工作原理是在室内部署红外接收器，并将所有的红外节点有线连接组成传感器网络。移动节点携带有一个红外发射器，每一个发射器都有自身不同于其他发射器的识别码，发射器向外发送识别码被红外接收器接收，然后红外接收器将发射器的识别码和自身的信息通过网络发送到整个系统的中央处理器，实现定位功能。随着国内外学者的不断研究，红外线定位技术日趋成熟，定位精度很高。然而，红外线是通过视距传播的，在井下环境中，烟雾、灰尘众多，散射现象严重，导致红外线穿透性差，定位距离短，因此不适合在井下大规模的使用。

随后出现的 Bat 系统在 ActiveBadge 系统架构的基础上，利用无线信号和超声波（Ultrasonic，UT）进行定位。该系统采用集中式架构，其部署和维护成本非常高，虽然定位精度达到厘米级别，但仍然无法在井下进行大规模普及应用。

20 世纪末，澳大利亚的 MountIsa 公司研制了一种新型的定位系统，采用了射频识别

（Radio Frequency Identification，RFID）技术，利用射频（一般是微波，1～100GHz）能够准确地定位工作人员。当工作人员进入危险区域时，该系统会发出警报。该系统的主要功能是监测是否有人员出入危险区域，其实现方式是：在定位区域安装射频感应点，当感应到射频信号源时，感应站点判定携带信号源的工人所在位置，通过有效预防来降低井下安全隐患。但是，该系统的缺点很明显，其定位精度稍差。为了增强定位精度，MountIsa公司继续研发了T/T定位技术，该技术同样是采用射频识别技术实现的，它继承了前项技术的优点，在此基础上提高了定位精度。除了澳大利亚的MountIsa公司，美国以及南非等矿业大国也都相继在RFID技术方向上研发矿井定位技术。随着通信技术和计算机技术的成熟，很多矿井定位系统已经能够实现动态目标的定位和追踪，例如英国SPRINT集团与澳大利亚MountIsa公司使用的MS系统、澳大利亚KJ201A井下工作人员定位系统等。

我国将定位技术应用到井下要晚于其他发达国家，20世纪80年代后期开始将定位技术应用到井下，当时要靠引进国外的先进技术来实现，成本很高。但是随着我国经济的发展，越来越多的资金被投入到定位技术的研发，我国告别了前期纯粹靠引进技术来实现井下定位的现状，开始研发出了一些技术特点符合我国矿井实情的井下人员定位系统。其中，采用基于RFID定位技术的井下人员定位系统在我国发展得最为成熟。

中矿华沃电子科技有限公司使用的KJ280矿山井下人员定位系统，采集数据的方式相较于前期有了很大的改进，淘汰了前期接触式的信息采集方式，将其改进为非接触式的信息采集方式。这样一来就可以对移动节点进行远距离信息采集，从而直接将采集到的数据发送给控制中心，能够让管理人员实时监测矿井下人员，从而了解工作人员在井下的具体位置以及他们的行进路线，更好地调度与分配工作，更好地保证人员的人身安全。

然而，基于RFID的定位系统定位精度低、覆盖范围窄，更侧重人员考勤与参数测量功能。Zigbee是一种自组网通信协议，采用IEEE802.15.4准则，在煤矿井下人员定位系统中有着广泛应用。中国煤炭科学研究总院利用Zigbee技术对KJ236人员管理系统进行了设计。然而Zigbee协议栈中有限的地址空间限制了入网的人员数量，导致定位系统覆盖不全。

7.3.1.2　基于WiFi信号的定位

WiFi定位技术是无线局域网通用标准IEEE802.11的一种定位解决方案，采用经验测试和信号传播模型相结合的方式，实现复杂环境下的定位、监测和追踪。它由多个已知位置的无线接入点构成无线局域网络。处于该无线局域网络中的移动设备能够接收到来自各个无线接入点的信号并识别出信号的强弱，然后移动设备把这些信息发送给服务器。服务器根据这些信息，再结合数据库中记录的各个无线接入点的已知坐标进行运算，就可以得出移动设备的具体位置。

2006年，伊克亚公司首次利用WiFi技术进行井下人员定位，并在全世界迅速推广。基于WiFi信号的定位方法主要包括测距定位法和指纹匹配法两种。

测距定位法是指利用在传播过程中的WiFi无线信号与距离间的关系，计算出信号接收端位置到基站的距离，以此推算出目标节点的位置信息。常用的定位方法有信号到达时间（TOA）、信号到达时间差（TDOA）、信号到达角度（AOA）、信号接收强度（RSS）。其中，基于RSS的定位方法部署相对简单，便于测量且成本低，因此应用较为广泛。

指纹匹配法是指利用WiFi信号强度在空间分配的差异性，构建位置与信号强度的匹配数据库。通过设置 AP 的数量与放置地点，使空间任意一点的坐标值与匹配数据库单一映射，再通过相应的算法即可搜索出目标位置信息。然而井下环境多径效应严重、环境恶劣且信道情况复杂，众多的干扰因素会使得 RSS 指纹发生不可预知的变化，严重时还会导致相邻区域的 RSS 指纹混淆，极大地降低了定位精度。而且收集指纹特征的代价很高，需要投入大量的时间与精力，因此不利于在井下大规模使用。

WiFi 定位技术成本较低，最高精确度在 1~20 米之间。但无线接入点通常都只能覆盖半径 90 米左右的区域，只适用于短距离定位场景；且 WiFi 信号易受到其他信号的干扰，影响 WiFi 定位精度。

7.3.1.3 基于便携式传感器的定位

便携式传感器主要包括加速度计、气压计、陀螺仪、磁力计等。近年来，基于便携式传感器的定位技术已广泛应用在飞行器、船舶导航，目前在室内定位中也得到了越来越多的关注和研究。基于航迹推算（Pedestrian Dead Reckoning，PDR）的定位是一种基于传感器数据融合的相对位置定位法，包括步态检测、步长估算和方向角估计，最后通过数据融合计算，获得行人的相对位置信息，实现定位。基于 PDR 的定位技术不受井下通信多径效应的影响，与传统井下定位方法相比，定位精度高，可靠性强。然而，PDR 定位方法只能获得目标的相对位置，且由于低成本惯性传感器自身存在漂移误差的问题，使得传感器长时间工作后会产生累积误差，严重降低了定位精度。

7.3.2 人员定位系统的构成

井下人员定位系统要借助于井下无线通信系统才能发挥作用，才可以把定位信息发送到地面控制中心。实际上，它属于井下无线通信系统的一个组成部分。井下人员定位系统一般由识别卡、位置监测分站、电源箱（可与分站一体化）、传输接口、主机（含显示器）、系统软件、服务器、打印机、大屏幕、不间断电源（UPS）、远程终端、网络接口、电缆和接线盒等组成，如图 7-6 所示。

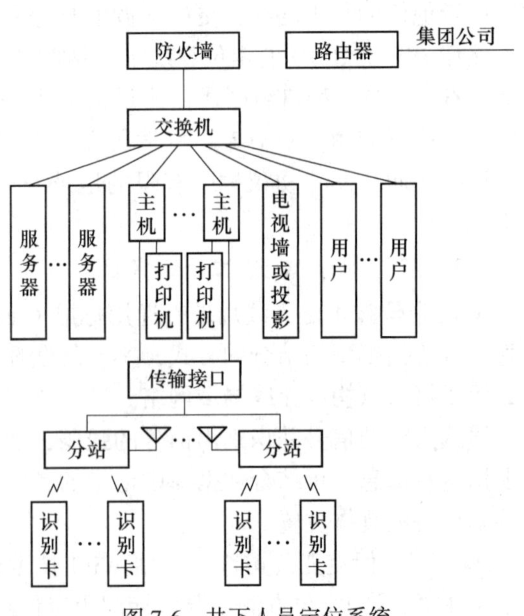

图 7-6 井下人员定位系统

识别卡由下井人员携带，保存有约定格式的电子数据，当进入位置监测分站的识别范围时，将用于人员识别的数据发送给分站。位置监测分站通过无线方式读取识别卡内用于人员识别的信息，并发送至地面传输接口。电源箱将交流电网电源转换为系统所需的本质安全型直流电源，并具有维持电网停电后正常供电不小于 2 小时的蓄电池。传输接口接收分站发送的信号，并送主机处理；接收主机信号，并送相应分站；控制分站的发送与接收，多路复用信号的调制与解调，并具有系统自检等功能。主机主要用来接收监测信号、报警判别、数据统计及处理、磁盘存储、显示、声光报警、人机对话、控制打印输出、与管理网络连接等。

井下人员定位系统在遏制超定员生产、事故紧急救援、领导下井带班管理、特种作业人员管理、井下作业人员考勤等方面发挥着重要作用。具体功能如下：

（1）遏制超定员生产。通过监控入井人数，进入采区、采矿工作面、掘进工作面等重点区域人数，遏制超定员生产。

（2）人员考勤功能。以井下人员的滞留时间、出井时间、入井时间、路径监测等为基础，进行作业人员考勤管理，及时掌握工作人员是否按规定出/入井，是否按规定到达指定作业地点等。

（3）搜救功能。及时准确地掌握事故发生时入井人员总数、分布区域、人员的基本情况等。若事故发生位置超出了基站监控范围，或是井下未设置安装基站，可通过手持移动式人工基站进行事故搜救。

（4）求救功能。一旦井下作业人员发生危险而需要获得及时的帮助，则可立即按下求救按键，并向井上发出求救请求。分站得到井下求救信号后，可优先将其输送给地面中心站。中心站主机接收到求救请求后，会弹出报警菜单，发出语音警报，同时搜索出井下作业人员的在职区队、职务、姓名和警报发出的位置等信息。

（5）寻呼功能。在分站获得地面中心站传输的求救信息后，可向子机发出呼叫信号，说明求救信息发送人员的请求和基本信息，并立即通过电话与地面之间获得联系。

（6）回放历史足迹。在输入井下作业人员的工作时间和姓名等信息后，能够详细显示其在井下的活动情况。

（7）定位移动设备。将井下作业人员跟踪定位接收、发射器安装在各个井下移动设备上，并实时收集和处理所有井下地点分站的数据，准确定位移动设备的移动轨迹和位置。

7.3.3　应用案例

山东黄金矿业（莱州）有限公司焦家金矿，自 2007 年以来开始智能化矿山的规划、建设，矿山的安全、高效、智能运行等优点逐渐显现。而 Z-NET 人员定位系统的应用，使该矿安全系数高、系统可靠、工作效率提高等效果显著。该系统是一套以工业以太网技术为基础，同时具有全本安、实时跟踪定位等多功能的矿用综合通信系统。系统集实时数据传输、无线手机通话、井下人员和设备跟踪定位考勤、视频监控等多种功能为一体，通过综合分站连接整个系统，大大减少了井下的重复布线，使安装和维护更方便。系统的主要构成包括：

（1）KJ399-F 矿用本安型读卡分站。该综合分站是一种多功能无线通信基站，可同时用于手机移动通信和识别人员佩戴的无线标识卡。基站具有网络交换机和通信分站的双重功能，无须基站控制器、井下交换机和中继器等设备。系统简洁便于安装，可靠性高、维护方便，更节省了资金。其具备大范围内、可靠、快速地识别多个标识卡功能，识别效率高、抗干扰性强、稳定可靠；有线传输距离 10km 以上，无线通信的传输距离高达 500m，传输范围大；基站无线通信方式提供了高度的便捷性，使设备可根据实际情况移动（若某一区域不需要再使用，如采掘面的采掘工作全部完成，可把该区域内的基站安装到其他需要的地方或者回收备用）；具有多种电源接入方式，并配有备用电源供应急之用，同时有 3 个以太网有线光信号接口可扩展等优点。

（2）标识卡。KJ399-K（A）矿用本安型标识卡是专为矿井设计的终端设备，可以实现多种功能和无线定位。矿工下井时只需随身佩戴，不需要人为的操作，基站会自动对标识卡进行识别，实现人员的跟踪定位。该标识卡抗干扰能力强、定位精度准确、接收灵敏度较高，在与基站的无线通信距离大于 200m 时仍能正常使用。通过标识卡上的报警按钮，携带标识卡的矿工可随时进行报警；可同时检测多个标示卡，并具有体积小、便于携带、稳定可靠等优点。

（3）人员定位系统软件。KJ399 矿用人员管理系统采用数据处理技术、无线射频技术、地理信息系统和数据通信技术，可提供大量的数据以及图形信息，地面人员即可实时监测井下的人员和设备以及当前位置、行走路径，随时统计井下人员数量和分布情况，并可按照本矿山的实际情况提供考勤功能，便于管理人员通过客户端进行更加合理的调度管理。一旦矿井发生事故，可以准确定位井下人员所在位置，根据人员分布情况提供最佳的逃生路线，并可快速检索井下人员最后时刻的位置，给被困人员提供路线，同时为救援人员提供相应信息，为营救争取宝贵时间，给成功施救提供重要的技术支持。

人员定位系统具有集中管理、全面监控、使用方便的特点，焦家金矿通过人员定位系统完成了全矿 2200 多下井职工的信息采集。通过对下井情况的监控，实现了人员的动态管理。该系统使用至今，运行稳定，安全可靠，在同类矿山具有广泛的推广意义。

7.4　智能化监测监控系统

智能化监测监控系统是一个综合利用计算机网络技术、数据库技术、通信技术、自动控制技术、新型传感技术等构成的计算机网络，主要用来完成作业环境在线监测与智能预警、微地震监测与智能预警、露天边坡稳定性监测与智能预警和尾矿库在线监测与智能预警等功能的系统。

7.4.1　作业环境在线监测与智能预警

采场、掘进工作面等的作业环境是保障作业人员、设备安全的关键因素，由于矿井巷道环境复杂、作业条件恶劣，需要时刻对矿山的作业环境进行在线监测。通过对在线监测所获取的大量现场实际数据进行分析，实现对其相对应隐患监测类型的预警。

智能矿山中的作业环境在线监测，是基于数字矿山建设基础，对监测系统在线采集的大量动态数据运用特定算法工具进行指标权重分析，综合考虑多种安全生产要素，对作业环境所存在的其他潜在隐患、危害或灾害做出预警，做到作业环境的在线智能预警。

作业环境在线监测与智能预警系统主要由数据采集、信息处理、指标体系、预测评价等子系统构成：

（1）数据采集子系统。数据采集子系统是安全预警的数据基础，由在线监测装置提供，能够实时采集、显示传感器数据及环境参数，通过各种图表如曲线图、状态图、柱状图、模拟图显示监测数据、报警点和数值。采集数据主要包括风速、温度、湿度，粉尘、一氧化碳、氮氧化物浓度，微地震监测、围岩应力应变监测等，这些数据指标均通过在线监测系统所设置的传感器进行采集并传输到计算机进行存储。

(2) 信息处理子系统。信息处理子系统负责对采集到的信息进行识别、分类、处理和存储，并进行加工转化为预警征兆信息。其主要流程为信息传输—信息处理—信息存储—信息判断。

(3) 预警指标子系统。预警指标子系统主要完成对指标的选取、指标体系的建立、预警准则和预警阈值的确定，从而使指标信息定量化、条理化和可操作化。通过对可能引起或导致某隐患灾害发生的指标进行选取归纳，建立相对应的指标体系，同时对各指标进行一系列算法分析，综合考虑多种预警指标间的相互关系，更加准确地实现对隐患发生类型及可能性的判断。

(4) 预测评价子系统。预测评价子系统主要是完成预警对象的确定，即根据预警指标权重综合判断所能发生的隐患及灾害类型，并根据危险级别状态进行预警。

7.4.2　微地震监测与智能预警

随着矿山开采深度不断增加，井下应力问题也越来越突出，由于深部开采破坏了原岩应力状态，容易诱发动力灾害，极大地威胁着井下人员和设备安全，因此，矿山进行各项地压灾害监测十分必要。作为目前矿山动力灾害监测与智能预警的有效手段，微地震监测技术在采矿行业的应用发展迅速。

微地震监测技术是通过在破裂区周围的空间内布置多组检波器，实时采集地下岩石破裂所产生的地震波，通过处理、解释以了解地下岩石破裂的位置、破裂程度、破裂的几何形态等的技术，在矿山中主要应用于监测开采过程中因为采动影响带来应力场变化而导致的开采区域内的三维空间破裂范围和破裂过程，以及岩体破裂产生的震动，从而实现应力问题的智能预警。

微地震监测技术在有岩爆或者冲击地压突出的矿山应用非常广泛。国外矿业发达国家，特别是首先进入深井开采国家，如南非、加拿大等国已经对微地震监测技术进行了全面深入的研究，其深井矿山几乎都已经装备了微地震监测系统，并研发了如南非 ISS、加拿大 ESG 等微地震实时监测产品。自 2000 年以后，国内一些大型矿山引进了国外的微地震监测产品，在国内相关的大学和科研机构的参与下取得了很多的研究成果，为微地震监测技术在国内的普及做出了重要的贡献，但是也面临着产品价格昂贵和售后技术服务短缺的问题。因此，国内一些研究机构和企业也纷纷加入到了微地震产品研发领域，研发出了微地震监测的软硬件产品，也在部分矿山进行了推广应用，取得了较好的技术应用效果。

微地震监测系统由硬件系统和软件系统两部分组成，硬件系统主要包括传感器、监测主机、监控主机、数据传输线路、时间同步装置等，软件系统主要包括监测软件、分析软件、定位软件、后处理软件等。

以山东黄金集团建设的微地震监测系统为例，作为安全监测、预警及诊断的重要工具，山东黄金开始在三山岛金矿建设了井下微地震监测系统，并逐步扩展到了其他矿山。

7.4.2.1　系统建设方案

山东黄金的微地震监测系统（BMS）采用“分布式与集中式相结合”的系统设计思想，既能够实现重点区域的高精度监测（小范围内的矿柱失稳、岩体断裂），又能够实现区域间的联合定位监测（矿震、岩爆和岩层移动等地质灾害）。系统采用光纤信号同步和光纤信号传输，实现井下的监测数据同步、及时的传输，大幅拓展了监测范围的尺度。

微地震监测系统分为地面部分和井下部分，地面部分由数据采集主机和数据存储及处理服务器组成；井下部分包括1个UTC控制器（可实现信号同步，分站集中电源控制、信号交换转发至地面等功能），3个BMS-SAT分站（实时采集震动信号、传输功能），若干震动传感器（探测震动信号）。信号传输采用光纤传输方式，速度快、失真率小，不受电场、磁场干扰，且传输距离长，保证了整个系统的稳定性。

BMS微地震监测系统结构如图7-7所示。

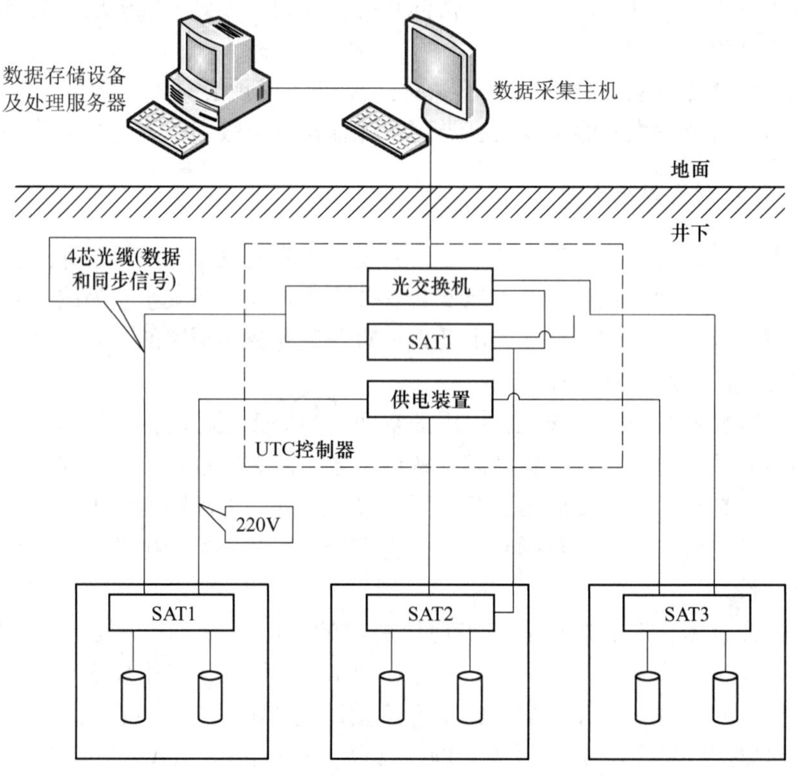

图7-7 BMS微地震监测系统结构图

7.4.2.2 系统实现功能

（1）爆破地震波传播规律研究。通过对爆破地震波的长期监测分析，得出爆破地震波的传播规律，从单通道波形图中振幅随时间衰减的规律，得出地震波振幅变化与距离的关系，以及相同地层中地震波传播得出的衰减规律，为震动的准确定位提供基础。

（2）微地震事件的波形信息及分类。微地震监测系统犹如人类的耳朵，能监测到爆破震动、岩体破裂震动、岩层移动的震动信息以及井下生产电信号等。如将井下生产电干扰信号剔除，岩体震动信息便可作为矿山生产安全的“天气预报”。

将微地震事件按照地震波频率、波形和持续时间进行分类，可以识别多种典型的微地震类别，包括巷道掘进爆破、天井掘进爆破、采场掘进爆破、采场压顶爆破、电脉冲干扰波形、采场内持续小能量破裂事件、采场内点柱型破裂事件等，并通过波形分析确定事件特征，实现井下岩体安全状态的分析与预警。在此基础上，能够反映出关键部分的地应力变化趋势，以便依据微地震信息，进行采场设计的优化。

（3）定位结果的图形化显示。微地震监测系统监测到岩层的瞬时破裂信息后，首先呈现的是岩体破裂的波形、到时、振幅等信息，对这些原始信息运算处理后得到的是一串数字（点坐标）。这些抽象的数字对于采矿技术人员来讲还不能快速应用，因此系统建立了基于 VisualStudio 和 CAD 的平台显示软件。软件显示出岩层破裂过程的动态平面图和剖面图，并将之与采掘工程图合成，同时与水文电子图合成，使岩层破裂动态、水文动态与采掘动态在一张图上合成并互动，真正做到实用化。

三山岛金矿新立分矿的矿区微地震事件的平面显示图如图 7-8 所示，某勘探线附近的微地震事件剖面图如图 7-9 所示。

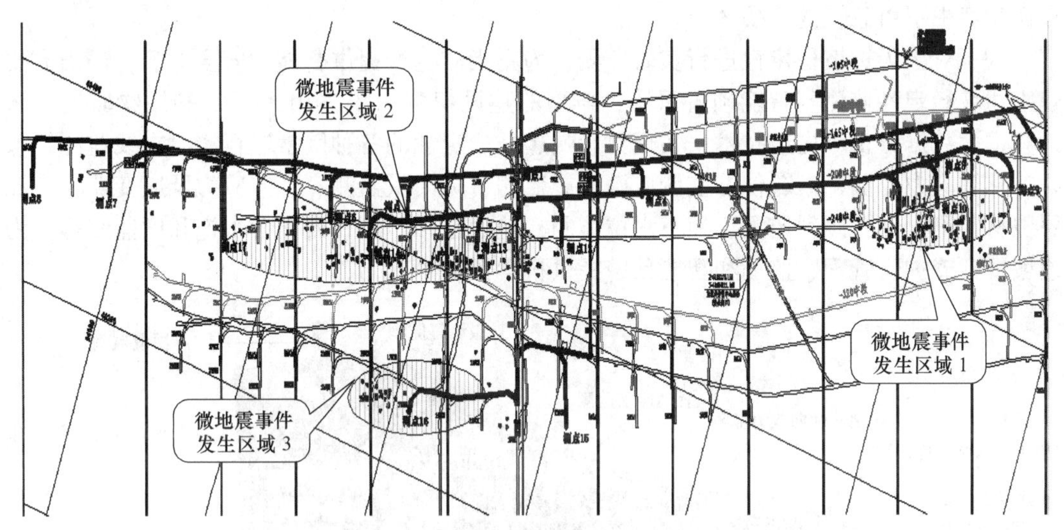

图 7-8　矿区微地震事件分布平面图

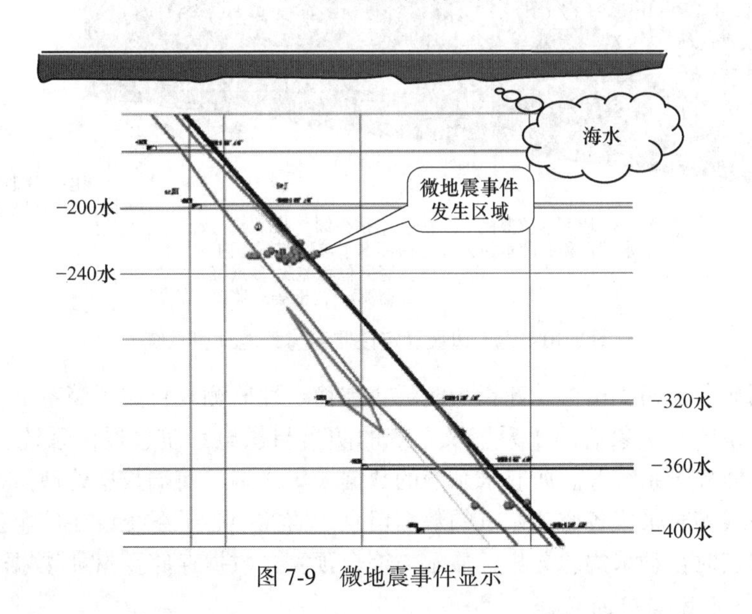

图 7-9　微地震事件显示

（4）深部动压的微地震监测。微地震监测系统的主要目的是监测上盘岩体的稳定性，预防因井下开采导致岩体持续性破裂而形成导水通道，引发海水溃入的危险。建成的微地震监测系统可以用于监测深部采场岩体的稳定性监测，研究深部不稳定采场开采扰动引起的地压活动的情况。矿区深部动压的微地震监测研究工作可为以后的岩爆预警提供一定的依据。

（5）基于微地震监测的安全预警。采用微地震监测技术监测矿区内岩体的破裂信息，能够对岩爆、冲击地压、导水裂隙带高度、边坡滑移等进行预警。

7.4.3 露天边坡稳定性监测与智能预警

露天矿边坡稳定性直接影响着矿山生产设备及生产人员的安全，并对矿山生产及运输通道、排水系统功能发挥、矿山排岩系统的安全运行影响重大。边坡技术工作已成为露天采矿生产中不可忽视的重要环节。

为了对露天边坡稳定性进行实时监测，为露天矿生产提供智能化安全保障，矿山需要建立边坡稳定性监测与智能预警系统，典型的建设架构如图 7-10 所示。利用物联网、云计算、大数据分析等先进技术，实现对影响边坡稳定性的各种因素进行实时在线监测，包含钻孔轴应力监测、裂缝伸缩监测、微地震监测、降雨量监测、全向应力及应变监测、深层位移监测、钻孔倾斜监测、地下水位监测、地表位移监测、岩土含水饱和度监测等，为边坡日常养护、管理、监测和智能预警提供科学依据。

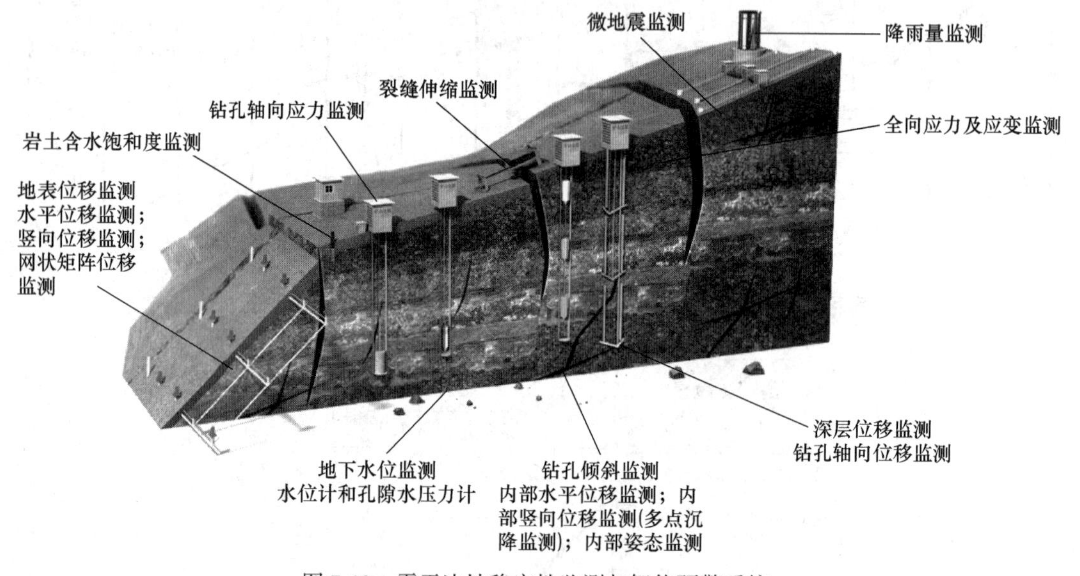

图 7-10 露天边坡稳定性监测与智能预警系统

太钢集团矿业公司尖山铁矿建设了露天边坡稳定性监测与智能预警系统，包括边坡表面位移监测子系统、气象监测子系统及系统的防雷与供电系统、通信系统、视频监控系统、红外入侵监控子系统等。所有子系统的数据采集终端即前端数据处理器布置在监测区域内，用于在线实时采集各监测站点的数据信息。监控中心子系统设在矿业公司的办公区内，用于数据实时自动采集、分析、显示、综合预警、数据存储及 Web 数据发布等。

7.4.3.1 系统实现的功能

（1）测量系统：包括 150 个监测点（精度要求为水平位移监测的点位中误差≤6mm，垂直位移监测的高程中误差≤3mm，测量周期 2～24 小时）、一套雨量监测系统、10 套太阳能无线视频监测以及 18 套光网络视频监测。

（2）综合分析预警系统：按实时变形与累计变形分别显示，将不同变形程度的区域按颜色或采取其他方式区分。系统实现了滑坡区域可视化（与采场现状图叠加），可随时报告变形值与变形速率；形成了固定格式报表并可绘制每个点位的历史曲线。

（3）预警报警功能：监控系统设有自动预、报警功能，当监测参数有向危险状态演变倾向时，系统将发出预警信息；当监测参数超过预设警戒值时，系统将发出报警信息，从而有效预防事故，把事故苗头消灭在萌芽状态。在预、报警发生时，系统将进行语音、文字、手机短信提示预、报警信息，这些信息可同步传输到现场值班室、总调度室、安环部等部门。

7.4.3.2 系统建设内容

（1）监测子系统：利用智能机器人进行边坡的自动化变形监测，采用一台智能全站仪与监测点目标（照准棱镜）及上位控制计算机形成变形监测系统，可实现全天候的无人值守监测，其实质为极坐标自动测量系统。系统无须人工干预，自动采集、传输和处理变形点的三维数据。利用因特网或其他局域网，还可以实现远程监控管理。结合现场实际情况，边坡面上共设置监测棱镜点位 150 个。

（2）高清视频监测：采集模式为高清数字摄像机-硬盘录像机-PC 客户端，实现对边坡面的实时视频监控，能对监控图像进行实时存储，具有回放、录像以及预置位功能。通过现场摄像头实时拍摄并传输至调度室显示屏上，直观显现边坡运行情况。在边坡面具有代表性的或重要区域共设置 28 个视频监测点，实时监测区域内的视频影像；针对其中 10 个为土场、采场道路关键节点等变化频繁、大型运矿车辆行走等不便于线路架设的视频监控区域，采取了风电互补的清洁能源供电技术与无线网桥传输技术，无限扩展了视频系统的范围。

（3）降雨量监测：由于边坡区域面积相对较小，该工程共布置一个降雨量监测点即可满足监测要求。通过对监测点的雨量阈值进行分析计算，确定滑坡的临界雨量范围，一旦降雨达到临界雨量，自动发布滑坡警报。

（4）红外入侵告警系统：在采场边坡平台入口位置建设 15 套红外入侵监测高分贝语音告警系统，当有人、车闯入未经许可入口时，可高音警报提示，同时邻近摄像头切换到预设位实时监控，并将报警信号回传至监控中心。

（5）专家软件系统：专家软件系统是整个系统的灵魂，不仅可对实时采集的数据直观查看和组织成各种生产报表，更可结合专家软件模型，综合处理各种数据，得到科学的分析结果，从而指导生产，保证边坡安全运行。企业可以将下属各个边坡信息进行统一管理发布，并可将实时数据按照县、市等相关平台接口定义发送。软件内置表面位移、内部位移、降雨量的三级预警值，允许用户根据实际情况对干滩、浸润线、库水位的三级预警值进行随时调整，一旦某一项发生预警，会立即在醒目位置进行提示，同时将预警数据传输至县、市管理平台并发出报警通知。同时，实时显示各种监测设备状态、测量数据以及相关信息，可以自定义采样间隔及记录频率，也可以根据雨量大小以及各种季节的气候条件自动调整设备的采样记录间隔，最大限度保障边坡系统安全。

7.4.3.3 系统技术性能与应用效果

巡测采样时间小于 10 分钟，单点采样时间小于 1 分钟，测量周期在 10 分钟~30 天之间；系统工作电压为 220(1±10%)V，系统故障率不大于 5%，防雷电感应不小于 1000V，接地电阻不大于10Ω。传感器具有温度补偿等功能，避免各种情况下影响精度的零点漂移，数据采集装置的测量范围满足被测对象有效工作范围的要求。通信方式为光纤通信或无线传输，数据采集设备具备室外防护等级，满足风沙、温度、日照、雷电等恶劣环境下工作参数要求。

尖山铁矿边坡在线监测预警系统采用智能机器人，可实现边坡稳定性监测预警的自动化、智能化，系统可全天候运行，监测成本低，监测精度、可靠性高，且管理维护简单，还可实现远程监控、短信报警等高级功能。高清视频监测作为智能机器人的补充，能实现对边坡面的全区域覆盖实时视频监控，避免了点监测存在的弊端。该系统在尖山铁矿的投入运行，提高了采场安全管控和预警水平，为尖山铁矿的正常生产提供了有力保障。

7.4.4 尾矿库在线监测与智能预警

尾矿库是矿山生产活动中的重要组成部分，是保证矿山生产连续稳定运行的重要设施。同时，尾矿库也是矿山危险场所，容易发生溃坝事故，造成尾矿泄漏，毁坏下游建筑物，人员伤亡的严重后果。因此，有必要运用现代化技术手段建立尾矿库在线监测系统，并通过现代智能协同能力实现监测数据的综合分析和监测方案的自适应调整，及时、准确、简便地实现尾矿库安全状态监测。利用智能化的数据挖掘和知识管理能力为尾矿库的安全预警提供依据，实现分布式管理和决策支持，提高尾矿库应急智能化水平。

尾矿库智能在线监测系统综合了传感器技术、遥感技术、计算机技术等多种科学手段，主要包括坝体安全、渗漏安全及调洪安全三部分：坝体安全主要指表面位移；渗漏安全包括浸润线、尾矿排放管线监测模块；调洪安全包括库水位与降水量、干滩标高监测模块。基于这些模块的监测数据，通过智能化分析技术，进行数据的处理、分析、预测、报警、发布等。

下面以凡口铅锌矿建设的尾矿库安全在线监测系统为例进行介绍。

7.4.4.1 系统架构

凡口尾矿库实时在线安全监测系统由3部分组成：数据采集子系统、数据传输子系统、数据分析及管理子系统（监控中心），其中数据采集子系统由安装在尾矿库坝体表面、内部以及其他区域的各项监测设备组成，用于在线获取实时监测点数据。采集的原始数据通过由光纤搭建而成的数据传输子系统进行传输，最终传到监控中心，经由软件进行自动计算、分析后，用于数据的显示，并基于Web网络发布技术，实现尾矿库在线监测数据与运行状态的远程发布，和尾矿库的全方位远程监管。

数据采集软件实现传感器数据的格式转换和数据库存储，依照各传感器的采集协议将数据以设定的采样周期采集到数据库中。网络发布平台软件将数据库中的监测数据进行远程发布，其他各部门可通过互联网进入监测系统，对尾矿库的运行状态进行实时查看、分析，经授权后，可以对监测系统进行管理。尾矿库在线安全监测系统架构如图7-11所示。

7.4.4.2 监测内容

根据凡口铅锌矿尾矿库现状，确定其主要监测内容为：坝体表面变形监测、坝体内部位移监测、浸润线监测、库水位监测、库区降水量监测、干滩监测。上述监测项目在网络层面上融合为一个有机整体，组成尾矿库实时在线安全监测系统。

（1）坝体表面位移监测：坝体表面位移是最易获取和最可靠的观测数据，一般也是

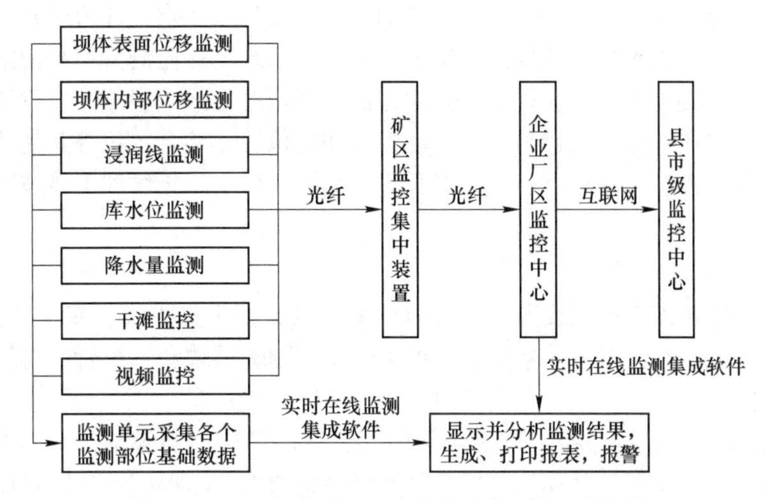

图 7-11　凡口铅锌矿尾矿库在线安全监测系统架构

尾矿库安全预警分析的最有效参数。凡口铅锌矿尾矿库在线监测系统采用多台高精度型GPS接收机及其配套设施（GPS天线、软件等)，来采集观测点坐标数据；通过多点GPS高精度解算技术，来计算GPS观测点的坐标，从而达到实时监测坝体表面位移（如位移方向、位移速率、累计位移等）的目的。

（2）坝体内部位移监测：坝体内部位移监测包括内部水平位移监测和内部竖向位移监测，前者的监测手段有测斜仪，后者的监测手段有沉降仪和位移计。凡口铅锌矿尾矿库在线监测系统通过在尾矿库坝体不同位置的不同深度埋设GN-1B型固定式测斜及其配套设施来实时获取坝体内部的位移数据。根据尾矿库实际条件，共布置27个监测点。采用该方式对尾矿库坝体内部位移监测的精度可以达到±2. 0mm。

（3）浸润线监测：浸润线是影响坝体稳定的最重要参数，也是尾矿库安全日常管理工作中严格控制的重要指标。坝体浸润线埋深一旦过低，会降低坝体材料中的有效应力和抗剪切能力，严重影响坝体的稳定性。系统采用以振弦式渗压计为传感器的测压管测量方法来监测坝体浸润线，通过在坝体不同位置埋设渗压计及其配套设施监测浸润线的高度及其变化情况，从而切实了解和保护尾矿库的“生命线”。在坝体上设置3个浸润线监测横剖面，形成3条实测浸润线曲线，3条曲线分别布置3、4、5个监测点，每条横断面上各测点水平布置间距20~40m，共计12个浸润线点。

（4）库水位监测：采用分体式超声波液位计测量技术，实时监测库区水位变化情况（如当前时刻的水位、当天最高水位、最低水位、日水位升降、平均水位等）。库水位处于时刻变化的状态，难以对其设定一个固定的预警值。根据凡口尾矿库实际情况，可对库水位设定一个警戒值，水面标高在警戒值以下为安全水位，超过警戒水位一定高度时，系统将发布预警信息。

（5）库区降水量监测：根据实时降雨量数据，结合现有排水构筑物的排洪能力，进行调洪验算，能有效评价当前降雨量下的尾矿库防洪能力，为尾矿库在线监测与预警的重要参数。系统采用翻斗式雨量计来实现对库区降水量的长期监测，掌握降水量阈值，实现雨量数据的计算及查询功能，并通过监测软件实现对库区降水量的监测、分析与预警。

（6）干滩监测：尾矿库干滩长度是控制坝体防洪安全的重要指标。根据实时的干滩长度数据，动态评价干滩长度是否满足规范的最小干滩长度要求，评价现有的干滩坡度是否满足设计要求，对库水位警戒值的确定提供支持。系统干滩监测采用高清定焦枪机作为视频采集终端，捕捉干滩图像；采用近景立体摄影测量的方式，根据图像特征提取和影像匹配的结果，在立体影像上进行目标点自动量测和定位等；结合水位等其他基础数据计算干滩长度、滩顶高程、干滩坡度、测点高程等数据，并以干滩长度和干滩坡度为参数进行预警分级。

7.4.4.3　系统软件设计与功能

凡口铅锌矿尾矿库安全在线监测系统软件由监测数据采集模块、库区影像监测模块、数据分析模块、数据查询模块、数据输出模块、安全预警模块和系统管理模块等组成，具有以下 4 个功能：

（1）对监测点各个传感器可自定采集时间，智能性强，能够对原始数据进行分析，剔除无效数据，对有效数据计算，并以数字或以历史曲线、图形的形式实时显示、记录与打印。

（2）能对系统中的每一用户进行口令和操作权限的管理，能对不同的用户分配不同的系统访问、操作权限级别。用户登录后的操作将写入系统日志，保障运行系统的安全性。

（3）数据可以各种图形显示，包括浸润线、库水位、坝体内部变形、降雨量等的时间历程曲线图、X/Y 坐标图、模拟图、直方图等形式，同时可存储与处理视频图像。

（4）具有数据越限报警设置显示功能，现场即时上传报警信息时，主机会出现明显的报警画面和报警信息，同时还可提供各种声光报警等多媒体提示或手机短信报警。

凡口铅锌矿尾矿库实时在线监测系统具备市、县、矿 3 级信息共享，具有各项监测参数的分析、预警功能，可以有效实现对尾矿库的监测，为实时掌握尾矿库的安全状态提供了数据支持，对企业安全生产具有重要意义，同时也为预防尾矿库灾害提供了技术手段。

7.5　集成化安全生产管理

现代矿山安全生产管理手段在减少矿山事故发生率方面的效果越来越受到普遍认可，因为管理、自动控制和技术装备方面的手段和方法的采用，使其成为一项交叉性研究课题。从现代矿山管理问题分析入手，借鉴相关领域研究成果，从体系完整性角度，将管理和技术作为安全生产智能化管理体系的核心部件，为充分保证部件的可靠性，进行了大量理论技术研究，形成与安全管理深度融合的技术方案。体系的核心部件框架如图 7-12 所示。

7.5.1　现场安全的 PDCA 闭环管理

PDCA 循环是美国质量管理专家戴明博士首先提出的用于指导企业质量管理的科学程序，是四个英语单词 Plan（计划）、Do（执行）、Check（检查）、Adjust（调整）的首字母组合。目前，PDCA 闭环管理模式已被普遍认为是安全管理的一种有效手段。而现场安全是矿山安全管理中的日常性工作，基于现代化 PDCA 安全管理理念的现场安全管理模式，改变了传统的管理体制，通过建立阶段目标并完成，检验效果并找出问题，再制定下

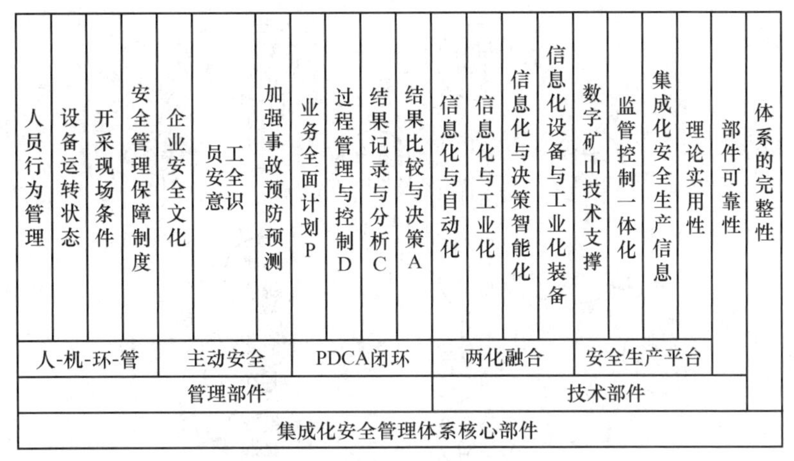

图 7-12 安全生产智能化管理体系核心部件

一阶段目标。据此将安全业务管理划分为四个不同的功能层次，分别为：业务计划（P）、过程管理与控制（D）、结果分析（C）、决策与执行（A），形成闭环管理模式，推进安全管理趋于标准化，如图 7-13 所示。

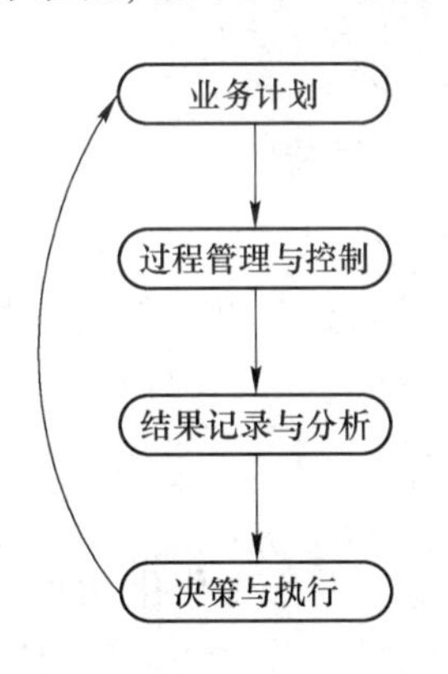

制定安全计划，包括培训计划、安全检查计划、劳保用品发放计划等，预测执行效果

分派任务，执行既定计划，过程跟踪管理，记录参与人员、执行情况

积累大量安全生产过程和结果记录，以数理统计方式分析计划实施效果，感知安全管理中的不足

针对安全管理不足，提出改善方案，指导下次计划制定；形成闭环管理，逐步提升安全管理水平，将矿山安全管理标准化

图 7-13 PDCA 闭环管理模型

现场安全的 PDCA 闭环管理模式的核心要义，就是将安全生产中的人、机、环等各要素按照“人机互补、人机制约、互相控制、互相促进”的原则进行全方位的系统整合，构建出一个“目标同向、管理同步、密不可分、闭合循环”的管理模式，做到隐患信息及时传递，权责明确，提高员工约束力和管理执行力。这种具有自动化办公性质的闭环式管理方式更加灵活、功能更加完善，将成为未来矿山向“精细化、信息化”管理发展的主流。

遵循闭环安全管理的原则，现场安全的 PDCA 闭环管理流程如图 7-14 所示。

由图 7-14 可见，此管理流程包含着“五环二中心”，即以安全生产目标为标准中心，以隐患排查为操作中心，在实际的管理实践过程中分别就安全生产管理中的 PDCA 四个主题，根据自身的构成内容分别形成循环反馈，最终这五个环节又彼此衔接，共同构成在功能上相互独立、流程上相互衔接、信息上互为反馈的 PDCA 闭环安全管理整体流程。

在该流程中，员工不是处于简单的被管理和被监控的位置，而是被充分调动积极性，参与到安全管理中去，强调员工安全素质的提高和进步、员工个人及组织的共同发展；不

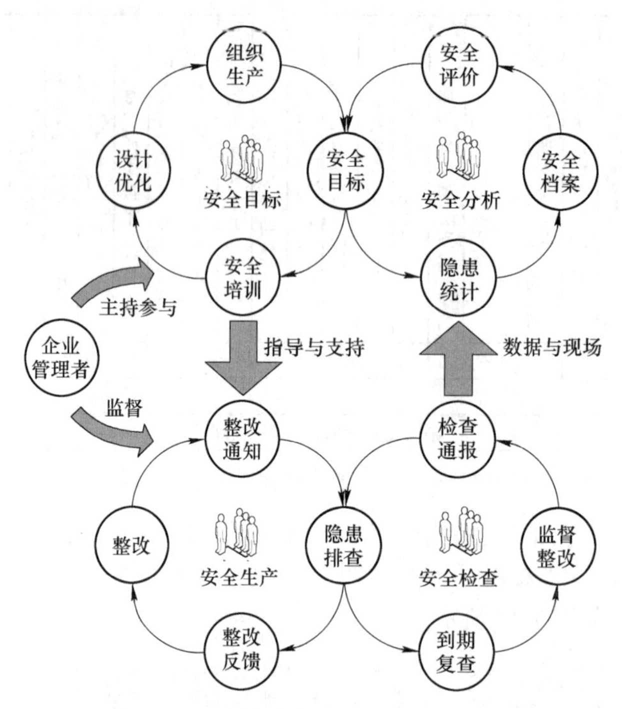

图 7-14　现场安全的 PDCA 闭环管理流程

是对历史的考核和算账，而是通过运行安全管理，让企业和员工在发展过程中，明确目标，及时发现问题，分析原因、解决问题、不断前进，保障员工的安全和健康，使矿山企业持续稳定发展。

7.5.2　安全隐患的排查与智能辨识

安全隐患排查是现场安全 PDCA 闭环管理的工作重点。基于现代化 PDCA 安全管理理念建立安全隐患排查与智能辨识体系，其着重强调安全信息的及时性、全面性、准确性和处理环节的反馈性，旨在实现一种高效准确、客观公开的检查模式，形成闭环管理，从而有效排查并及时处理安全隐患。通过隐患排查及智能辨识体系的构建，可形成较完善的矿山隐患信息管理库和隐患处置库，辅助领导决策并保障矿山安全生产，实现对矿山隐患信息的智能控制与分析处理。其主要的内容以及核心功能如下：

（1）安全隐患排查治理体系设计。全面整合分析矿山安全管理业务相关方面，结合相关部门的业务规范和业务边界，指定矿山安全隐患排查治理体系，包括矿山安全管理的分布层级与涉众性设计、面向 PDCA 的闭环安全隐患排查流程设计、安全隐患排查治理业务流程与数据流程的标准化建模等体系设计。

（2）安全隐患标准库管理。建立安全生产法律法规数据库，维护、管理矿山安全生产的相关法律法规、操作规程、岗位规范，供员工随时查阅、搜索；同时，在此基础上形成法律法规知识服务中心，为安全检查与安全隐患等日常的安全生产管理提供基础的信息支持。

（3）安全操作知识库管理：

1）开发安全知识在线考试系统，建立安全知识数据库并随机形成安全考核试卷，一方面代替常规性的安全培训，另一方面可实现员工的日常在线安全答题，并对答题情况进行统计，与安全奖挂钩，提升员工安全学习的主动性。

2）开发事故案例库及案例分析系统，用于采集企业内外的典型事故案例，尤其是集团内或行业内的事故案例。所有的案例在整理汇编后，可制作相应的现场再现模拟动画，在不同的宣传区域进行播放，供广大员工学习并从中吸取教训，加强紧急情况下的处理能力，达到在日常的宣传工作中提高安全意识、增长安全知识的目的。

3）建立避灾模拟知识视频库，展示处理安全隐患的流程与关键步骤，并提供紧急情况下的处理方案，动画展示面对紧急情况、出现安全事故时，如何避险避灾，加强紧急情况下的应急处理能力。

（4）面向 PDCA 的安全隐患信息闭环管理。将各级安全检查人员的现场检查结果录入到系统中，并从隐患信息的查出—汇总—发布—接受—整改—反馈—复查—汇总这一闭环流程，逐条跟踪所有隐患的处理过程，并以此为基础，结合所建立的安全生产操作规程知识库、安全隐患治理辅助专家库、安全考核制度数据库，辅助完成对直接操作人、相关责任人、分主管人员的配套考核和分类统计，最终不但实现整改及时、奖罚有据、责任明确、考核得当，同时使得所有员工清晰明确安全隐患的闭环管理过程，对于加强员工的安全意识和安全隐患的事先预防，也起到有效的促进作用。

（5）面向文本挖掘的安全隐患归类与分级。着力于解决在安全隐患排查过程中出现的非规范现场描述文本的自动识别与归类问题，采用文本挖掘技术，将现场安全信息在标准库中自动匹配。在文本内容智能分析的基础上，对安全的隐患加以归类和分级，并智能寻找相应的解决与治理方案。

（6）安全统计分析与安全档案体系。基于现场安全管理所采集的大量安全生产信息进行统计分析，并通过数据分析结果，对人的安全行为、环境的安全状态、设备的安全运行、管理人员的安全职责等，进行全面的总结、分析与评价，一方面为安全考核提供数据基础，另一方面辅助生产组织人员在生产过程中有侧重地加强安全管理。

7.5.3 应用案例

新城金矿作为国家重点黄金矿山企业，无论是物资装备水平、科研技术力量，还是员工职业技能，都处于国内领先水平。新城金矿在加大产量的同时，始终把安全摆在首位。而安全生产是一项不断变化、完善的课题，需根据矿山现场环境、设备、人员等特点而定，不同的阶段提出不同的要求和内容，抓住每个阶段主要矛盾，分析原因，进而解决问题。随着矿山开采深度逐渐延至 1000m 以下，旧采区矿石的残采回收，势必面临着更加巨大的安全生产挑战。

鉴于此，新城金矿充分利用现代安全管理理念，从人-机-环-管四方面综合分析矿山安全生产管理的相关要素，结合 PDCA 闭环管理模型，借鉴智能化矿山安全管理建设经验，从安全生产知识、多元化安全培训、完善的安全物资保障、集成化的现场安全生产及科学有效的安全信息统计分析五个方面，全面规划了矿山安全生产的智能化管理体系。其具体架构如图 7-15 所示。

（1）安全生产知识体系。借助科学的管理理念建立完善的安全知识库，汇总发布国家政策法规、会议精神、领导讲话、员工风采等内容，扩大群众认知范围，与职工互动交

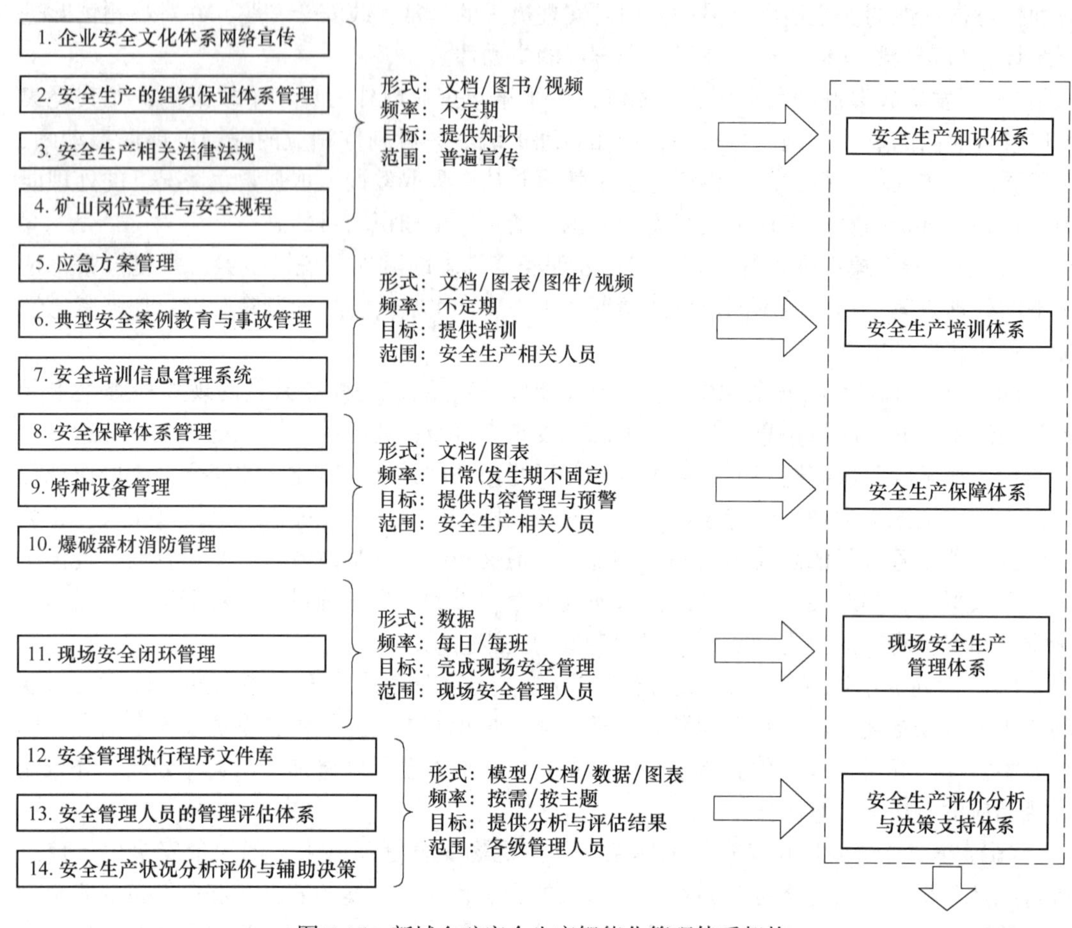

图 7-15 新城金矿安全生产智能化管理体系架构

流，培养员工安全意识，提升员工安全操作能力，实现由服从管理的“要我安全”向自主管理的“我要安全”的安全文化上的根本转变。

（2）安全生产培训体系。采取 PDCA 管理模式重新规划的安全生产培训管理，制定有针对群体的主题培训计划，采用多元化方式培训，实现题库管理、学习档案、培训计划、考核发证等安全培训资料的科学化管理。

（3）安全生产保障体系。针对安全管理中的基础保障环节，以及安全生产中的高危险性、高敏感性、高关注度的现场工作环境、设备与器材，建立完善的物资跟踪管理体系，实时准确把握员工的安全生产素质和矿山安全保障体系的当前状况，为矿山实现本质安全提供信息支持。针对员工未严格遵守操作规范、忽视劳保用品的穿戴而发生的工伤、职业病等建立相应处理办法，及时确保每一位职工得到全面治疗，保障每一位员工健康参与生产。

（4）现场安全生产管理体系。着重强调安全信息的及时性、全面性、准确性和处理环节的反馈性，最终形成现场安全生产的闭环管理；兼顾检查对象的状态变化和检查活动的推进过程两方面的信息，确保信息的完整性和独立性；实时展现各环节员工工作状态，明确责任，避免产生互相推诿的现象。优先关注尚未闭合的检查链条，已经闭合的作为历史信息存储，供统计分析使用。将安全检查闭环管理模式与现代化管理手段相结合，最终实现安全高效、客观公开、准确无误的黄金矿山现场安全闭环管理体系。

（5）安全生产评价分析与决策支持体系。对现场安全管理所采集的安全生产信息进行统计分析，并通过建立数学模型描述在不同生产条件、作业环境、生产任务压力等外部条件下所发生的安全问题，实现安全隐患的聚类分析和全方位分析预测灾害，以及在灾害发生时为井下员工提供逃生方法，为管理层提供紧急救援方案，为实现安全生产由事后分析到事前控制提供依据。

该体系涵盖了矿山现有的安全管理业务，实现了新城金矿安全管理从事后分析型到事前预防型的转变。

以安全生产智能化管理体系和技术为指导，应用安全管理理论、技术、模型、方法，以及多元异构数据融合技术、数据仓库技术、数据挖掘技术、三维可视化技术、有线无线混合组网技术等主要信息技术，新城金矿开发完成了集成化安全管理信息系统，形成集图形、监控、报表、预警为一体的集成化安全生产管理系统平台。将分散的、不同介质的、多元异构的信息有机集成，保证分布于不同中段、分段、采场、掘进工作面的人员、设备信息，以及各种监测监控信息的及时采集传输，系统化、多维度地反映矿山的安全现状，形成清晰、直观的安全生产信息来辅助决策。

系统自应用以来，大大减少了事故隐患数量，提高了安全隐患的处置效率，加强了员工的安全生产意识，保证了开采过程中人员、设备和环境等要素的安全。此外，结合创新的管理模式和安全管理思路完成的矿山安全生产智能化管理模式，具有良好的可移植性，可为其他矿山的安全生产智能化管理提供借鉴。

7.6 安全保障新技术

近年来，在矿山企业的安全保障方面涌现了许多新技术，其中虚拟现实（Virtual Reality，VR）以及增强现实（Augmented Reality，AR）是当下最热门的技术手段。国家主席习近平同志曾经指出："以互联网为核心的新一轮科技和产业革命蓄势待发，人工智能、虚拟现实等新技术日新月异，虚拟经济与实体经济的结合，将给人们的生产方式和生活方式带来革命性的变化"。它们在矿山企业中的应用也会越发的广泛。

7.6.1 虚拟现实与增强现实技术

VR 又称灵境技术、虚拟仿真技术，是由计算机生成的人机交互的三维空间的虚拟世界。它综合了计算机图形学、仿真技术、传感技术、多媒体技术、人工智能等多种现代科技，采用计算机技术生成逼真的视觉、听觉、触觉一体化的特定范围的虚拟环境。用户可以借助头盔、数据套等特定的设备，通过语言、动作等自然的方式与虚拟环境进行实时交互，从而产生身临其境的感受。

AR 是在虚拟现实的基础上发展起来的新技术，可通过计算机系统提供的信息增加用户对现实世界感知，并将计算机生成的虚拟物体、场景或系统提示叠加在真实场景中，从而实现对现实的"增强"。

7.6.1.1 VR 与 AR 技术特征

1993 年，Burdea G 在 Electro93 国际会议上发表的《Virtual Reality and Application》文

章中，提出了虚拟现实的三个特征，即沉浸感（Immersion）、交互性（Interactivity）和构想性（Imagination）。这一观点被大多数学者所认可，称为虚拟现实技术的“3I”特性。

（1）沉浸感，是指用户可以沉浸于计算机生成的虚拟环境中，以及用户可以投入到计算机生成的虚拟场景中的能力。用户在虚拟场景中有“身临其境”之感，所看到的、听到的、嗅到的、触摸到的，完全与真实环境中感受的一样。它也是虚拟现实技术的核心。

（2）交互性，是指用户与虚拟场景中的各种对象相互作用的能力。是人机和谐的关键性因素。用户进入虚拟环境后，通过多种传感器与多维化信息的环境发生交互作用，可以进行必要的操作，虚拟环境做出的反应也与真实环境中的一样。

（3）构想性，是指用户沉浸在“真实的”虚拟环境中，与虚拟环境进行各种交互作用，从定性和定量综合集成的环境中得到感性和理性的认识，从而可以深化概念、萌发新意，产生认识上的飞跃。

近年来，随着大数据和互联网等研究和应用的兴起，利用对图像、视频、行业大数据的分析和学习以高效建模成为热点，提升虚拟环境的自适应性日益受到关注，智能化（intelligence）成为新时期 VR 研究与应用的重要特征。

增强现实技术可以将真实世界和虚拟世界的信息集成，可以对现实事物的迅速识别后在设备中合成，将混合信息准确传达给用户，实现实时交互，还可以在三维尺度空间中增添定位虚拟物体，这是增强现实技术的三个特点。

7.6.1.2 发展历程

早在 20 世纪 50 年代中期，计算机刚刚问世，电子技术还在以真空管为基础的时候，美国的莫顿·海利希就成功利用电影技术，通过“拱阔体验”让观众经历了一次美国曼哈顿的想象之旅。但是由于各方面条件制约，如缺乏相应的技术支持、没有合适的传播媒体、硬件处理设备缺乏等原因，虚拟现实技术并没有得到很大的发展。直到 20 世纪 80 年代末，随着计算机技术的高速发展及互联网技术的普及，美国国家航天局（NASA）及美国国防部组织了一系列有关虚拟现实技术的研究，并取得令人瞩目的研究成果，从而使虚拟现实技术引发了广泛的关注。进入 90 年代后，计算机硬件技术与计算机软件系统的迅速发展，人机交互系统的设计和输入/输出设备的不断创新，为虚拟现实技术的发展打下了良好的基础。

7.6.1.3 研究现状

美国是当今全球研究虚拟现实技术最早、研究范围最广的国家，其水平基本代表了国际发展的水平，美国国家航天局、SRI（Stanford Research Institute）研究中心，以及北卡罗来纳大学、麻省理工学院、乔治梅森大学等都在相关领域取得了重要进展。在欧洲，英国在虚拟现实技术的某些方面处于领先地位。在亚洲，日本、韩国和新加坡等国家也积极开展虚拟现实技术的研究，其中日本是处于世界领先位置的国家之一。

我国虚拟现实技术相对于其他国家来说起步较晚，军方对这方面的关注较早，国内一些重点院校和科研院所也积极投入到虚拟现实领域的研究工作。北京航空航天大学虚拟现实与可视化新技术教育部重点实验室在国家 863 计划的支持下，与国防科技大学、浙江大学、装甲兵工程学院、中国科学院软件研究所等单位一起建立了一个用于 VR 技术研究和应用的分布式虚拟世界基础信息平台 DVENET。北京科技大学 VR 实验室成功开发出了纯交互式汽车模拟驾驶培训系统。此外，西安交通大学、清华大学、武汉大学、天津大学等高校也对 VR 方面开展了相应的研究。

7.6.1.4 应用案例

虚拟现实技术在许多工程领域已得到广泛应用，在矿山工程方面的应用虽然相对较晚，但也取得了很多成果。目前，其在矿业的应用主要体现在模拟地质构造、矿井开采模拟和设计优化、爆破工艺、培训教学、事故调查研究等方面。

具体来说，VR 技术应用主要体现在系统展示、远程可视化监控、设计优化、技术培训、实验教学、事故模拟与分析等。AR 技术在矿山应用的领域包括远程技术指导、技术培训与安全培训、设备巡检与安全检查，以及井下环境增强、设备导航和业务管理等方面。

7.6.2 交互式安全培训

7.6.2.1 交互及其发展

交互性的产生，主要借助于 VR 系统中的硬件设备，除鼠标、键盘及操纵杆等通道之外，采用视觉、语音、姿势、表情等多通道的交互方式，实现高效的人机交互，使得人机交互更加适人化，是未来人机交互的发展趋势。目前在研究改进的有智能语音交互技术、体感交互技术、脑机接口技术和眼动跟踪技术。

其中，脑机接口技术的主要研究途径是通过在人脑（或动物脑）与外部设备间建立直接连接通道，使人直接通过脑来表达想法或操纵设备。关于这方面的研究绝大多数仍然处于实验研究阶段。眼动跟踪技术主要用于测量用户注视点或视线方向，可以作为一种替代鼠标和键盘的新型交互方式，例如 Dasher 眼控打字系统等。

7.6.2.2 矿山安全培训

在矿山中，有大量的工人需要技能培训和安全培训，一般的讲座培训耗费了教导人员大量的时间精力，但效果有限、培训费用高，且无法做到即学即用。现场培训的危险系数高，并且不能取得满意的培训效果。基于 VR 的方法，对矿山人员进行模拟培训具有逼真、有效、经济、快速的特点和重要的实用价值。其方式主要包括熟悉系统布置、设备操作训练、安全技能培训、灾害模拟、自助逃生模拟等，可实现人与人和人与机器之间的交互，大大提高了学习的便利性。

矿山安全培训系统最重要的就是建立一个虚拟的矿山环境，其中最关键的就是在视觉上的逼真。这就要求在建立矿山虚拟环境时，不仅要考虑仿真对象的外形，而且还要注意形态、光照和质感等方面的要求。

安全培训一般是通过巷道的实时漫游来实现的，通过虚拟矿工漫游，逼真再现工业广场、井筒、车场、大巷、联络巷、风巷、工作面等实景，可以看到各个设备的运转情况，并且对各个部位按照规程进行提示，从而使学习人员对矿井有一个感性的认识，掌握相关的安全知识，达到良好的培训效果。

在巷道漫游时，通常也会伴随有安全问答模块，结合实际案例对人员进行提问，之后将结果记录在数据库中。目前国内已经有了基于虚拟现实技术的安全教育培训机构，通过构建事故灾害的情景和现场环境，用人机交互方式来训练、培训应急救援人员或工人的应急救援能力。某安全培训公司的煤矿生产系统 VR 漫游体验场景如图 7-16 所示。

图 7-16 生产系统 VR 漫游体验场景

7.6.3 多场景紧急救援预案

事故频发使得应急救援面临更大的挑战，矿山事故具有突发性、多发性、连锁性、扩展性、复杂性和不可预见性的特点。大量事实证明，针对各类事故进行应急救援预案演练，可以在事故发生时提高各级应急救援人员的救援熟练度和应急反应力，强化各部门之间的配合，有效减少事故造成的人员伤亡和财产损失。

一般的应急演练通常需要各个部门的停工配合，花费大、效率低且重复率大，很难在灾害来临时起到理想的作用。VR 和 AR 的应用克服了这样的缺点，计算机可以对真实灾害环境下的抢险救援组织指挥、事故现场处置措施进行模拟，具有训练成本低、效率高、安全性好、不受时空环境限制等优点。

7.6.3.1 VR/AR 在应急演练中的作用

利用虚拟现实技术进行应急演练，可以通过数据库中的典型安全事故案例，情景再现每个危险征兆出现的重要节点，动态展示事故发展过程，并且分析事故原因，给出正确的处理方法。还可以具体到对坍塌、火灾、顶板脱落等井下事故场景进行模拟，通过人机交互方式考验受培训人员的应对方法。增强现实技术在应急救援中有着巨大的作用。

在事故发生时，AR 技术可将现场情况远程传输到应急指挥中心，以 3D 成像技术还原现场，救援专家可根据立体场景，布置现场工作，并对现场传回的图像进行跟踪，实时下达救援命令。为救援队伍配备增强现实技术眼镜和头盔，可将现场的精确信息传输给救援队员，方便队员选择最佳的方案。AR 可以辅助实现科技安全救援，通过救援现场中队员佩戴的手套头盔等设备，指挥中心可以更快地得到压力、温度等数据，队员之间的联系也可以更加紧密。此外，AR 也可以用于应急演练当中，将虚拟世界信息与真实世界信息重叠，增加更多的实景演练，从而使应急救援人员具备更多救援经验，增强临场应变能力，提升救援演练效果。

7.6.3.2 应用案例

在 AR 硬件领域，国外有微软、谷歌这样的企业，国内也有联想、百度这样的先行者。以微软推出的 HoloLens 产品为例，最初目标用户定位是企业和学术人员：医学院可以利用这个 AR 头盔查看尸体全息图，建筑公司可以在 3D 效果图中直接调整建筑设计。

以色列军方购买了 HoloLens 头显设备，计划利用 HoloLens 技术优化战场策略并用于现场作战人员培训。研发人员还在想办法将它用到战地医疗领域，现场医护人员佩戴 HoloLens 头显，可以在专业外科医生的同步指导下对伤患人员进行治疗。同理，作战士兵也可以利用该设备在远程指导下即时修复设备故障。

在煤矿应急救援领域，国内很多厂商都在做“煤矿应急救援仿真演练系统”。系统设计的主要功能，包括煤矿爆炸、火灾等主要灾害的救援过程的三维虚拟现实演示，供救护队员及相关人员学习培训使用。由训练人员进行自主操作练习，进行煤矿爆炸、煤矿火灾的应急救援演练，包括灾区侦察、抢救遇险遇难人员、灾区恢复等应急救援工作的练习。应急救援队伍对救护人员进行考核考试，操作方式是被考核人员进入考试模式，自主进行操作，系统记录被考核人员的操作情况；操作完成后，由演练系统根据被考核人员的实际操作情况，进行自动评分。

参 考 文 献

[1] AR 用于应急救援 Rotem Bashi [EB/OL]. https：//v. qq. com/x/page/q03902231lm. html.
[2] 安裕强，王庭有，杨斌. 基于射频识别和 PLC 的地下金属矿山有轨机车监控系统 [J]. 有色金属(矿山部分)，2011，63 (05)：67-70.
[3] 董强. 中小型非煤矿山安全避险系统研究及工程应用 [D]. 武汉工程大学，2015.
[4] 杜云龙，张元生，汪姣妍，等. 基于虚拟现实的井下安全培训系统研究 [J]. 有色金属 (矿山部分)，2018，70 (02)：69-72.
[5] 高蕊，蒋仲安，董枫，等. 矿井灾害可视化应急救援系统的研究与应用 [J]. 煤炭工程，2007 (04)：108-110.
[6] 汝彦冬，刘鑫，孙振翔，等. 基于 ZigBee 技术的煤矿井下人员定位系统设计 [J]. 哈尔滨商业大学学报 (自然科学版)，2017，33 (04)：469-472.
[7] 宋奇文，张令刚，张崇欣. 基于 RFID/Wi-Fi 技术的矿井机车监控与管理系统 [J]. 煤矿现代化，2010 (04)：58-59.
[8] 陶华任. 凡口铅锌矿尾矿库安全在线监测系统建设 [J]. 南方金属，2017 (06)：17-22.
[9] 王丽. 人员定位系统在焦家金矿的应用 [J]. 南方农机，2017，48 (14)：173.
[10] 王征. 井下安全避险六大系统 [J]. 科技与企业，2015 (17)：61.
[11] 杨忠林，薄建芬，黄永强. 露天矿山高陡边坡智能在线监测及预警系统研究 [J]. 矿业工程，2016，14 (02)：54-56.
[12] 张亮. 基于 WIFI 的煤矿井下人员定位系统的研究 [D]. 安徽理工大学，2016.
[13] 张新宇. 煤矿灾害救援虚拟演练系统研究 [J]. 山西煤炭，2017，37 (03)：67-70.
[14] 赵博雄，王忠仁，刘瑞，等. 国内外微地震监测技术综述 [J]. 地球物理学进展，2014，29 (04)：1882-1888.
[15] 赵家浩，刘凯，马名开，等. 增强现实 AR 技术在应急救援中应用的探讨 [J]. 中国水运，2018 (02)：28-30.
[16] 赵沁平，周彬，李甲，等. 虚拟现实技术研究进展 [J]. 科技导报，2016，34 (14)：71-75.
[17] 赵沁平. 虚拟现实综述 [J]. 中国科学 (F 辑：信息科学)，2009，39 (01)：2-46.
[18] 中安华邦产品展示 [EB/OL] [EB/OL]. http：//www. chipont. com. cn/product/showproduct. php? id=45.
[19] 朱瑞军，李少辉，王磊. VR 和 AR 及 MR 技术在矿山工程中的应用研究 [J]. 中国矿山工程，2018，47 (05)：4-7.

[20] Bahl P, Padmanabhan V N. RADAR: An in-building RF-based user location and tracking system [C] //IEEE infocom. INSTITUTE OF ELECTRICAL ENGINEERS INC (IEEE), 2000, 2 (2000): 775-784.

[21] Benjamin Woo World wide Big Data Technology and Services 2012-2015 Forecast. 2012. 5.

[22] Dang C, Sezaki K, Iwai M. DECL: A circular inference method for indoor pedestrian localization using phone inertial sensors [C] //2014 Seventh International Conference on Mobile Computing and Ubiquitous Networking (ICMU). IEEE, 2014: 117-122.

[23] Harter A, Hopper A, Steggles P, et al. The anatomy of a context-aware application [J]. Wireless Networks, 2002, 8 (2/3): 187-197.

[24] Qian J, Ma J, Ying R, et al. An improved indoor localization method using smartphone inertial sensors [C] //International Conference on Indoor Positioning and Indoor Navigation. IEEE, 2013: 1-7.

[25] Wang H, Sen S, Elgohary A, et al. No need to war-drive: Unsupervised indoor localization [C] //Proceedings of the 10th international conference on Mobile systems, applications, and services. ACM, 2012: 197-210.

[26] Want R, Hopper A, Falcao V, et al. The active badge location system [J]. ACM Transactions on Information Systems (TOIS), 1992, 10 (1): 91-102.

[27] Yang Z, Wu C, Liu Y. Locating in fingerprint space: wireless indoor localization with little human intervention [C] //Proceedings of the 18th annual international conference on Mobile computing and networking. ACM, 2012: 269-280.

[28] Youssef M, Agrawala A. The Horus WLAN location determination system [C] //Proceedings of the 3rd international conference on Mobile systems, applications, and services. ACM, 2005: 205-218.

8 生产系统智能管理与优化

本章学习要点：本章重点介绍了智能矿山中智能管理与智能决策主题，从系统研发与应用的角度，讲述了矿山管理中基础生产管理信息系统（MIS）如何实现智能化升级问题，主要内容包括资源储量的动态管理、生产计划的智能编制、面向生产动态精细化接续的地下矿生产组织管理、矿山生产调度中的短间隔控制、生产运营信息统计与智能分析，以及数据仓库与决策支持在矿山智能决策中的应用。

8.1 资源储量动态管理

8.1.1 智能化资源储量动态管理体系

矿山资源储量动态管理制度，是国土资源管理部门通过要求采矿权人开展矿山储量动态检测并按时提交矿山储量年报，从而对矿山占用资源储量的消耗、损失、保有等情况进行动态掌握，以及时了解矿山资源储量变化和评价是否合理利用的一种监督管理制度。该制度出自2006年国土资源部印发的《关于全面开展矿山储量动态监督管理的通知》（国土资发〔2006〕87号），要求矿山企业每年对其动用、消耗、损失的资源储量等进行动态检测，建立矿山技术档案和资源储量台账，以备国土资源主管部门检查核算，后逐渐在全国范围推进实施。按照当前的规定，采矿权人应在每年的12月31日前完成其动用、消耗、损失的资源储量地质测量工作，次年的1月底前应将矿山储量年报报送至国土资源管理部门。矿山资源储量的动态管理包含：矿山原始资源储量的动态管理、矿山生产动用储量的动态管理、全矿井储量的动态管理、贫化损失管理和储量的转入转出与注销。

随着计算机技术的普及与深入发展，将计算机技术与数据库相结合，为图纸及计算的修改提供了极大便利，计算精度与速度都得到了极大提升，在矿山资源储量动态管理中的应用也越来越普遍。利用计算机技术及相关专业软件实现高效高准确率的储量管理，已经成为矿业的发展趋势。资源储量数据库包括数据库结构、数据库管理系统、数据采集及数据录入四个部分。计算机的广泛应用不仅能够提供准确的资源储量数据，为矿山的采掘部署提供可靠有力的依据，还可以及时反映出资源储量变化的真实情况，有效弥补了手工储量计算图纸不能随时更新的弊端，真正实现了资源储量的动态管理，极大提升了矿山资源储量的管理水平。

借助矿业软件来实现矿山地质资源信息的管理已得到矿山企业的普遍重视，并逐步投入使用。利用先进的信息技术，可实现地质资源信息采集的数字化、加工处理数字化、储量管理与应用的数字化，并完成地质资源信息自产生到服务期间内实现实时共享和无缝转换。因此，地质资源的精细化管理与动态更新，是智能矿山建设中必不可少的基础环节，是实现矿山可视化开采设计、生产作业智能组织与生产任务智能分配的前提。

以三维矿业软件所形成的可视化矿床模型为基础，地质资源的精细化、智能化管理主要体现在如下方面：

（1）地质资料的数字化采集与整理。借助移动终端等方式实现井下地测数据的实时采集与自动处理，并按照一定的数据存储格式形成基础信息资料，为后续矿床模型的建立、更新提供基础数据，使地质资源信息在地质、测量、采矿等业务之间实现集成共享和实时交互。在此基础上，引入三维扫描仪器、无人机等，自动完成采空区的测量验收，真实、快捷、及时地生成三维实体模型并导入到三维矿业软件中，实现采空区数字化处理，得到实时更新的保有地质储量，从而实现三维矿床模型的动态更新与进一步细化，为后续的智能开采设计及排产提供基础数据。

（2）模型的动态更新。利用实时扫描数据，真实、快速、精确地生成三维实体模型并导入到三维矿业软件中，实现采空区数字化处理，为后续的智能开采设计提供基础。在此基础上，根据生产勘探实际，以矿块为单位动态实现局部模型品位信息更新，并根据新增勘探信息量，按固定周期定期进行整体地质资源模型更新，包括矿体实体轮廓改变、各种矿岩特性等地质资源属性的更新等，实现三维矿床模型的动态更新与进一步细化。

资源储量动态管理业务流程如图 8-1 所示。

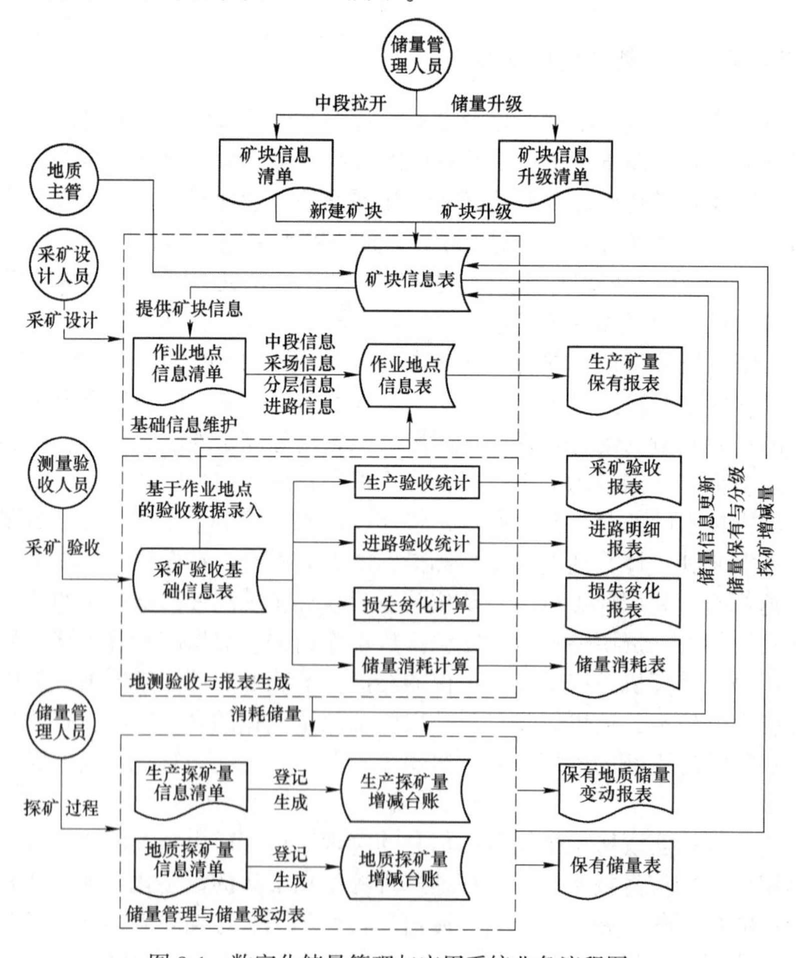

图 8-1 数字化储量管理与应用系统业务流程图

8.1.2 系统构成与功能

智能化资源储量动态管理系统分为资源储量分级核算、生产矿量管理、损失贫化管理、生产测量验收、金属平衡等部分，他们各自的含义和功能如下：

（1）资源储量分级核算。按照矿产资源的储量分类标准，可以将矿产资源的储量划分为三个类别，分别为推断出的储量、控制的储量及探明的储量。在管理资源储量的过程中，需要根据勘探阶段探明的地质构造、矿体边界、钻孔等信息绘制矿体底板等值线图，并以此为底图，根据地表情况、地质构造、勘探工程等，对地质块段进行重新划分，进而估算各类矿产资源储量。

（2）生产矿量管理。矿山的生产矿量管理包括矿山初建时的大巷输送的储量、工作面巷道输送的储量、工作面采掘动用的储量、风井建设动用的储量等。即对掘进矿量、生产矿量、矿井的储量实行动态管理，要求以年为单位对全矿井的动用储量进行动态管理，并以月为单位对工作面采出动用储量及输送巷道动用储量进行动态管理。在矿床开采过程中，按巷道掘进的程度及采矿准备程度分别圈定的可采储量，称为生产矿量。生产矿量分为开拓矿量、采准矿量、备采矿量三个级别（露天矿的采准矿量与备采矿量是一致的），故又称为三级矿量。

（3）损失贫化管理。采用两率（指损失率、贫化率）台账的管理方式来管理资源的损失贫化。两率台账不仅用于两率计算，而且记录采场分层设计、生产及验收全过程的完整信息，是由地、测、采多专业完成的报表及图形数据。两率台账不是简单的记录损失量和贫化量，而是记录损失量、贫化量具体的发生部分及计算依据。

（4）生产测量验收。定期对生产项目进行测量验收，是通过对生产项目阶段性验收数据的管理，跟踪各部门及施工单位的项目进度情况，反映项目的工程量和质量信息。验收信息同时为外委工程量核算、生产考核提供依据。对采矿作业、掘进作业、辅助工程及其他工程进行验收，测量生产过程中的掘进量、出矿量、提升矿量和处理量等生产动用储量，并录入采矿、掘进、充填、辅助工程及其他工程验收基础信息，包括作业地点、作业方式、施工单位、作业量、作业质量等主要数据，以及温度、深度、通风方式、机电等辅助参数。基于测量验收信息，通过特别定制的接口，按照既定的数据存储与交换格式，整理其他系统所需要的数据内容，形成可供三维可视化软件接受的生产验收数据集，以此对矿床模型进行动态更新。

（5）金属平衡。金属平衡管理是矿山生产技术管理的重要工作之一，是衡量生产、技术和经营管理水平的重要标志。金属平衡是指进入选矿厂原矿中的金属含量与精矿和尾矿中金属含量之间的平衡关系，能如实地反映出金属流向，揭露生产流程中的薄弱环节，为改进提高生产管理水平提供可靠依据。

该系统的功能图如图 8-2 所示。

8.1.3 系统集成与数据融合

资源储量信息需要与其他系统交换基础的地质资源信息，如与生产管理系统数据库连接，能快速地实现保有三级矿量、年末保有地质储量等信息的更新，以保证计划编制的准确性和实时性。

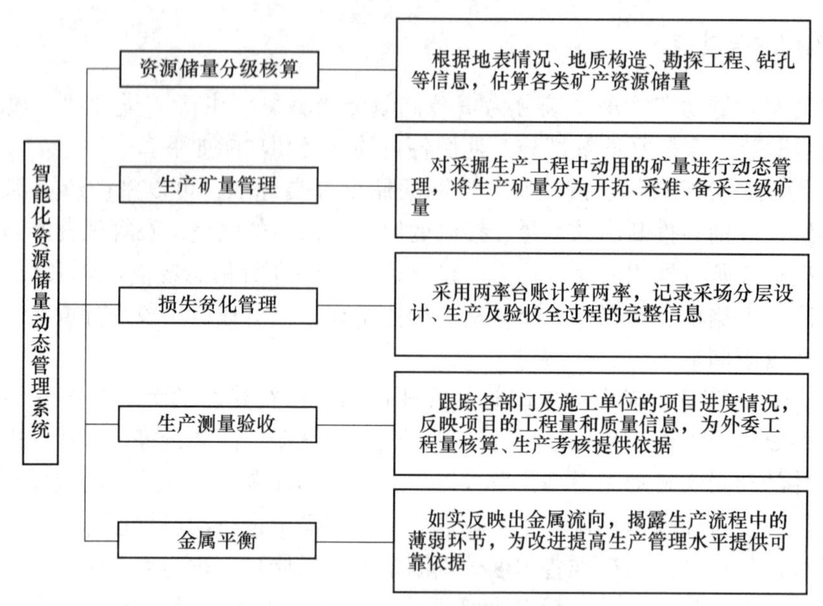

图 8-2　智能化资源储量动态管理系统功能图

8.1.3.1　生产计划

在矿山生产过程中，主要是根据生产矿量的保有量或保有期来计划生产，它直接影响着矿山的生产进度和各生产系统的协调和运转。由于三级矿量受矿床勘探程度、矿体赋存条件形态、矿山生产能力、开采技术及开采强度等因素的影响，管理人员很难准确把握三级矿量的变化量和保有量。如果三级矿量保有量过少，有可能影响矿井的正常生产，严重时可能导致生产被迫中止；如果三级矿量保有量过多，则增加了矿山的资金占有以及对巷道的维护费用，从而增加了矿山的经营成本，导致矿山经济效益降低。

针对矿山实际生产情况，资源储量动态管理系统定期统计全矿保有生产矿量，并将统计的保有生产矿量信息提交到生产管理系统，为矿山制定生产计划提供依据。

8.1.3.2　三维矿业软件

矿业软件三维模型的集成可以实现资源储量信息与三维矿业软件间的数据对接，具体功能包括实体模型数据的融合，矿体三维块体模型数据的融合以及三维模型的储量和品位信息抽取汇总。在矿体三维模型数据信息提取报表生成后，可将报表数据存储到异构融合平台的网络数据库中，实现模型文件数据的网络共享。经加工处理后，形成各个作业地点的地质资源信息，为生产计划优化模型中的资源约束参数做准备。

8.1.3.3　测量与钻探

采用三维激光扫描技术对地下采空区进行扫描测量作业，利用实时扫描数据真实、快速、精确地生成三维模型，实现采空区数字化处理，为后续的智能开采设计提供基础。

8.2　生产计划智能化管理

8.2.1　业务模型

编制矿山生产计划，是矿山生产与经营管理中最重要的决策任务。决策是否科学合理，对矿产资源的综合利用、企业的经济效益和企业能否持续均衡地进行生产等都有重大影响。好的采掘计划，能在“正确的时间、地点开采出效益最佳的矿石（数量和质量）”。在市场激烈竞争的环境下，拥有一种有效的采掘计划编制工具，对矿山获得成功是非常重要的。

矿山企业生产计划指矿山企业在生产经营活动中对未来活动的总体部署。矿山生产计划主要是依据确定的目标编制可行的计划方案，对矿山企业内部资源进行各方面的统筹规划，包括：基建计划、生产计划、采掘计划、设备维修计划、物资供应计划、劳动工资计划、科学研究计划、产品成本计划、财务计划、技术组织措施计划、辅助生产计划、运输计划等。矿山企业生产计划工作包括计划期主客观因素的调查分析、计划的编制、计划的执行、计划运行过程的信息反馈与计划的修订。

生产计划编制的主要内容包括：基础数据准备、生成任务、流程优化与确定任务作业顺序、生产计划报表与可视化表达及动态更新与调整等，其主要业务流程如图 8-3 所示。

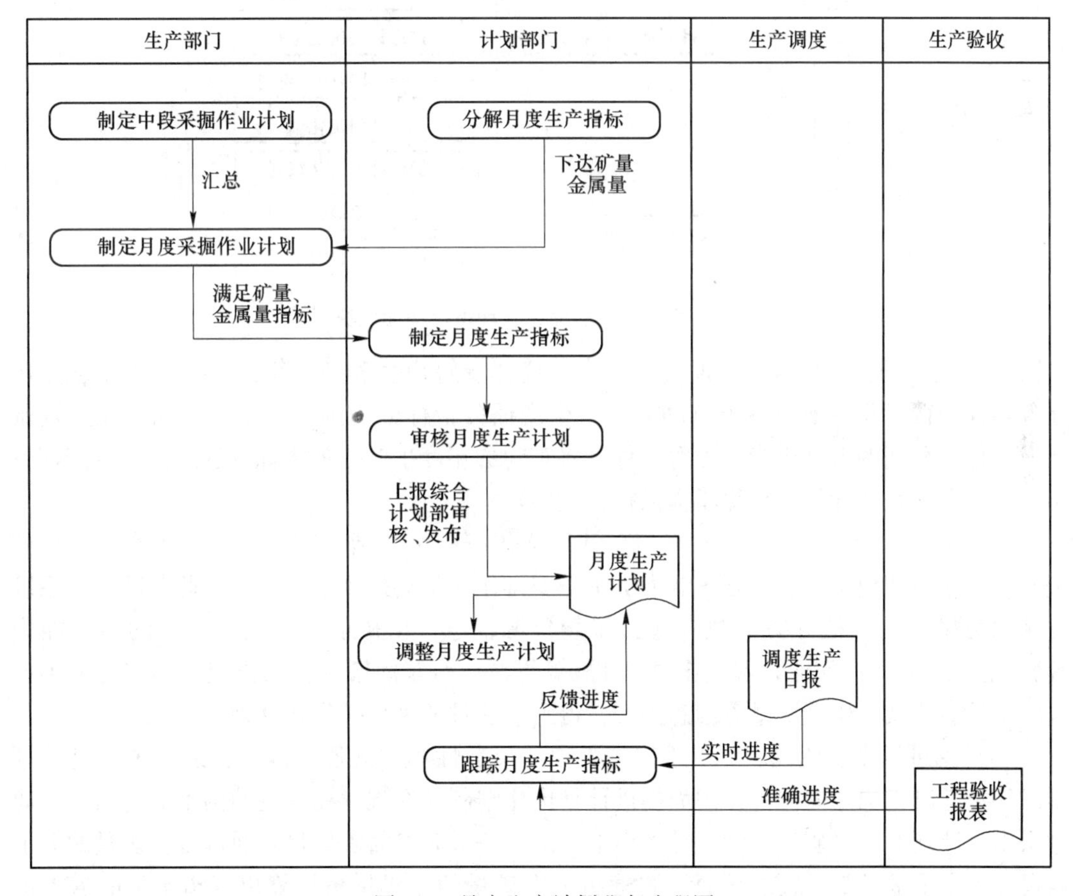

图 8-3 月度生产计划业务流程图

矿山企业计划管理的原则如下：

（1）计划的严肃性：计划的目标是在充分调查研究的基础上确定的，是各种因素的最佳综合平衡。因此必须保持计划的严肃性，使矿山企业保持最佳的生产经营状态。

（2）计划的灵活性：计划管理本身就是一个动态的过程，计划应适应动态的环境变化，应反映内、外部环境变化对计划系统的影响。

（3）计划的科学性：矿山企业计划管理是一个整体系统的有机配合，为保证计划的严肃性和灵活性，计划本身必须具有科学性。

（4）计划的长远性：一个矿山从投产到闭坑，要经过几十年甚至上百年的时间，因此计划要高瞻远瞩，要有长远的观点。

（5）计划的可靠性：要充分利用各种预测手段，把计划的先进性与实现的可能性统一起来，不能脱离矿山的实际生产能力。

8.2.2 系统构成与功能

生产计划智能化管理系统通过与数字矿山中各异构平台的交互和协同工作，实现数据融合集成和计划动态优化管理的功能。其主要功能模块如图 8-4 所示。

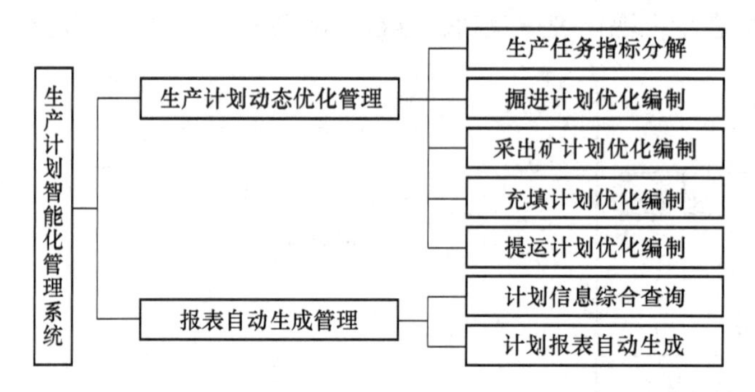

图 8-4 生产计划智能化管理系统功能模块图

（1）生产任务指标分解。通过生产指标优化分解模型和解算算法，对全矿年度生产任务指标进行优化分解。系统自动将年度生产任务指标分配到所有生产车间，在此基础上，依据各车间的自身生产能力等条件，将车间的年度生产任务指标分解成月度生产任务指标，为月度生产计划优化编制提供指标数据。

（2）采出矿计划优化编制。采出矿计划优化编制主要指车间月度采出矿作业计划的编制。在该功能模块下，计划编制人员手工安排作业采场的施工单位。在此基础上，系统自动调用相应的其他计算参数（包括采场资源信息、出矿能力、施工单位的生产能力等），通过车间生产作业计划优化模型和解算算法，对车间所管辖的作业采场进行采场矿量、出矿品位及出矿金属量等信息排产，得到当前月的采出矿作业计划。

（3）掘进计划优化编制。由于掘进工程的离散性和主观性等因素，造成了掘进计划难以用数学语言描述的问题，因而掘进计划优化编制的实现存在一定的困难。目前通常通过采出矿计划对备采矿量的消耗计算出下一阶段备采矿量需求增量，通过备采矿量的需求增量计算出采准矿量的需求增量，再通过采准矿量的需求增量计算出开拓矿量的需求增量。在各个需求增量的基础上，计划编制人员依据掘进工程项目的重要程度进行人机交互排产，得出当前月的掘进作业计划。

（4）充填计划优化编制。系统依据采出矿作业计划传递的采场转层开关量，自动列出本月需要充填的作业采场，系统再根据采场编号调用三维模型中的采场空间信息计算出充填总量。计划编制人员结合矿山的实际充填工艺情况进行尾矿量和胶结量的安排，最终得出月度充填作业计划。

(5) 提运计划优化编制。在采出矿作业计划、掘进作业计划和充填作业计划完成的基础上，系统根据采出矿作业计划采场出矿量和提运方式，掘进作业计划掘进量（扣除副产量和废石回填量）和提运方式，自动统计计算提运项目的月度提矿量和提毛量，得出月度提运作业计划。

(6) 报表自动生成管理。该功能模块主要实现各个生产作业计划不同维度和粒度的综合查询，并依据矿山企业的要求，以报表的形式输出最终结果。

在日常生产过程中，基于调度生产进度日报和采掘工程的验收单，系统自动将调度的实时进度和验收的精确进度反馈给年度生产计划、月度生产计划，及时标出年月生产计划的执行进度，支持各级领导及时掌控计划的执行情况，保障生产目标的完成。

8.2.3 基于三维矿业软件的计划编制

矿山生产计划的编制直接影响着矿山的生产、经营、管理和决策，是矿山生产中不可缺少的重要组成部分。随着计算机技术的不断发展以及数字化矿山建设的不断推进，计算机技术在矿山的应用越来越广泛。

在矿山生产计划的编制上，也有可直接用于矿山生产计划编制的矿业软件。根据矿山规模及其数字化程度，可以选择不同的软件辅助矿山生产计划的编制。近年来，通过将计划编制与矿山数字建模结合，三维可视化技术越来越多地应用在矿业相关软件中，在三维可视化环境下实现矿山生产计划的编制功能，为科学组织生产提供技术支持。目前，运用比较广泛的三维矿业软件主要有 Dimine、3DMine、Surpac 等。

(1) Dimine 矿业软件开发了地下金属矿山生产计划编制功能模块。在编制矿山生产计划时，常用的方法包括优化法、模拟法和综合法。Dimine 软件采用模拟法来解决地下金属矿山生产计划的编制问题。它不需要求出一个最优的计划方案，而是通过对用户规定的计划参数进行预演、评估其可行性并反复修改、再预演的过程，以得到最为满意的方案。与优化法相比，它具有描述能力强、处理随机因素多的优点。

(2) 3DMine 矿业软件是国内第一款与国际主流三维矿业软件模块、功能和理念一致的矿业软件。利用 3DMine 可进行矿山中长期计划的编制，编制主要步骤分为：创建地表模型→确定开采范围→矿岩量计算→编制中长期计划。利用 3DMine 进行露天矿中长期计划编制，具有高效、科学的特点，是当今露天矿开采应用的可靠工具，也是打造数字化矿山的重要组成部分。

(3) MineSched 是 Surpac 软件的一个功能模块，主要用于矿山生产计划编制和开采进度可视化展示。其编制采掘进度计划主要步骤分为：准备模型→设定参数→调整参数→编排进度计划→查看输出报表。利用 MineSched 软件编制生产进度计划，通过动态进度图验证生产计划的合理性。MineSched 可导出计划报表，为计算车铲需求量提供数据支持，将生产计划与设备选型相结合，更能贴合实际生产。

基于三维矿业软件的计划编制系统将自上向下（由生产任务至生产排产）与自下向上（由基础作业条件至全矿生产能力）相结合，自动生成具备实际指导意义的生产计划，包括年度、半年度和月度计划。智能化通过如下功能表现：

(1) 面向矿床模型完成矿山生产规划与布局，并进行三维模拟；

（2）基于三维可视化平台进行生产计划的可视化拆解，拆解的细度目前可以以年/半年/月为单位细化到矿块、采场，随着应用的成熟，可以扩展到具体的作业地点；

（3）在矿床经济模型中模拟评价生产任务所承担的矿石价值与资源耗费，为全面预算管理中的生产预算提供指导；

（4）在三维经济模型的支持下，根据资源条件、市场条件实现生产任务的快速调整与优化。

三维矿业软件模型的集成可以实现的功能包括实体模型数据的融合，矿体三维块体模型数据的融合以及三维模型的储量和品位信息抽取汇总，在矿体三维模型数据信息提取报表生成后，可将报表数据存储到异构融合平台的网络数据库中，实现模型文件数据的网络共享。经加工处理后，形成各个作业采场的地质资源信息，为生产计划优化模型中的资源约束参数做准备。

利用三维矿业软件建立的矿体实体模型的空间分布情况，对井下各中段的采场进行科学划分，结合品位模型可以有效地掌握井下不同采场的品位分布情况，根据每月的生产任务对不同采场进行合理的采矿安排，做到贫、富兼采，以提高出矿效率。

在掘进计划编制中，基于所建立的矿床模型的资源模型，通过对三维实体模型的空间分布规律进行分析，结合品位模型中矿床贫、富矿体的分布情况，及时、准确地对原有计划进行合理的修改，提出计划修改方案，避免了采准工程的浪费。

三维矿业软件在矿山生产计划编制方面的应用大大缩短了传统手工编制的时间，提高了工作效率，方便设计人员根据现场实际随时更改生产计划，提高了矿山生产计划编制的科学合理性。

8.2.4 生产计划的智能化趋势

国内矿山企业现有的生产计划管理系统通常具有基础数据管理、生产计划制定、计划分解与下发、计划审核等模块。智能化生产作业组织与任务分配要在此基础上进行深度整合，并且增加滚动作业计划与智能排产、自动配矿、矿石价值成本估算等功能模块。

（1）滚动作业计划。以月为滚动周期，按照“近细远粗”的原则制定近三个月的计划，然后按照计划的执行情况和矿产品价格的变化进行调整和修订，并逐期向前推进，形成动态的中长期与短期计划。在此基础上，采用计划分解模型进行智能分解、细化，形成时间细度到天、作业细度到作业单元、设备细度到机台、组织细度到班组的作业计划。

（2）智能排产与自动配矿。结合人员、设备、物料等条件，以矿石生产为主线，以矿石品位为约束，构建排产优化模型，自动求解得出每天的排产与配矿方案，包括主作业排产与辅助生产作业计划，用于实际生产指挥与调度。通过跟踪每天的作业的进度，实时调整模型参数，并求解得出下一天的排产结果。

（3）采掘供充生产平衡管理。矿山生产过程具有一定的连续性、均衡性，各个生产阶段，在相同的时间里产出数量大致相等的产品，在保证生产稳定接续的同时，为生产配矿创造出优化的空间。采掘协调、采充平衡对于矿山稳定持续的生产具有十分重要的意义。与生产过程控制相集成的采掘供充协调系统，通过数据从现有生产系统中抽取可以准确反映矿山当前采掘供充现状的数据，为矿山决策者提供直观的数据看板；与此同时，通过内置算法计算采掘供充的协调方案，为矿山平衡采掘供充计划提供决策依据，以实现矿山的稳定和可持续生产。

8.3 地下矿智能化生产调度

地下矿生产系统是一个涉及多因素、多层次、动态变化的柔性生产系统，有效的调度方法和优化技术的研究与应用，是提高生产调度系统效率的基础和关键。设备大型化、工作连续化、操作自动化、工艺合理化、管理科学化和生产最优化是地下矿山生产调度的发展方向。

生产调度就是组织执行生产进度计划的工作，生产进度计划要通过生产调度来实现。生产调度以生产进度计划为依据，具有组织、指挥、控制、协调的职能。

（1）组织职能。建立合理的调度管理组织体系，把生产经营活动的各个要素和各个环节有机地组织起来，按照确定的生产经营计划组织工作，使生产经营活动有效进行。

（2）指挥职能。在生产经营活动中随时收集信息和掌握进度与情况的基础上，及时有效地处理各种问题，同时在组织实施生产经营活动中进行有效交流，从而使各级各类人员按照生产经营目标协调配合。

（3）控制职能。按照既定目标和标准对生产经营活动进行监督和检查，掌握信息，发现偏差，找出原因，采取措施，加以调整纠正，保证预期目标和标准的活动。

（4）协调职能。协调是调度的四大基本职能之一。生产经营系统化管理过程中，动态平衡是规律，协调可以维护动态平衡，保证生产经营系统内部各个环节的畅通，保证所有生产经营组成部分同步运行。这就是调度所发挥的中心作用。协调分为内部协调和外部协调。

在矿山的智能生产管理模式下，生产调度系统通过建立调度日常数据集中管理信息平台，提供了集中调度与分散管理结合的网络化生产指挥模式，为各层管理部门提供共享的即时现场信息。其中，部分生产数据都由直接生产单位报送，一些设备数据则从生产过程自动化系统中直接获得，通过生产统计数据的自动汇总分析，提高效率和准确性，进而提高各部门面向生产现场快速响应联动能力。此外，调度系统通过对调度异常的跟踪，保证调度异常的可追溯性和可跟踪性，实现调度异常的闭环管理，形成基于预案管理的科学调度模式。

8.3.1 智能化生产接续与动态调度

地下金属矿山的开采循环集凿岩、爆破、支护、铲装、运输和充填为一体，是一个多业务接续与协调的复杂庞大系统。矿山生产调度的核心职能即是发挥枢纽与指挥功能，将有限的人员、设备等资源，科学、合理地安排到适宜的工作面，使各项交替作业有续顺畅进行。

地下矿山开采工序复杂繁琐、作业地点较多，这为矿山生产工序衔接和设备调度带来了极大难度，传统的手工编制方法无法实现最优化调度。随着矿山开采规模的扩大和矿山机械装备水平的提升，矿山的各工序均已实现机械化辅助作业。因此，合理化安排采场开采顺序和工序开展时间，不仅可以避免设备的使用冲突和闲置，而且可以提高设备利用率，对实现设备精准调度、提高矿山总体生产效率、降低开采成本和保证开采安全均具有十分重要的作用。

智能优化调度成为解决地下矿山生产优化调度的主要技术，但优化问题的关键在于数学模型的建立和算法的求解。矿产品市场的波动性、生产工艺的复杂性也为地下矿山生产调度系统的建模与优化带来了难度。近年来，应用人工智能技术来解决矿山系统的建模与优化问题，得到了迅猛发展和高度重视，建立符合地下矿的生产调度优化模型及设计高效优化算法，是地下矿山生产智能调度系统的核心技术之一。

井下生产接续是短期计划编制中的核心问题，需要综合考虑各生产过程的作业时间和设备能力等因素的影响，完成作业地点和施工设备的合理安排与协调，以达到最佳的生产效果。矿山在确定了采矿方法后，每个作业地点的施工方式基本相似。以充填法开采矿山为例，开采工序主要包括凿岩、装药爆破、通风、支护、出矿和充填六个步骤，采场一旦开始生产，则各工序需要紧密衔接，以降低作业面的暴露时间，提高作业安全性。在同一时刻，井下各采场的生产状态不同。

大型机械化施工使矿山管理者可以有效评估各环节的生产能力，进而度量各工序作业时间。这为井下设备动态调度提供了可靠依据。科学化的动态调度是为了确保机械设备在指定时间在预先选定的地点作业（图 8-5），不仅可以增强工序间衔接程度、提高设备利用率，而且可以有效避免施工冲突、保证开采过程安全。

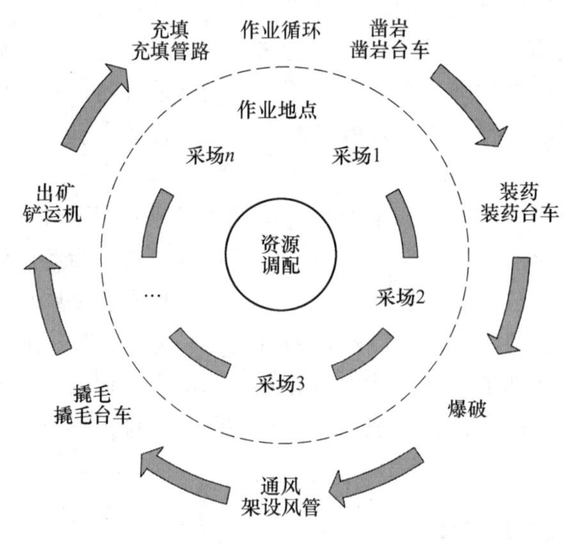

图 8-5　地下矿生产接续

8.3.2　系统构成与功能

生产调度系统的典型业务流程主要为：从智能采矿系统自动采集采掘日报信息、无轨设备运转情况、电机车与提升机运转信息、选矿信息、充填信息，以及矿石质量信息等，汇总至生产调度数据库，由调度指挥中心负责分析并下发调度指令，同时记录调度记事；生产调度数据库定期自动汇总相关数据，形成生产报表，供相关人员与系统查询。生产调度系统业务流程如图 8-6 所示。

生产调度作为矿山生产执行过程中的指挥环节，与众多的系统产生交互，具有显著的协同性需求，具体特征为：

(1) 在数据密集程度上，生产调度是以日和班为管理周期的，因而信息产生的频率

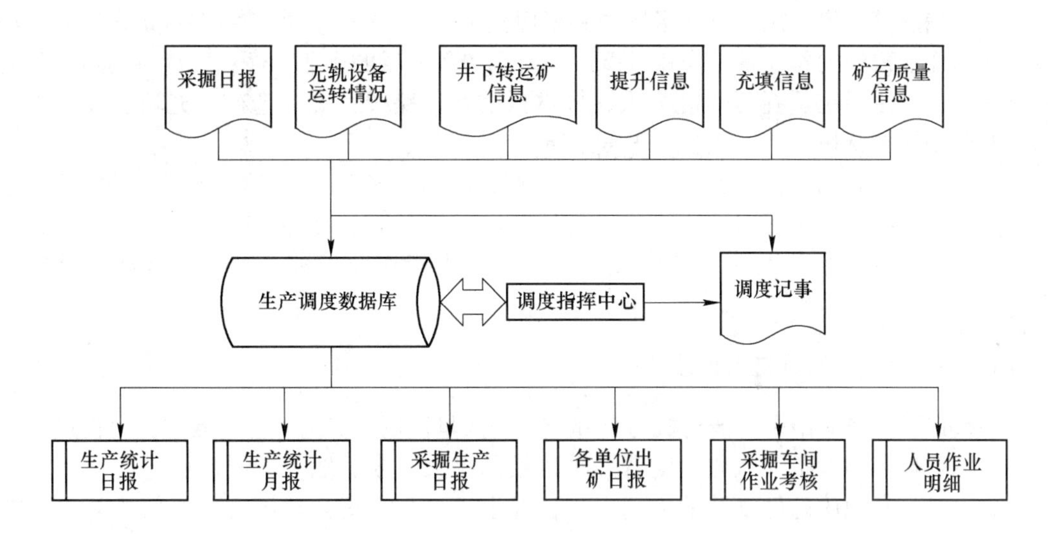

图 8-6　生产调度业务流程图

密集，数据量多而且复杂；

（2）在业务管理层次上，生产调度是自动控制集成平台与生产经营管理环节之间的重要业务衔接环节，具有典型的跨平台特征；

（3）在数据产生与加工的时间上，生产调度信息是生产的最新资料，在时间上的协同性要求最高；

（4）在管理环节上，由于各矿山信息化程度水平不一，生产调度通常采用分散式现场调度与集中式调度指挥相结合的方式，在配合指挥上需要通盘考虑。

生产调度系统应具有生产信息管理、报表生成与查询功能，并提供人员、设备等基础参数的设置。常见的生产调度系统功能模块如图 8-7 所示。

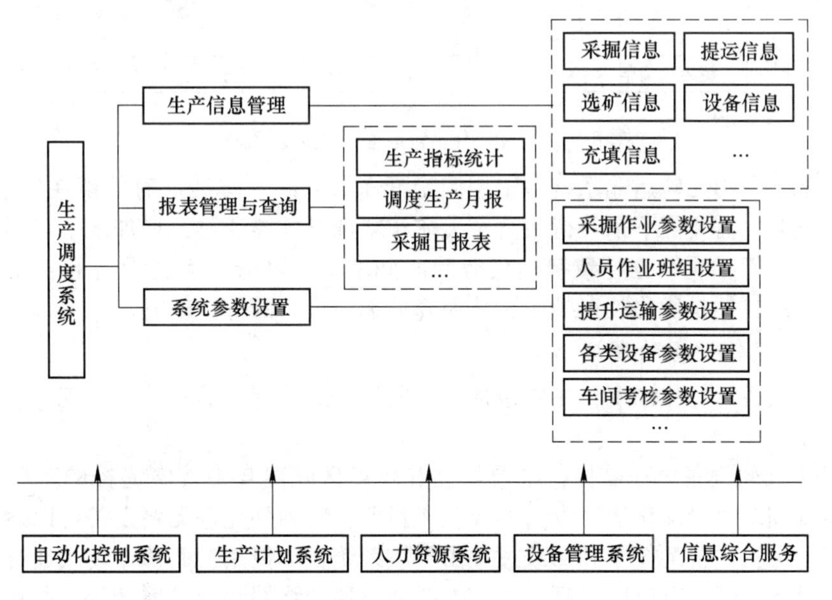

图 8-7　生产调度系统功能模块

生产信息管理模块用于调度指挥中心管理全矿的生产调度数据，主要按班次统计各作业地点、作业班组的作业量、作业进度，及时调整各采场的作业顺序；统计各提运设备的运转情况，控制系统选择运输能力大、成本低的运输路线；统计选矿、充填、设备等信息，及时处理异常情况，保证井下正常运转。

报表管理与查询模块用于统计和生产调度相关信息。各生产部门录入每天的生产信息后，需要对这些信息进行加工处理，形成生产指标日报和生产指标月报。

系统参数设置除常规的人员设置外，还提供生产作业参数，如采矿方法、设备能力等。

8.3.3　井下无轨设备配置与调度

现代地下金属矿山中，铲运机与自卸卡车的大量使用，提高了生产效率，也促进了铲装、运输等环节的设备无轨化。随着开采规模的扩大，今后地下金属矿山将向矿床埋藏深、赋存状态和地质条件复杂的方向发展，要求进一步提高无轨设备生产效率和生产能力，降低生产成本。

地下矿山生产的效率很大程度上取决于采、运设备的高效率。对无轨运输设备进行合理配置，可以有效降低采、运设备非生产时间、提高生产效率，在实现最高开采装备技术性能的同时，实现矿山最优经济效益，从而降低整个采矿成本。此外，对地下矿山无轨设备进行调度优化，也明显提高生产效率。因此，在分析铲运机及运输卡车使用状况的基础上，对其进行配置及调度优化具有重要意义。

地下矿山无轨运输系统运行流程如图 8-8 所示。

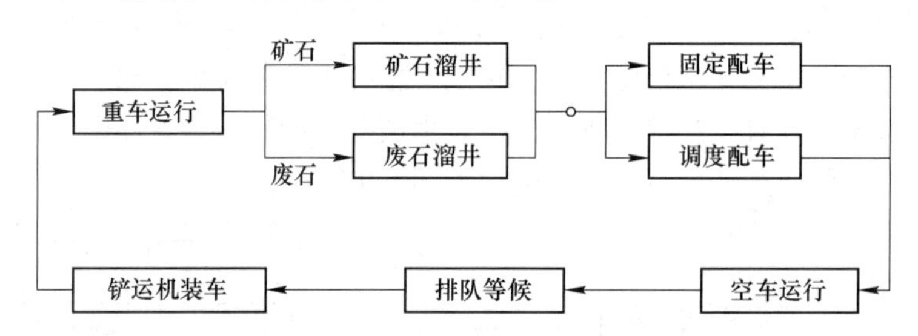

图 8-8　地下矿山无轨运输系统运行流程

目前，地下矿山无轨运输系统多采用固定配车方式。卡车装矿时停留在运输巷道中，其他空车通过时，需要停下来等待，直至装矿车辆离开才能通过，增加了空车通过巷道时不必要的等待时间，同时也导致铲运机等装时间增加，降低了无轨设备的利用效率。因此，调度优化的目标是优化装车顺序，从而降低无轨设备的等待时间。

8.3.3.1　无轨设备的调度

井下无轨设备智能化调度，主要包括过程监控、故障智能诊断、生产统计、车辆集群控制等功能。

（1）井下无轨设备过程监控，主要建立在生产区隔离与中控室遥控的基础上。一个操作人员能管理多台自动化运行设备的作业。目前，国内外先进无轨设备可以达到半自动化装载循环。无轨设备的行车和卸载过程由导航系统自动控制，而铲斗装载通过人工远程遥控进行。设备终端装有机载视频系统、无线通信移动终端和导航系统等。如图 8-9 所示为山特维克公司 AutoMine 自动控制系统。

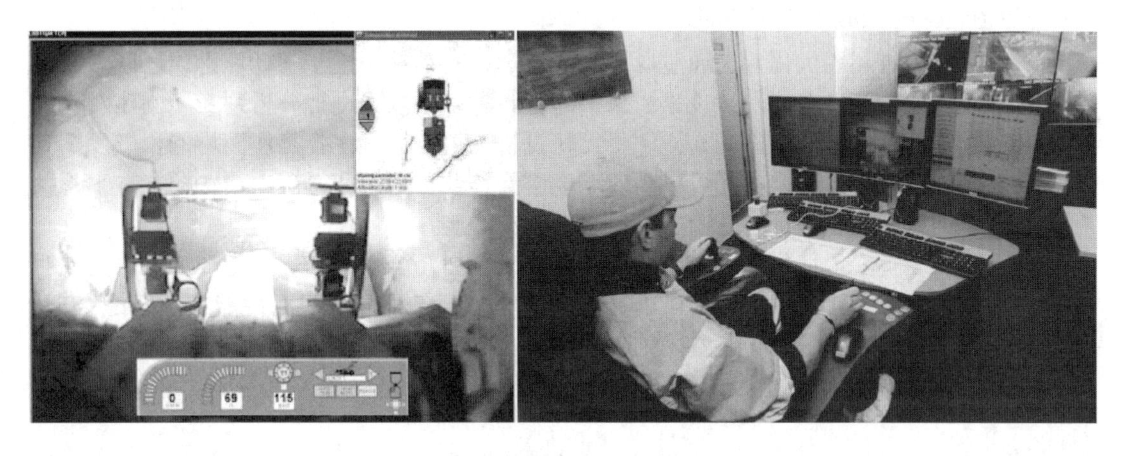

图 8-9　AutoMine 自动控制系统

（2）故障智能诊断，能够实时监控当前运转的各设备空间属性、时间属性和相应状态，当设备出现故障时，操控界面上的图形功能模块会对设备通信状况进行动态提示，便于及时对故障设备进行维修。调度中心系统通过历史数据分析，对设备故障进行故障源头查询，根据设备不同状态属性，快速区分设备故障。

（3）生产统计，通过井下设备终端传感器采集设备作业量信息，实时汇总至调度指挥中心，有助于矿山管理人员及时了解矿山整体生产情况，做出快速有效的决策。

（4）由于井下无轨设备数量大、种类多，因此井下无轨设备集群控制是实现无轨设备智能调度的关键。无轨设备集群控制通过个体智能化控制与整体路径规划优化，实现井下高效安全生产。图 8-10 所示为地下矿山无轨设备路径优化系统。

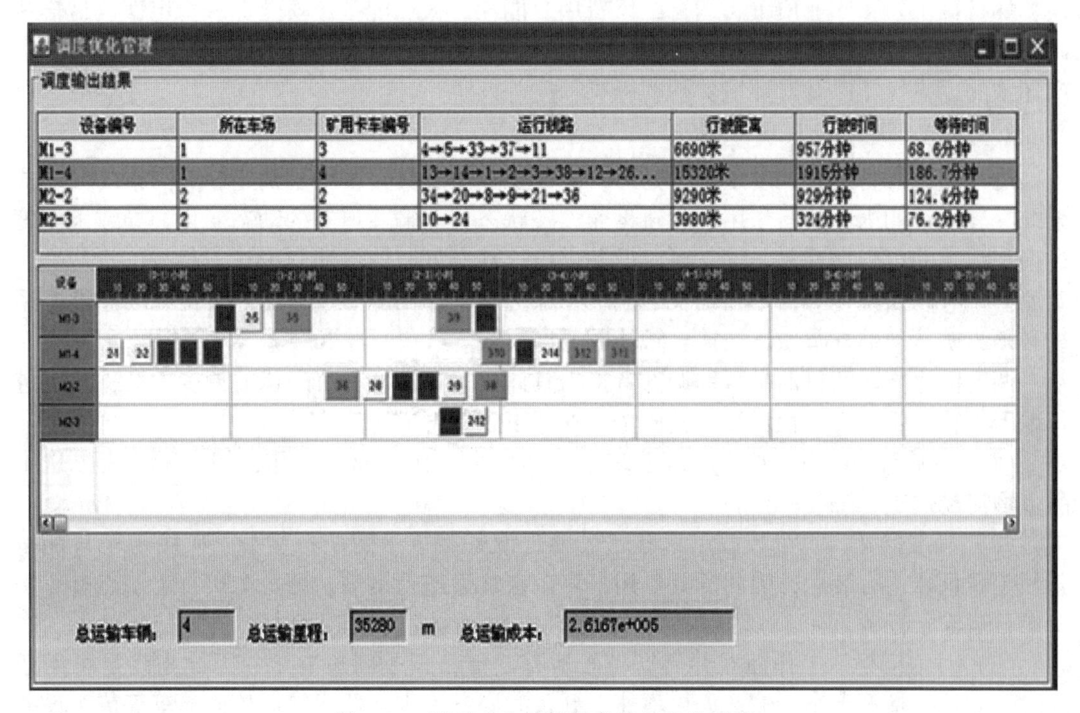

图 8-10　地下矿山无轨设备路径优化系统

8.3.3.2 无轨设备配置优化

矿山无轨设备配置优化旨在通过运用系统科学、自动控制论、统计理论、运筹学、信息论、工业管理学等已有的科技理论成果，综合各种影响因素进行分析判断，构建对应的函数模型，从而求得最优运算结果，使得无轨设备配置合理，在各工作面均能积极发挥其优良的性能的同时，集群设备间可以高效率地协同作业，从而使得矿山设备配置方案不仅在技术上先进，而且在运行中安全、可靠、高效、经济。

矿山无轨设备配置优化方法应综合各种影响因素，结合矿山的实际生产情况，完成对矿山生产设备集群的优化，以保证矿山在生产作业中，各种设备间的性能参数匹配合理，能充分发挥自身作用，既没有设备闲置现象，也不会出现设备紧张、供应不足的现象，同时设法降低装备能耗，以此为出发点来加快矿山现代化的改造，改善矿山企业的经营现状。

矿山无轨设备配置优化工作的基础，是确定优化要实现的目标及明确优化过程中的约束条件。

优化目标通常采用工程预算费用最优、单位矿石成本最优、施工设备运行效率最优、矿产资源可持续利用最优等。

约束条件则是指约束实现目标寻优过程的主要因素，实际情况越复杂，相应约束条件也就越多。约束条件可分为一般性约束条件和特殊性约束条件。工程各施工环节中普遍存在的约束条件，即为一般性约束条件，如地下矿山开采过程中普遍存在的条件环境技术等约束。而特定性约束条件，是指地下矿山开采过程中某一特定工序环节的约束条件。例如，对于铲运机而言，采场一次的出矿量、出矿巷道的尺寸、铲装运距等，就是它的约束条件。此外，在满足设备的技术性能符合施工要求的基础上，还需综合考虑不同设备的特性，如机械工效、作业质量、运行维修费用、能耗、人员配备、安全性、稳定性、运输装卸灵活性、运行操作复杂程度、现场工作量的大小、机械的维修难易程度、对矿山地下生产环境的适应性，以及对环境保护的影响程度等。

8.3.3.3 无轨设备调度优化

地下无轨设备运输调度系统，是一个工作点分散、具有多种不确定影响因素的分布式系统，其复杂的内部相互作用、无轨运输设备状态、运输巷道等的动态变化，导致了调度过程和结果的可变性和复杂性。要对设备进行合理调度与协调非常困难，存在信息传输及调度不及时以及设备等待时间较长的问题。加上地下矿山施工过程的随机性和动态性，系统必须为矿石运输环节做出快速、智能的调度决策。

调度优化算法的目的是帮助调度者根据具体的情况选择一个最优的调度方案，从而进行地下无轨设备运输车辆调度。其应考虑的约束条件主要为：

（1）多矿石装卸点。地下调度系统中往往多个工作面同时工作，相当于物流配送中的多物流配送点。

（2）满载问题。每个装载点具有超过单台设备载重量的矿石。由于矿用卡车只能按其额定载重量进行装运，因此需要矿用卡车多次往返进行运输，即每个矿石铲装点具有多个矿石运输子任务。

（3）时限问题。工作面溜井具有矿石暂存功能，但是容量有限，因此当满足可用条件时，应及时指派卡车运输。如果不能得到及时服务，则会造成铲运机或卡车等待，设备非工作时间增加。该状况是允许但不鼓励出现的，需在调度优化中加入相应的惩罚函数。

(4) 设备多样性。各矿山根据实际情况分期分批采购多种型号的矿用卡车，各批设备的运行速度、故障率、运输能力等均可能存在差异。因此，在实际调度中，应考虑设备差异造成的影响。

(5) 任务不确定性。由于无轨运输系统设备量大、系统复杂，因此在其运转过程中，容易发生不确定性事件，如溜井堵塞、设备故障等。每项装运任务在调度完成之前，其运输路径与卸矿点往往不能绝对确定，因此，应考虑调度过程的动态性。

矿山无轨运输调度优化问题是组合优化领域中的典型的 NP 难问题（即复杂性随着问题规模的增长而呈指数增长的问题），难以求得精确解，目前主流的解决方法可以分为精确算法和启发式算法两类。

(1) 精确算法指采用线性规划方法，如分枝定界法、割平面法以及非线性规划数学技术求出问题最优解的算法。精确算法比较适用早期 VSP 问题中单个车场派出车辆在最短运输线路或最少运输时间对指定数量的货物需求点进行运输的调度问题。然而，在运输系统的日益复杂以及调度问题更加多目标化情况下，精确算法的计算量会随问题的规模成指数级的增加，常常花费大量的时间和费用，而且有可能得不到精确解。

(2) 启发式算法。由于精确算法不适合求解规模较大的车辆调度问题，很难找到问题的精确解，于是寻找调度问题的近似解是必要和现实的，通过对过去求解过程的归纳推理来求解调度问题的近似解。启发式算法在求解问题的过程中，只要求获得满意解，比精确算法更为实用。许多实际调度问题中没有最优解，或求解时间较长，在实际调度优化过程中没有实际意义。目前常用的启发式算法有遗传算法、蚁群算法、模拟退火算法等。

8.3.4 事件响应与短间隔控制

8.3.4.1 短间隔控制理论

短间隔控制是一种结构化的生产运营管理框架，通过在短期间隔内对生产跟踪与预期生产进行反馈闭环，采取决策和干预行动（调度资源）以使预期偏离效果最小化，提高整体生产运营效率。短间隔控制由生产一线人员在一定间隔时间内（通常为 2~4 小时）对所执行任务做出阶段性总结，快速发现不利于生产流程的各项因素，为下一阶段生产及时做出反应和决策。短间隔控制流程如下：

(1) 分析上一间隔问题与不足；

(2) 评估上一间隔任务执行有效性，确定下一间隔是否采取干预措施；

(3) 检查上一间隔出现的新条件，评估新条件对下一间隔的影响风险；

(4) 确定下一间隔的任务与执行方法。

8.3.4.2 短间隔控制技术基础

短间隔控制的控制周期取决于信息的更新速率。实时信息采集技术在地下金属矿山的普及度逐渐增加，为短间隔控制的实施提供了可能，其依赖技术如图 8-11 所示。借助井下人员定位系统，可以实时获取井下设备空间位置，并通过高精度微差爆破技术实现矿岩

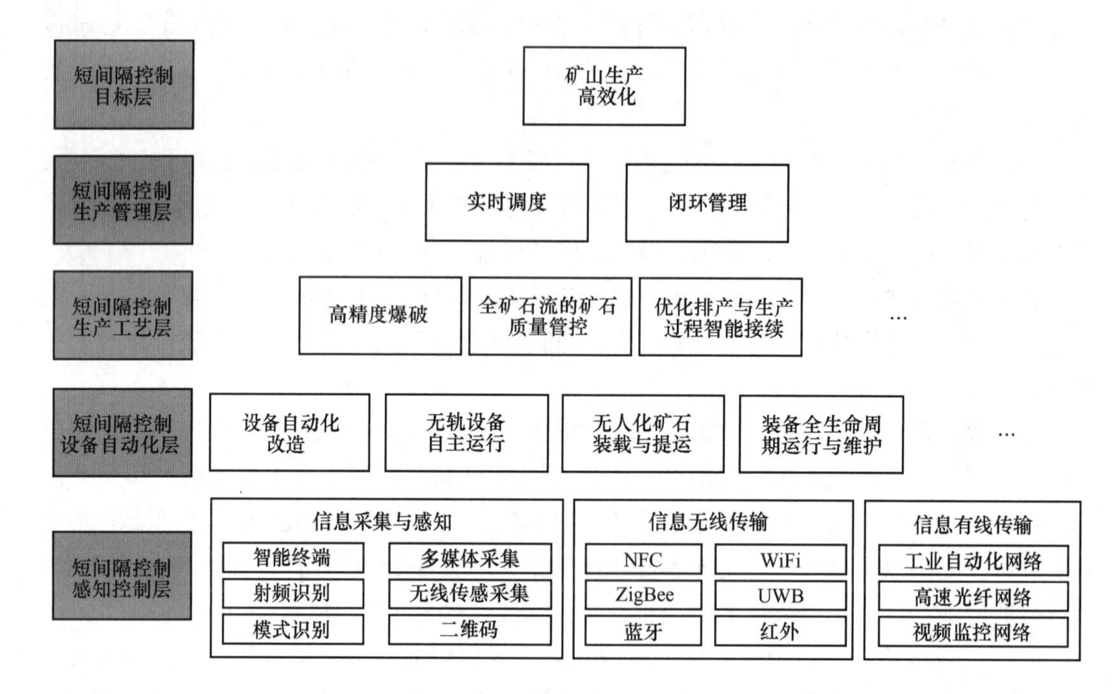

图 8-11　短间隔控制依赖技术

的精准分离与巷道的精准施工；结合井下有轨与无轨设备的智能化改造，可实时统计设备运行情况和相应的作业量。固定设备监控以及一体化智能通风设备的使用，使得矿山生产环境得以精细化管理；而高速无线网络技术的发展，使得井下海量传感器与大规模视频传输得以实现。此外，无线平板电脑、车载移动设备监控以及无线 PLC 控制器和摄像头，都构成该解决方案的一部分。

8.3.4.3　应用案例

保加利亚某铜矿于 2009 年完成现代化改造，并将短间隔控制应用于矿山生产管理中，最终使矿山年生产能力由 55 万吨提升至 200 万吨，吨矿成本降低 44%。该矿建立了现代化生产调度指挥中心，作为短间隔控制信息采集与指令发布的中枢神经与大脑。

将铲运机、卡车等大型移动设备安装车载监控与通信设备装置，用于完成井下设备的短间隔控制。车载系统通过大量传感器来监测车辆的健康状况，并将异常信息上传至生产调度指挥中心。安装计量传感器用于确定负载重量，将设备的运转周期与生产记录直接发至生产调度指挥中心，用于控制进度计划中的任务状态。

对于难以通过传感器采集的信息，井下生产人员通过平板电脑进行信息上报与指令接收，其信息包括工作地点、作业计划、作业量与作业时间。图 8-12 为短间隔控制井下人员交互终端。

每日和每周的管理例行会议，是整个工作管理过程的一部分。工班结束时，生产调度指挥中心将创建一份各工作组/个人的生产任务进度汇总报告，并评估其进度计划是否需要调整。进度计划的制定与调整，应遵循“在合适的时间，采用合适的方式，制定合适的任务”的原则，降低外界突发因素影响，使矿山持续实现生产目标。

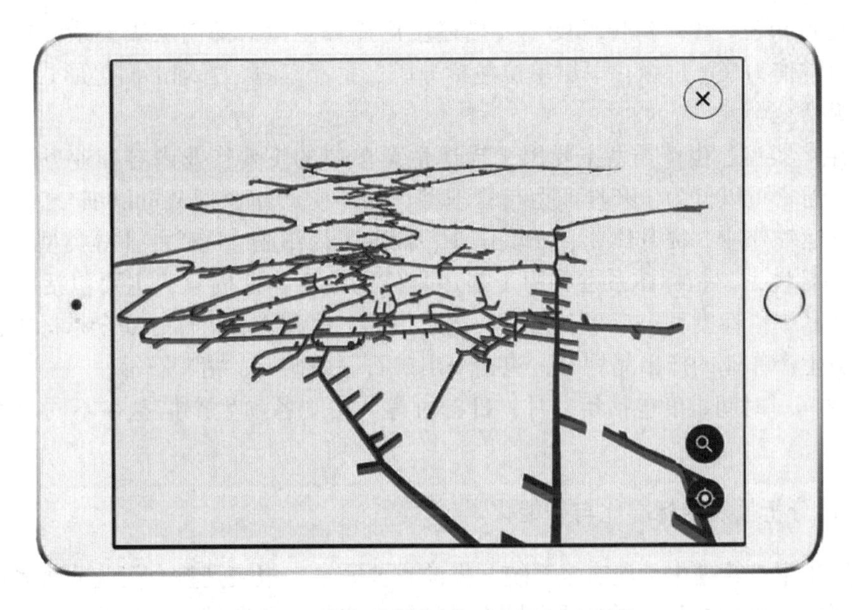

图 8-12 短间隔控制井下人员交互终端

8.4 生产运营信息统计与核算

8.4.1 生产信息的维度划分

生产信息分析是针对生产过程中大量生产数据而进行的一系列的分析。企业中产生的数据是一种多维数据，它们之间相互联系，通常具有一定的层次。例如，地质数据、生产数据和成本预算间相互联系并且相互依赖。为了了解企业生产经营中发生的变化，必须采用多维分析，数据分析所涉及的不再局限于历史数据的简单比较，而是基于多变的主题及对多维数据进行的分析处理。

由于矿山的不同管理环节和生产单位之间需要随时沟通共享生产经营情况，同时具体的生产部门需要随时接受管理与计划部门的调度指挥。两者之间通过信息系统所定义的企业编号和生产指标等进行相互关联，实现生产任务和完成情况的发布、汇总、调整等。在实际的生产中，各个维度都需要建设代码数据表，以完成数据的一致性和完整性。图 8-13 表达出了生产数据描述过程中必不可少的维度。

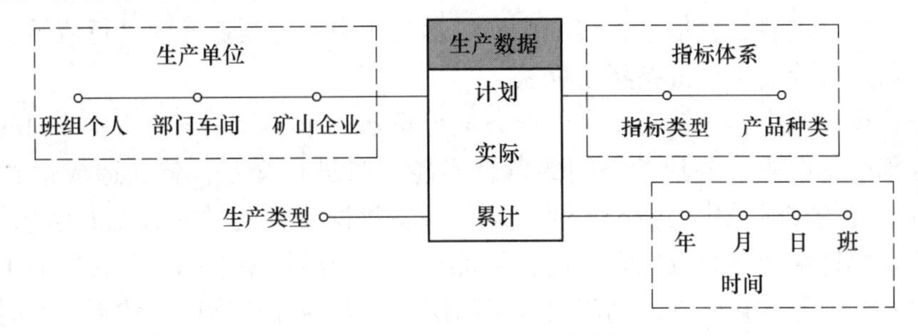

图 8-13 生产信息维度划分

（1）生产单位。生产单位维度主要描述生产业务主体的部门层级关系，在矿山企业中，矿山通常作为最高层级，下属单位包括分矿、生产车间、管理部门等形式，底层单位通常为班组乃至个人。

（2）生产类型。生产类型主要用于描述生产单位的主要作业内容和业务范围，在矿山企业中，通常可以分为生产作业型与管理型，其中生产作业型又可以细分为采掘作业、出矿作业、运输作业、提升作业、充填作业、辅助工程作业、选矿作业等类型。

（3）指标体系。指标体系主要用于描述具体的生产作业内容，主要包括指标类型和产品种类，其中指标类型包括采矿指标、选矿指标、地质资源指标、安全指标等；产品种类根据矿山生产作业的产出品划分，包括采出矿石、原矿石、精矿石等。

（4）时间。时间维度包括年、月、日、班等，用于各项生产信息在不同时间阶段的汇总。

8.4.2 统计分析报表的标准化与智能化

在智能化生产管理中，报表是系统开发的重要需求。报表是整个商业分析系统中非常重要的一部分，也是经营分析等项目最终提供给用户的主要产品。它以特定的格式向用户反映高度浓缩的数据，使用户能够更清晰地在繁杂的内容中看出更深刻更有价值的东西，因而也是运营数据分析和科学决策的基础。企业结合过往管理经验和今后的发展需要，需要在运营数据分析和决策系统中，使用趋势报表、业务分析报表、用户分析报表进行运营数据分析和科学决策。

报表的展示与服务以应用系统的形式部署，从数据分析（OLAP）服务层中得到所需的数据切片，将二维或多维数据提供显示给企业生产运营管理人员。在展现方式上，报表工具提供了丰富的图表展示效果，可以对图形进行拉伸、分块、旋转、透视等操作，形成一种最适宜展现数据变化规律的方式。通过多个维度构建数据立方体，为用户提供一个或多个维度环境下的报表查询服务。

矿山的生产数据填报报表生成从周期上分为两种：日报报表和月报报表。通过报表的填报，确定矿山企业的经营活动计划以及各项技术经济指标，合理安排矿山企业的生产进度，核算平衡生产能力，并统计计划的完成情况，为生产运营相关报表的生成与分析提供基础，并做出下一阶段生产调整指示的闭环管理。

8.4.3 主题化生产指标体系

矿山的生产经营管理涉及计划、调度、验收、统计等多项业务，每项业务中又会产生大量的数据信息。这些数据信息在整个生产经营过程中的各项业务间进行流转，而生产经营情况则要通过各项技术经济指标来反映。

传统的管理方式中，仅针对单个的业务进行规划，而不考虑与其他业务间的关联。在这种业务分割的情况下，各项业务间的信息不能及时进行交互，就会造成信息壁垒。例如，生产时，现场实时采集的生产过程与设备状态数据没有通过集成化的信息加工处理，就不能快速完整地传递给企业的管理信息系统和生产与经营决策部门，底层的生产过程与管理经营层面的业务优化管理之间就出现了断层，企业的经营管理者就不能及时根据反馈来的信息调整生产经营计划和指标。

主题化的生产指标体系则通过生产经营指标的相关性，从不同视角反映矿山的综合生产经营状况。以生产计划涉及的主要指标为例，大概可以分为品种、产量、质量、产值等指标体系：

(1) 品种指标：是企业在计划期内出产的产品名字、规格和种类，它涉及“生产什么”的决策。确定品种指标是编制生产计划的首要问题，关系到企业的生存和发展。

(2) 产量指标：是企业在计划期内出产的合格产品的数量，它涉及“生产多少”的决策，关系到企业能获得多少利润。产量可以用台、件、吨等表示。对于品种、规格很多的系列产品，也可用主要技术参数计量，如马力、瓦等。

(3) 质量指标：是企业在计划期内产品质量应达到的水平，常采用统计指标来衡量，如一等品位、合格品率、完成率、利用率等。

(4) 产值指标：是用货币表示的产量指标，能综合反映企业生产经营活动成果，以便不同行业比较。根据具体内容与作用不同，分为商品产值、总产值与净产值三种。

针对不同经营指标分别定义相应的生产管理细度和周期，构建适用于管理需求的指标体系、数据集成周期、汇总方式等，以满足日常生产运营管理的需求。因此，根据不同的需求，按照不同的分类构建生产管理的指标体系，以方便依照不同的需求和要求进行生产指标的查询和填报。

通过以矿山中的生产调度日报、生产调度月报为例进行分析，根据分析与决策需求及矿山生产活动的实际，划分企业生产运营智能化分析主题域见图 8-14，各主题域的具体解释见表 8-1。

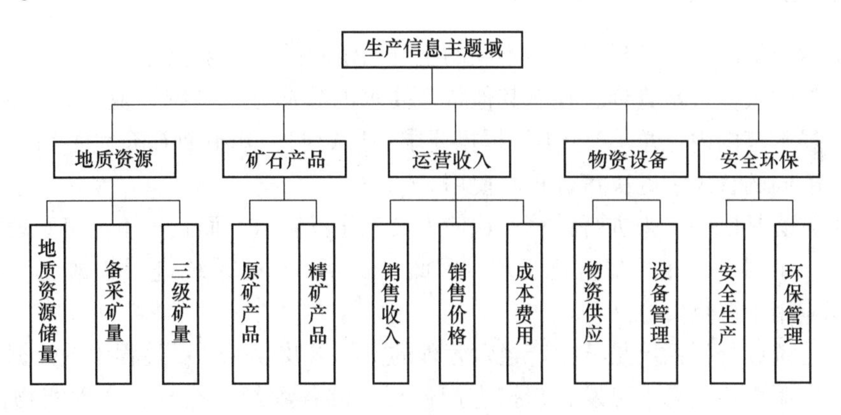

图 8-14 生产运营信息主题域设计

表 8-1 企业生产运营智能化分析主题域

主题		分析内容和意义
地质资源		针对边界品位、出矿量、平均品位、金属量等指标进行关联分析，分析矿山地质资源储量、备采矿量和三级矿量
矿石产品	原矿产品	针对矿山采掘总量、出矿量、原矿品位、采矿损失率和矿石贫化率等重要技术指标进行综合分析，指导生产，最大限度提高矿石回采率，提高矿石质量
	精矿产品	针对选矿处理量、精矿品位、产品产量、选冶回收率等指标进行分析，实时调整生产工艺流程和参数，以实现矿产资源的综合回收和利用，提高产品质量

续表 8-1

主题		分析内容和意义
运营收入	销售收入	了解各个矿山企业的每年、每季度、每月的销售收入，直观反映每个矿山企业的生产运营状况
	销售价格	运用数理统计方法对市场价格进行分析，了解市场价格的变化趋势，为矿山产品销售提供数据支持
	成本费用	分析成本构成与变动情况，并结合各生产指标研究成本变化规律，分析成本升降的关键，以实现矿山经济效益最大化
物资设备	物资供应	综合分析矿山物资装备现状和库存状况，包括物资和备件采购、库存和分发信息，在此基础上，可进行物资采购、消耗、库存等分析，为矿山的成本管理提供支持
	设备管理	综合管理矿山大型机械设备的运作情况，分析大型设备周期性检查结果及故障率，为设备的使用、更新、改造提供优化方案，避免机器老化磨损等原因造成矿山事故的发生
安全环保	安全生产	包括安全事故管理、安全教育与措施管理等，全面分析安全隐患发生数量及成因，以制定合理高效的应对办法，加强职工的安全生产意识
	环保管理	根据各个矿山实际排污情况，加强企业环保治理设施的运行和维护管理，分析矿区生态环境，实现对环境影响最小化

8.4.4 生产运营数据统计与分析

生产运营数据的综合分析是根据不同的主题而定制的，在系统建设完成后，会内置一批常规的分析图表供日常查询，在有其他特殊要求的数据分析与统计业务时（例如排行、分类汇总、局部范围内汇总等），则可根据要求加以定制，并不断补充完善到数据分析方法库中，供不同的管理主题决策分析时使用。

传统的方法是以手工来进行计算，这使人员工作量繁重，而且也不能直观地对指标进行分析对比，不利于企业的精益化管理。因此，设计信息化系统进行数据统计和指标分析，在实际应用中有重要意义。

生产运营统计分析系统是从生产经营管理的实际以及业务开展过程中的数据收集、存储、访问、应用现状与需求出发，掌控生产过程中的各项经营指标，实现实物消耗（投入）和产品量（产出）的最佳比值为目的，以基本生产单元为统计分析单元，逐级建立的统计分析信息化管理系统，通过投入产出基础数据的统计，计算和分析各项生产经营指标，为成本核算、控制、分析及标杆管理提供准确的基础资料，为管理者决策提供科学依据。

以某大型矿山为例，该矿山系统主要包括录入系统和查询系统，如图 8-15 所示。

（1）录入系统主要用于基层工作人员录入基础数据，录入完成后，数据进入后台数据库保存。

（2）查询系统报表将录入系统的数据主要按分类、分区块、分矿区、分过程进行单月和累计（多月）汇总，并可以对比分析每个月数据的变化曲线。生产经营指标查询是对月度查询报表中的部分重要数据进行计算处理后得到的派生报表，生产经营指标的分析

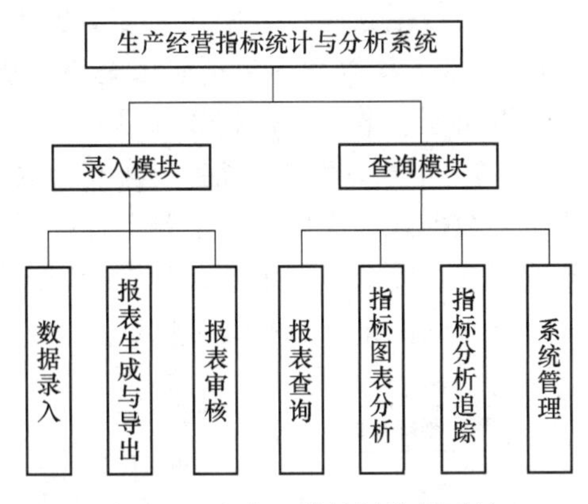

图 8-15 生产经营统计分析系统

结果以柱状、饼状、曲线等图表的形式展现出来，能够更直观地反映出相关的数据。

通过对生产指标的组织、汇总形成不同应用层级的报表，根据各级用户的不同需求，提供报表分类查询功能。查询维度包括时间、企业名称、企业类型和指标类型等。结合科学的统计分析方法，形成清晰直观的分析图表。图形化的展示，信息表达更加直观。从数据的波动性中可以清晰观测到数据的异常，辅助决策者发现经营问题的同时，为各级管理人员提供灵活报表统计、业务经营分析、企业绩效分析、财务分析、投资分析、生产运营分析、项目运营分析等决策支持功能。

8.5 数据仓库与决策支持

8.5.1 数据仓库与矿业数据仓库

8.5.1.1 概述

在数据的管理方式上，最初的数据管理形式主要是文件系统，少量的以数据片段之间增加一些关联和语义而构成层次型或网状数据库，但数据的访问必须依赖于特定的程序，数据的存取方式是固定的、死板的。此后，关系数据库的出现开创了数据管理的一个新时代。许多新思路涌现出来并被用于关系数据库系统的开发和实现，使得其处理能力飙升。SQL 的使用已成为一个不可阻挡的潮流，关系数据库最终成为联机事务处理系统的主宰。

当联机事务处理系统（On-Line Transaction Processing，OLTP）应用到一定阶段的时候，企业家们发现需要对其自身业务的运作以及整个市场相关行业的态势进行分析，而做出有利的决策。1980 年代中后期，出现了数据仓库思想的萌芽。人们设想专门为业务的统计分析建立一个数据中心，这个数据中心是一个联机的系统，是专门为分析统计和决策支持应用服务的。通过它可满足决策支持和联机分析应用所要求的一切。这个数据中心就称做数据仓库（Data Warehouse，DW）。

数据仓库是为企业所有级别的决策制定过程，提供所有类型数据支持的战略集合。它是单个数据存储，出于分析性报告和决策支持目的而创建，为需要业务智能的企业，提供指导业务流程改进、监视时间、成本、质量以及控制。与其他数据库应用不同的是，数据仓库更像一种过程，是对分布在组织内部各处的业务数据进行整合、加工和分析的过程。

矿山企业数据仓库系统主要由数据仓库、数据仓库管理系统和数据仓库应用工具三部分组成。其系统架构如图8-16所示。其数据源包括矿山基础数据、专题数据、矿山内部数据和统计调查数据，经过数据清理、数据转换和数据集成等技术，将数据装载至数据仓库，构成数据仓库的主体部分；数据仓库管理系统主要实现元数据存储与管理、数据装载和数据仓库刷新与维护等功能；数据仓库应用工具主要有查询报表、联机分析处理和数据挖掘等，满足矿山用户的各项需求。针对不同主题，为终端用户提供矿山企业管理、地质资源、设备调度和安全环保等方面的决策信息和参考依据。

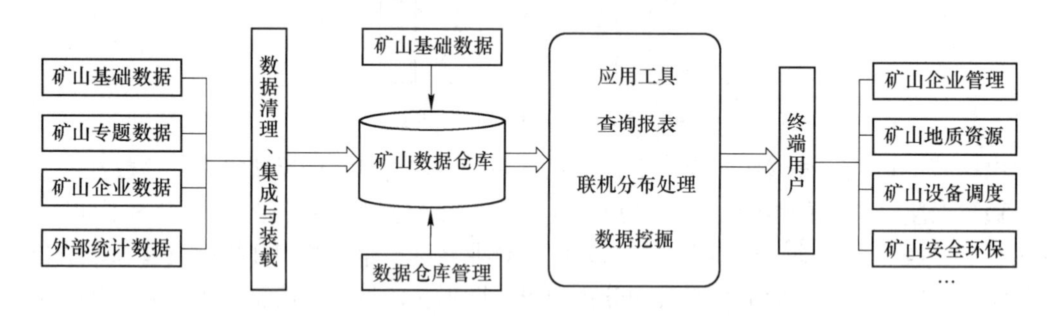

图8-16 矿山企业数据仓库系统架构

8.5.1.2 矿山数据仓库构建过程

构建矿山数据仓库是一项复杂的系统工程，需要各部门协调与合作，需要投入大量的人力和资金。从总体规划、数据收集、数据装载，到数据分析和具体应用，每个环节都可能影响系统的功能和效率。在实施数据仓库的过程中，应该尽量利用矿山数据资源以及综合考虑矿山企业的应用需求。同时，数据仓库也是一个开放的系统，随着数据的丰富和技术的提高，应该不断地增加系统数据和优化系统性能。构建矿山数据仓库的具体步骤如下：

（1）确定矿山应用主题。确定应用主题是构建数据仓库的首要环节。组织高层管理人员、矿山领域专家和知识工程师进行可行性报告论证，规划总体设计方案，明确系统实施的目标和功能，如主要解决矿山哪些问题和为矿山企业带来什么效益等。矿山数据的采集是矿山数据仓库中的一项重要工作，根据应用主题收集相关数据，包括矿山地质数据、矿山测量数据、物化探资料、矿山企业内部数据（如生产数据、管理数据和财务数据等）、外部市场统计数据等。

（2）矿山数据仓库构建与管理。构建数据仓库，包括数据装载、数据模型设计、元数据储存与管理等环节。元数据是关于数据的数据，属于数据仓库的关键组成部分，包括主题描述、数据抽取规则、逻辑模型的定义和数据分割定义等内容。为提高系统性能，进行数据挖掘和联机分析处理等操作，建立多维数据模型是一种有效的方式。多维数据模型易于理解，也方便用户开发和处理。最后，装载数据，建立时间序列和各种索引，以及进行接口设计，组成矿山数据仓库的主体，如图8-17所示。

8.5.1.3 数据仓库在矿山中的应用主题与发展趋势

随着各种计算机技术，如数据模型、数据库技术和应用开发技术的不断进步及各种矿山设备的不断更新，数据仓库技术也不断发展，并在矿业应用中发挥了巨大的作用。数据

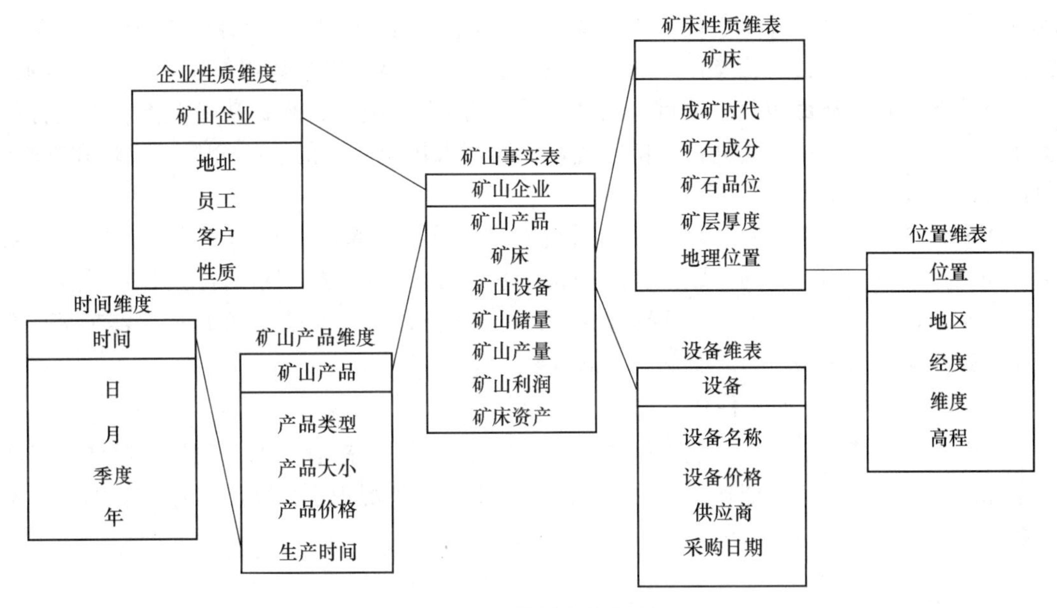

图 8-17 数据仓库模型

仓库技术在矿山中应用主要有以下的发展方向。

A 数据挖掘工具的成熟和广泛使用与机器学习相结合

数据挖掘工具和机器学习结合后，在矿业应用中逐渐焕发异彩。数据挖掘技术在矿业得到广泛应用，典型应用包括采用非经典数学模型进行指标预测。山东黄金集团为了解决矿业集团运营过程中面临的成员矿山地域分散、事务层级复杂、分析方法单一等问题，从体系完整、业务独立和信息集成的角度出发，运用商务智能技术构建了以网络平台、数据仓库、联机分析处理和数据挖掘为核心部件的大型矿业集团运营决策系统架构。综合运用数据仓库技术和数据挖掘算法，结合多维数据建模与分析方法，构建出面向矿业集团经营和发展的商业分析体系。

B 数据仓库与云计算、私有云技术的结合

在大型矿业集团管理信息系统中，数据仓库与云计算、私有云技术的结合显得尤为重要。行业分析云平台的建立，可收录全集团多个矿山企业的矿产资源数据以及企业运营数据，通过云平台可掌握前后 20 年的企业发展形势以及未来趋势。同时，通过互联网技术收集全球各国和地区的矿产资源及相关数据，结合国家社会发展状况、政治经济环境、自然资源分布等数据资料，开展全球资源格局分析，确定重点国家矿产资源需求及发展趋势，为矿产资源规划提供分析平台和决策依据。

C 数据仓库与三维技术结合

矿山三维可视化已然成为一种趋势。数据仓库结合三维技术，将数据进行三维可视化表达。比较成熟的应用是充分利用 GIS 强大的空间分析功能，将数据仓库与 WebGIS 开发软件相结合，基于网络实现海量数据统一管理和 2D、3D GIS 一体化开发。

8.5.2 决策支持与矿山智能决策

8.5.2.1 决策支持系统概述

决策支持系统（Decision Supporting System，DSS），是以管理科学、运筹学、控制论和行为科学为基础，以计算机技术、仿真技术和信息技术为手段，针对半结构化的决策问题，支持决策活动的具有智能作用的人机系统。DSS 能够为决策者提供决策所需的数据、信息和背景材料，帮助明确决策目标和进行问题的识别，建立或修改决策模型，提供各种备选方案，并且对各种方案进行评价和优选，通过人机交互功能进行分析、比较和判断，为正确决策提供必要的支持。

DSS 的概念结构由会话系统、控制系统、运行及操作系统、数据库系统、模型库系统、规则库系统和用户共同构成。智能决策体系是 AI 与 DSS 技术相结合，形成了高级别的、具有知识处理能力的 DSS。其构成为：四库系统+接口，也就是知识库、数据库、模型库、方法库及人机接口，还有问题求解模块。

8.5.2.2 智能决策支持体系

智能决策支持系统是将矿业数据仓库内海量的数据进行融合，通过数据、模型、案例等主题库与模型库的比对处理，评价指标状态，对异常情况识别诊断。常见的矿山决策支持系统的构成如图 8-18 所示。

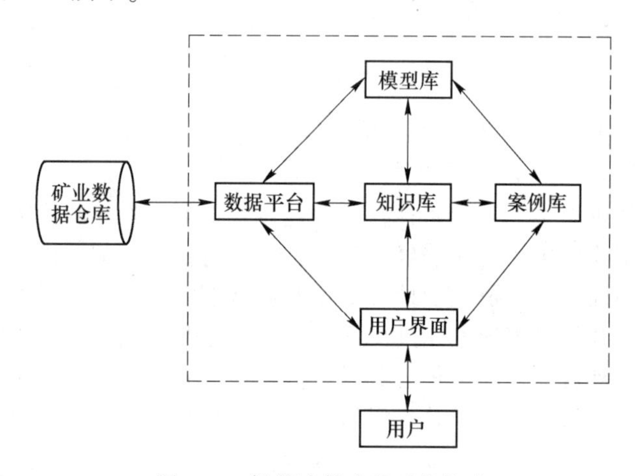

图 8-18 智能决策支持系统构成

在智能决策系统中，数据由数据仓库提供，知识库存储专家相关知识和其他类型知识，用于正反推理。案例库系统用于存储一切典型案例，用于案例特征的提取、搜索、相似度比对。模型库通过具体的模型计算，完成模型数据的统计分析，并将计算结果与知识库和案例库进行对比决策，以实现智能识别，形成决策所需要的相关信息。

8.5.2.3 智能决策处理流程

智能决策系统通过分析数据仓库内相关主题信息，预判分析领域状态，然后将待分析参数进行加工融合，参考专家知识库、数据库、模型库以及案例库内容完成综合评价。评价过程也是知识累计过程。

用户利用人机交互界面输入要求，判断模型库是否存在此类模型。系统根据用户需要将模型库中的相应方法用于人工数据检索，结合待分析参数以及系统历史记录完成数据的判定，进而再根据知识库中相关专家知识完成数据的具体情况分析，或者通过案例库中对应典型案例进行对比分析，获取相应解决方法，完成智能决策过程，如图 8-19 所示。

决策系统通过结合矿业数据仓库、人机互动和处理模块来完成智能决策支持，利用知识库专家系统来解决典型问题，以及用案例库调取典型案例的推理优点，完成定性与定量

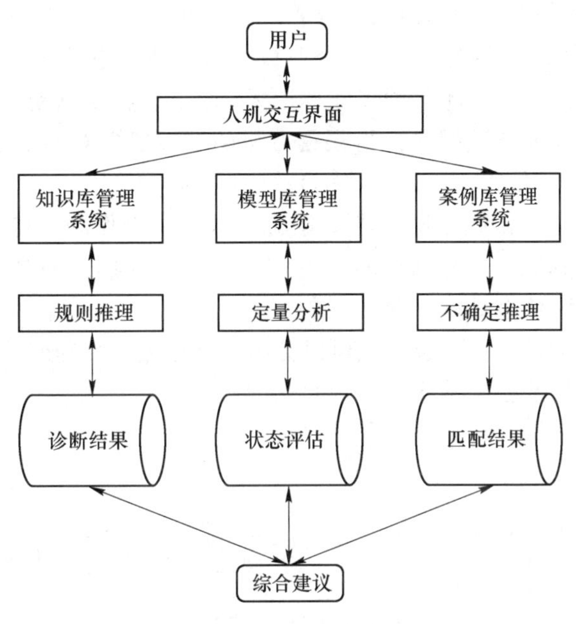

图 8-19 综合决策支持过程

分析相结合的优势互补，提高了解决实际非典型问题的能力，使决策更加及时、综合和准确。

8.5.3 矿业商务智能

8.5.3.1 商务智能概述

商务智能（Business Intelligence，BI），又称商业智慧或商业智能，最早由加特纳集团在 1996 年提出，是融合了先进信息技术与创新管理理念的一套完整的解决方案，用来将企业中现有数据进行有效整合，快速准确地提供图表分析与决策依据，帮助企业管理者做出明智的业务经营决策。

商务智能的关键是通过数据抽取-交互转换-加载（ETL）过程，从海量生产运营数据中提取出有用的部分；再利用合适的查询和分析工具对其进行分析和处理，形成可供辅助决策的知识；最后将知识呈现给管理者，为管理者的决策过程提供数据支持。

商务智能数据分析的基础是数据仓库的规划设计，在此基础上构建多维数据集。以多维数据建模方式为核心，使用可视化 ETL 流程操作，采用动态的内存数据立方体技术和并行计算的先进数据处理模式，根据用户需求形成快而有效、灵活易用的实施方案。其主要特性和优点如下：

（1）快速部署。商务智能技术采用分布式计算、内存计算、列存储以及库内计算等技术，令大数据量处理不再依赖预计算即可快速完成，数据处理速度得到大幅度提升。

（2）可视化 ETL 流程。商务智能技术支持丰富的数据源连接，以及可视化的 ETL 工具帮助企业进行多样数据整合；并通过智能的字段名称转义和关联手段，让数据具有更强的可读性。矿业集团无须引进相关专业技术人才，业务人员也不用编辑代码和脚本，所见即所得，可快捷地完成数据 ETL 流程。

（3）动态的内存数据立方体（Cube）。商务智能完成数据 ETL 清洗转换后，即可存储到Cube中，并按照业务数据包进行分类管理，方便业务人员进行前端数据分析。不同的业务人员操作不同的业务数据包，一个业务数据包中可包含多个Cube，Cube中的数据，可实时动态调整。矿业集团数据多样、指标众多、分析主题动态化且多样化。商务智能技术可根据主题建立业务数据包，再根据分析的指标建立Cube，相应的业务人员只有固定的Cube操作权限，使得工作得以快捷高效地进行。

(4) 低成本。商务智能技术降低了数据分析学习和操作的门槛，随之降低了对业务人员的要求；同时，降低了项目实施难度，缩短了项目周期，随之降低的还有项目风险性。商务智能技术从整体上降低了项目成本。

从层次体系的角度而言，商务智能可以分为数据源层、数据准备层、数据仓库层、数据分析层、数据展示层共五层结构，如图8-20所示。

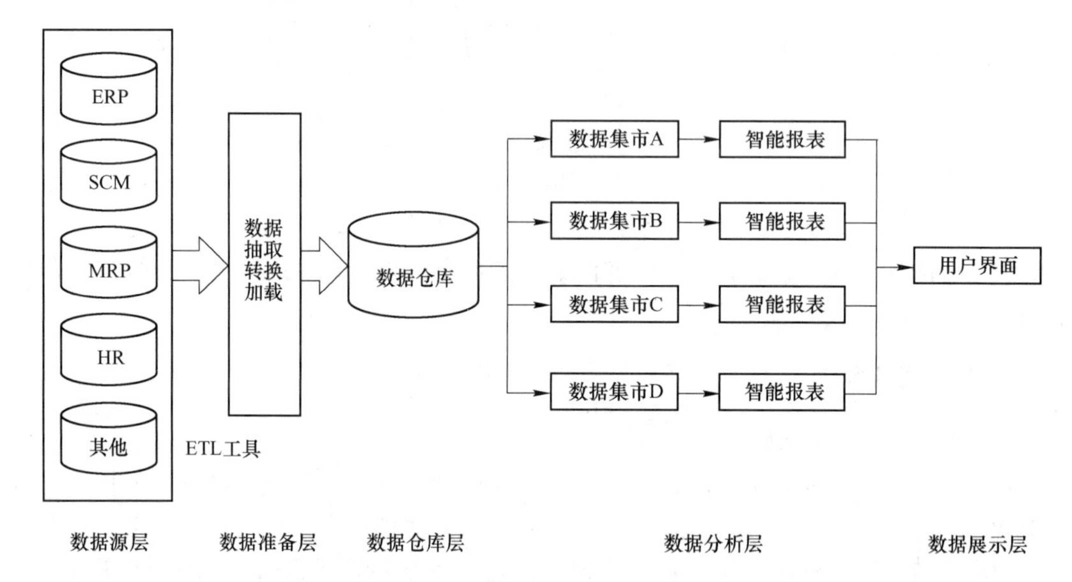

图8-20　商务智能的系统结构

8.5.3.2　商务智能实施步骤

商务智能的应用是一项复杂的系统工程，涉及企业管理、生产管理、信息系统、数据仓库、数据挖掘、统计分析等众多门类的知识，因此必须按照正确的实施方法进行。商务智能的实施步骤大致可以分为五个阶段：

(1) 需求分析。需求分析是商务智能实施的基础，在其他活动开展之前，必须明确定义企业对商务智能的期望和需求，包括需要分析的主题、各主题可能查看的角度（维度）、需要发现企业哪些方面的规律等。

(2) 数据收集和预处理。在清楚用户需求、明确系统待解决问题后，就需要确认数据源，进行数据收集与预处理工作。从不同的应用系统中提取有用数据，如ERP、供应链管理系统（Supply Chain Management，SCM）、物料需求计划管理系统（Material Requirement Planning，MRP）、人力资源管理系统（Human Resource，HR）等，并对收集到的有效数据进行清洗、加工，保证未来所使用的数据都是内容有效且格式统一的。

(3) 数据存储。建立企业数据仓库的逻辑模型和物理模型，规划系统的应用架构，利用ETL工具将数据从业务系统中抽取到数据仓库中，得到企业数据的一个全局视图，企业及其中各部门可以查看格式清晰的同构数据。在抽取的过程中，还必须将数据进行转换，以适应分析的需要；将企业各类数据按照分析主题进行组织和归类，并对数据仓库进行日常维护，保证存储数据的安全性。

（4）数据建模与分析。这是商务智能技术的核心，将数据分成多个数据集市，分别采用恰当的数学分析模型与智能报表工具、数据挖掘工具、联机处理分析工具等，对数据仓库中的数据进行多维度分析处理，并向系统的用户展示，生成直观的报表图表，为企业管理人员制定决策方案提供基础和依据。

（5）系统改进和完善。任何系统的实施都必须是不断完善的，商务智能系统更是如此，在用户使用一段时间后可能会提出更多的、更具体的要求，这时需要再按照上述步骤对系统进行重构或完善。

8.5.3.3 商务智能相关技术及工具

（1）数据仓库技术。数据仓库是对海量数据进行分析的核心物理构架，是商务智能的依托。它是一个面向主题的、集成的、稳定且随时间变化的数据集合，用以支持管理决策的过程。数据仓库的数据源可以来自多种不同平台的系统，如企业内部的应用系统、外部的云平台等，通过 ETL 操作，将不同形式、不同来源的数据加载存储进入数据仓库。

（2）联机分析处理技术。联机分析处理是一个建立数据系统的方法，其核心思想就是建立多维度的数据立方体。而数据立方体的关键之处，在于事实表和维度表共同构建的多维数据集，即基于实体-关系模型的一组事实模式，主要包括建模事实、度量、维度和层次结构。OLAP 技术通过多个维度构建数据立方体，为用户提供一个或多个维度环境下的报表查询服务，建立多维模型多视角多层次的数据组织形式，实现灵活、系统、直观的数据展现。

（3）数据挖掘技术。数据挖掘是指发现数据间潜在的关联，并以此构建预测模型的过程，可以作为 OLAP 的补充，常用的算法包括关联发现、时序发现、聚类分析、类型分析、非结构化数据分析等。在商务智能中，通常用来分析大量的数据以揭示数据之间隐藏的关系和趋势，从而为决策者提供更多的辅助决策信息。数据挖掘是一个连续的反馈修正的过程，若选取的数据是不恰当的，或者挖掘方法不能达到预期的效果，则需要重复进行挖掘过程，直至得到想要的结果。

（4）数据可视化技术。数据可视化技术是指以图形、图表、动画等较为美观、易于用户理解的形式来展示和解释数据间的各种复杂关系和数据趋势，从早期的报表、点线图、饼图等简单图表，到当前的拖曳交互、动态模拟、值域漫游、动画技术等更加直观、友好、易读的表现方法，可视化技术在近十几年间发展迅速，相关产品和工具也十分丰富。

（5）商务智能工具。自商务智能领域被开拓以来，国内外的商务智能工具层出不穷。IBM cognos、SAP Business Objects、Oracle BIEE、Microsoft BI、MicroStrategy、BI@ Report、DataHunter、思迈特 Smartbi、奥威智动 Power-BI 等，都是传统的 BI 软件；而近年来投入成本更低、更加平民化、更加易于操作的敏捷型 BI 工具，得到了快速发展并进入主流市场，如国外的 QlikTech、Tableau、Style Intelligence、QlikView 等，国内的永洪科技 Yonghong Z-Suite、国云数据（大数据魔镜）、亿信 BI、FineBI 商业智能软件、象形科技的 ETHINK 等，让更多的企业能以较低的投入实现商务智能系统的搭建，从而以更高的灵活度适应市场需求，全面提升自身的决策能力和运营能力。

8.5.3.4 矿业商务智能的应用

在矿业领域，商务智能得到了一定的应用，尤其是在集团型企业的信息化架构设计与优化、针对矿山数据特征进行数据建模与商业分析等方面，这种具有市场感知能力的系统越来越受到集团决策者的重视。

矿业集团由于其自身特点，在运营过程中往往面临着成员矿山地域分散、事务层级复杂、数据多样、指标众多、分析方法单一、分析主题动态化且多样化、固定分析主题与临时分析主题并重等问题，因此可以从体系完整、业务独立和信息集成的角度出发，构建以网络平台、数据仓库、联机分析处理和数据挖掘等为核心部件的商务智能系统，实现矿山的智能化分析决策。

商务智能在矿业领域中的应用主要有以下三个典型的方面。

A 运营分析

矿山企业所关注的信息范围很广，包括市场、资源、成本、经营系统等，并且随着矿山生产不确定性的增加、企业内外部环境复杂程度的提升而不断扩展。面向商务智能的运营分析，则可以根据不同的主题形成相应的分析专题，如运营指标分析、运营业绩分析和财务分析等，以满足矿山管理人员的需要。

B 决策支持

在运营分析的基础上，将各类数据、信息进行高度的概括和总结，然后形成供高级决策者进行战略决策时参考的企业经营状况分析报告，是商业智能的优势所在。

商业智能对战略决策的支持，分别表现在对公司战略、业务战略和职能战略的支持上。在公司战略决策支持层面上，可以根据公司各战略业务单元的经营业绩和经营定位，选择一种合理的投资组合战略；在业务战略决策支持层面上，由于商业智能系统中集成了更多的外部数据，如外部环境和行业信息，各战略业务单元可据此分别制定自身的竞争战略；在职能战略决策支持层面上，由于来自于企业内部的各种信息源源不断地输入进来，相应地可以提供营销、生产、财务、人力资源等决策支持。

面向商务智能的决策支持系统包括数据采集与转换、主题域划分、数据挖掘和商业分析等关键环节，可以根据分析需求快速定制报表并支持大数据分析，提供灵活的指标监控、报表查询和多维图形展示，通过对生产数据的智能分析，实现对生产指标趋势分析、成本细化和趋势分析、设备管理分析、采购分析、品位变化趋势、选矿工艺数据分析等，以全面掌握企业当前的发展状况；并通过对关键指标设定适当阈值，使系统能快速察觉企业运作中的不足，在企业运营状况综合评价的基础上，实现对阶段性生产过程的状态、成本、效益以及年度整体生产情况等的智能分析与决策。

C 绩效管理

商业智能技术能够从企业各种应用系统中提取出各种基础绩效指标与关键绩效指标（Key Performance Indicator，KPI）。为了考核员工的绩效，企业可以先将希望员工要做的工作量化，然后借助商业智能工具，管理人员可以追踪、衡量和评价员工的工作绩效，引导员工的思想方向和行动与企业的整体目标保持一致。

8.5.4 应用案例

山东黄金集团是以黄金生产为主要业务的国有大型企业，目前已形成了覆盖全球范围、辐射多类产业的经营与发展格局，企业的快速发展、管理模式的转变、多元化的产业、跨地域管控等诸多特征，使得集团对生产运营管控的精细化程度提出了更高的要求，同时也加大了管控的难度。为此，山东黄金以实现生产运营管控的精细化、智能化为目标，以生产运营的智能化管控体系为切入点，将商务智能技术融入山东黄金集团的智能化分析与决策专题中，逐步扩展应用，形成了适用于矿业集团的商务智能系统。其实施流程如图 8-21 所示。

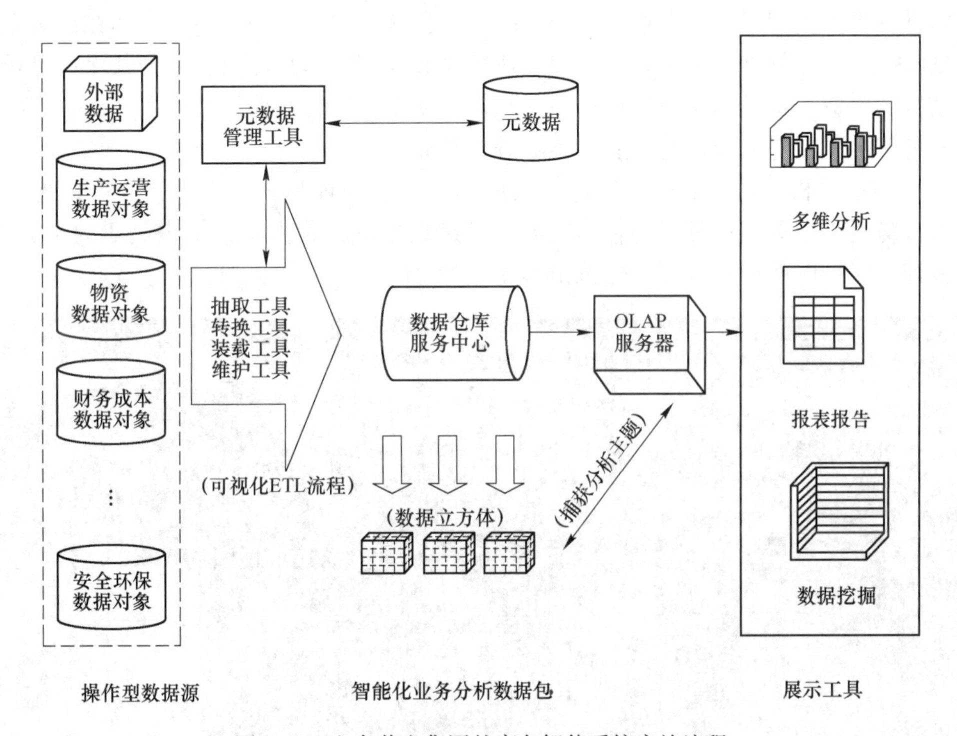

图 8-21　山东黄金集团的商务智能系统实施流程

依据矿业集团商务智能系统的业务逻辑，按照以数据驱动的方式梳理数据流程，考虑数据的海量性和时间性等特点，借助商务智能中的数据仓库、OLAP 和数据挖掘技术，采用自下而上的方法对系统数据进行融合和规划布局，以满足各层级用户对于数据粒度和维度的差异化需求。系统实现如下功能：

(1) 数据采集。通过对可用数据源的位置、数据结构、语义、计算机环境的分析，将矿业集团的信息源划分为内部业务信息和外部业务信息。内部业务信息是对集团内部环境的总体描述，包括旗下矿山的地测数据、计划数据、财务数据和生产数据，能够真实反映企业经营状况；外部业务信息源是能够高度反映目前行业状况的信息咨询，包括国际金属市场、国家资源政策、供需关系和竞争对手信息等。

(2) 数据加工处理。矿业集团的数据源于旗下的矿山企业各业务系统和手工文档，导致数据的概念、逻辑及物理结构存在较大差异。采用较为灵活的元数据驱动方式完成数据的抽取、清洗、转换，并加载至数据仓库，以解决多元异构数据融合问题，实现集团范围内数据的共享与集成。

（3）数据的主题域划分。划分主题域是在较高的层次上对数据进行综合和分析的一个抽象概念，主题域模型不再面向独立的应用，而是对应一个宏观的分析领域。围绕企业全部业务范畴，根据企业决策者要求或生产运营活动对数据进行归类。在此基础上，结合矿业集团自身特点和决策需要，建立相应的主题域，涵盖生产技术、计划调度、矿石质量、经济成本、人力资源、地质资源、物流、统计分析、物资装备、经营绩效和安全生产等主题。

（4）数据挖掘。以矿山数据仓库为对象，根据预定义的模型和方法，提取隐藏的预测性信息。提出适用于集团企业数据挖掘的公共方法库、公共模型库方案和在矿山企业数据挖掘所需的矿山领域知识库。在构建矿业集团数据挖掘知识库时，将公共库和专业知识库相结合，形成一个较为完整的矿业集团数据挖掘模型与方法库，并根据管理学、决策支持方法和矿山领域专业知识的发展，不断进行扩充。

（5）商业分析。通过上述方法完成数据的加工、处理与知识发现，数据最终流向企业决策者，用于指导商业分析与辅助决策；通过数据可视化方法，提供灵活的指标监控、报表查询、多维图形展示和综合分析，如图 8-22 所示。

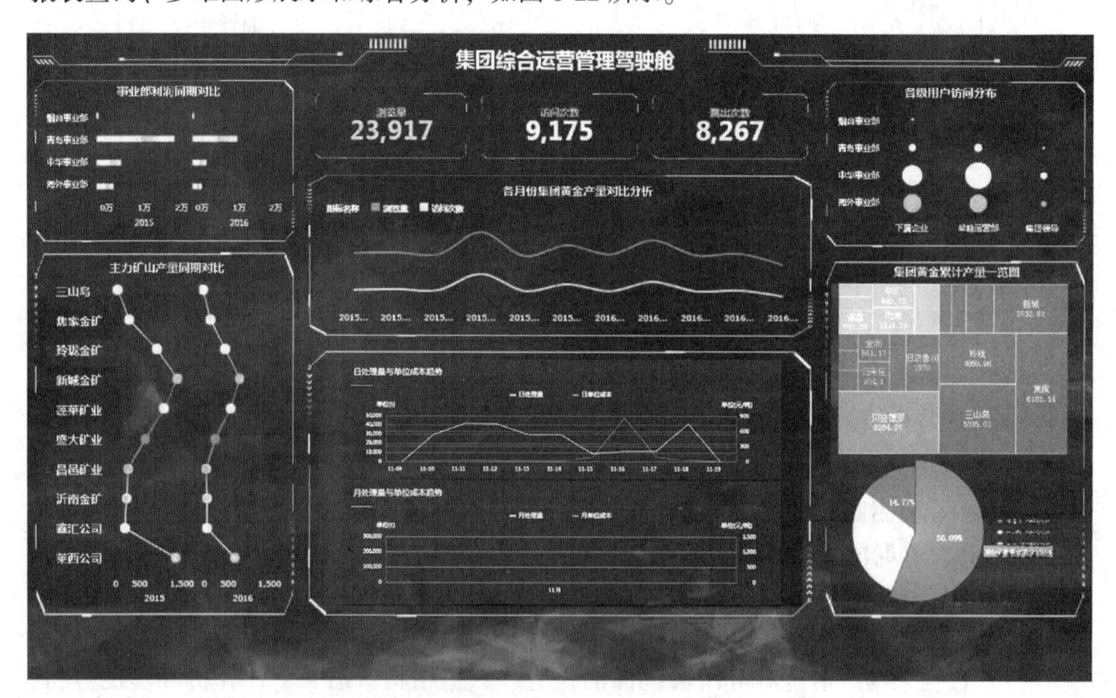

图 8-22　山东黄金集团商务智能分析示例

以商务智能为基础的矿业集团运营决策系统，全面实现了生产运营数据的分布式采集、集成静默式汇总、智能化决策分析，通过多主题、多维度、多层次分析，实现了大量生产运营数据资源的深层次利用，有效提升了集团生产运营管控的实时性、精确性和科学有效性。

参 考 文 献

[1] 彼得·德鲁克. 管理的实践 [M]. 北京：机械工业出版社，2009.
[2] 陈琼. 基于 DWH-FNN 的矿山电气设备监测维护决策支持系统研究 [J]. 化工矿物与加工，2018，47 (06)：55-58.
[3] 陈忠强. 地下金属矿智能调度关键技术研究 [D]. 长沙：中南大学，2014.
[4] 戴维. 帕门特. 关键绩效指标：KPI 开发，实施和应用 [M]. 北京：机械工业出版社，2012.
[5] 董燕，高健飞. 大数据时代下如何打造个性化的商务智能实践 [J]. 科技资讯，2015，13 (27)：18-19.
[6]《关于全面开展矿山储量动态监督管理的通知》(国土资发〔2006〕87 号).
[7] 耿雷波，王瑞霞. 基建矿山的绩效考核管理 [J]. 中小企业管理与科技 (中旬刊)，2015 (07)：45.
[8] 韩茜. 智慧矿山信息化标准化系统关键问题研究 [D]. 北京：中国矿业大学 (北京)，2016.
[9] 韩作振，卢鹏，毛善君. 基于 WEB 的生产调度管理信息系统 [J]. 煤矿现代化，2007 (01)：41-42.
[10] 侯杰，胡乃联，李国清，等. 基于商务智能的矿业集团运营决策系统解决方案 [J]. 计算机集成制造系统，2016，22 (01)：202-212.
[11] 黄解军，崔巍，袁艳斌，等. 面向数字矿山的数据仓库构建及其应用研究 [J]. 中国矿业，2009，18 (11)：76-79.
[12] 霍格英. 探索性数据分析 [M]. 中国统计出版社：北京，1998.
[13] 李国清，胡乃联，陈道贵，等. 金属矿山地质资源数字化建设框架研究 [J]. 金属矿山，2010 (04)：118-122.
[14] 李国清. 矿山企业管理 [M]. 北京：冶金工业出版社，2015.
[15] 李睿，刘剑锋，杨兆杰，等. 企业设备技术信息化的重要性分析 [J]. 电子技术与软件工程，2017 (12)：230.
[16] 李学锋，钟叔玉. 数据挖掘及其在矿业中的应用研究 [J]. 矿业研究与开发，2006 (05)：51-54.
[17] 林宇. 数据仓库原理与实践 [M]. 北京：人民邮电出版社，2000.
[18] 刘其飞. 基于商务智能的油气生产报表的研究 [D]. 西安：西安石油大学，2012.
[19] 迈克尔·詹德隆. 商业智能与云计算 [M]. 张瀚文，译. 北京：人民邮电出版社，2015.
[20] 潘永才，罗雪姣，温小清，等. 生产经营数据统计与指标分析系统研究 [J]. 物联网技术，2015，5 (03)：95-96，100.
[21] 秦杨勇. 平衡记分卡与绩效管理 [M]. 北京：中国经济出版社，2009.
[22] 萨师煊，王珊. 数据库系统概论 [M]. 3 版. 北京：高等教育出版社，2000.
[23] 邵为民. 基于 Surpac 软件的地下采矿计划 MineSched 的应用 [A]. 第九届全国采矿学术会议暨矿山技术设备展示会论文集 [C]. 中国煤炭学会，2012：4.
[24] 汤娟娟. 企业金属平衡管理系统方案探讨 [J]. 中国有色金属，2017 (S2)：209-211.
[25] 唐义. 基于遗传算法的地下无轨运输设备调度策略研究 [D]. 成都：电子科技大学，2009.
[26] 王海涛. 我国预算绩效管理改革研究 [D]. 北京：财政部财政科学研究所，2014.
[27] 王静龙，梁小筠. 定性数据统计分析 [M]. 北京：中国统计出版社，2008.
[28] 王鹏. 陕北地方煤矿资源/储量动态管理研究 [D]. 西安：西安科技大学，2015.
[29] 王素萍. 矿山储量年报在我国矿政管理中的作用 [J]. 现代矿业，2015，31 (08)：178-181.
[30] 王素萍. 我国矿山储量动态管理实践与建议 [J]. 矿产保护与利用，2017 (03)：8-12.

[31] 吴德华，陈松岭，杨冰．动静脉矿业一体化发展空间决策支持系统设计［J］. 测绘科学，2014，39（07）：158-162.

[32] 修国林，黄雨笋，李国清，等．基于敏捷型 BI 的矿业集团生产信息分析模型［J］. 中国矿业，2017，26（10）：30-37.

[33] 徐少游，毕林，王李管．基于 DIMINE 软件的地下金属矿山生产计划编制系统［J］. 金属矿山，2010（11）：51-55.

[34] 徐帅．地下矿山数字开采关键技术研究［D］. 沈阳：东北大学，2009.

[35] 徐艳，陈科．轨道交通行业竣工决算系统设计［J］. 电脑知识与技术，2014，10（02）：407-408.

[36] 尹敏．国企绩效考核工作的问题与改进［J］. 现代企业，2018（01）：16-17.

[37] 张长锁．矿业软件在矿山三维可视化建模中的应用［J］. 有色金属（矿山部分），2011，63（06）：72-76.

[38] 钟德云，胡柳青．利用 3DMine 软件进行露天矿境界优化［J］. 金属矿山，2012（01）：128-130.

[39] Short Interval Control (SIC). Lean Production. https：//www. leanproduction. com/short-interval-control. html.

[40] Howes R, Forrest C. Short Interval Control in Today's Underground Mine：A Case Study［J］. Presentation in MINExpo International, Las Vegas, 2012.

9 智能矿山技术展望

本章内容重点：随着信息技术的飞速发展，越来越多的新技术与矿山的生产运营相融合，形成了创新型的智能运作模式。本章重点讲述新技术、新理念、新装备在矿山中的应用，包括矿业大数据、矿业云平台、互联网+矿业的整体构想与发展展望。

9.1 矿业大数据和云计算

9.1.1 大数据的产生和发展

大数据是用传统方法或工具很难处理或分析的数据信息。目前，人们对大数据的理解还不够全面和深入，关于大数据的含义也没有一个统一的定义。在维基百科中，关于大数据的定义为：大数据是指利用常用软件工具来获取、管理和处理数据所耗时间超过可容忍时间的数据集；IDC 对大数据做出的定义为：大数据一般会涉及 2 种或 2 种以上数据形式，它要收集超过 100TB 的数据，并且是高速、实时数据流；或者是从小数据开始，但数据每年会增长 60%以上；研究机构 Gartner 给出了这样的定义：大数据是需要新处理模式才能具有更强的决策力、洞察发现力和流程优化能力的海量、高增长率和多样化的信息资产。

目前，企业界和学术界都一致认为，大数据具有 4 个“V”特征，即：容量（Volume）、种类（Variety）、速度（Velocity）和至关重要的价值（Value）。

（1）容量（Volume）巨大。海量的数据集从 TB 级别提升到 PB 级别。

（2）种类（Variety）繁多。大数据数据源有多种，数据格式和种类不同于以前所规定的结构化数据范畴。

（3）价值（Value）密度低。如视频的例子，在不间断连续监控的过程中，可能有意义的数据仅有一两秒。

（4）速度（Velocity）快。包含大量实时、在线数据处理分析的需求 1 秒钟定律。

伴随着科技和社会的发展进步，数据的数量不断增多，质量不断增高。工业革命以来，人类更加注重数据的作用，不同的行业先后确定了数据标准，并积累了大量的结构化数据，计算机和网络的兴起，大量数据分析、查询、处理技术的出现使得高效的处理大量的传统结构化数据成为可能。而近年来，随着互联网的快速发展，音频、文字、图片视频等半结构化、非结构化数据大量涌现，社交网络、物联网、云计算广泛应用，使得个人可以更加准确快捷的发布、获取数据。在科学研究、互联网应用、电子商务等诸多应用领域，数据规模、数据种类正在以极快的速度成长，大数据时代已悄然降临。

全球数据量表现爆炸式增长，数据成了当今社会增长最快的资源之一。根据国际数据公司 IDC 的监测统计，即使在遭遇金融危机的 2009 年，全球信息量也比 2008 年增长了 62%，达到 80 万 PB（1PB 等于 10 亿 GB），到 2011 年全球数据总量已达到 1. 8ZB（1ZB 等于 1 万亿 GB），并且人类产生的数据量正在呈指数级增长，大约每 2 年翻一番，预计到 2020 年全球数据总量将达到 40ZB，10 年间增长 20 倍以上。在数据规模急剧增长的同时，数据类型也越来越复杂，包括结构化数据、半结构化数据、非结构化数据等多种类型，其中采用传统数据处理手段难以处理的非结构化数据已接近数据总量的 75%。

如此增长迅速、庞大繁杂的数据资源，给传统的数据分析、处理技术带来了巨大的挑战。为了应对这样的新任务，与大数据相关的大数据技术、大数据工程、大数据科学和大数据应用等迅速成为信息科学领域的热点问题，得到了一些国家政府部门、经济领域以及科学领域有关专家的广泛关注。

2012 年 3 月 22 日，奥巴马宣布美国政府五大部门投资 2 亿美元启动“大数据研究和发展计划（Big Data Research and Development Initiative）”，欲大力推动大数据相关的收集、储存、保留、管理、分析和共享海量数据技术研究，以提高美国的科研、教育与国家安全能力。在商业方面，2013 年，Gartner 发布了将在未来三年对企业产生重大影响的十大战略技术中，大数据名列其中，提出大数据技术将影响企业的长期计划、规划和行动方案，同时，IBM、Intel、EMC、Walmart、Teradata、Oracle、Microsoft、Google、Facebook 等发源于美国的跨国巨头也积极提出自己的应对大数据挑战的发展策略，他们成了发展大数据处理技术的主要推动者。在科技领域，庞大的数据正在改变着人类发现问题、解决问题的基本方式，采用最简单的统计分析算法，将大量数据不经过模型和假设直接交给高性能计算机处理，就可以发现某些传统科学方法难以得到的规律和结论。

国际顶级学术刊物相继出版大数据方面的专刊，讨论大数据的特征、技术与应用，2008 年 Nature 出版专刊“Big Data”，分析了大量快速涌现数据给数据分析处理带来的巨大挑战，大数据的影响遍及互联网技术、电子商务、超级计算、环境科学、生物医药等多个领域。2011 年 Science 推出关于数据处理的专刊《Dealing with Data》，讨论了数据洪流（Data Deluge）所带来的挑战，提出了对大数据进行有效的分析、组织、利用可以对社会发展起到巨大推动作用。在大数据领域，国内学者也有大量的相关工作，探讨了大数据的研究现状与意义，介绍了大数据应用与研究所面临的问题与挑战并对大数据发展战略提出了建议。此外，从大数据分析、查询方面的理论、技术，对大数据基本概念进行了剖析，列举了大数据分析平台需要具备的几个重要特性，阐述了大数据处理的基本框架，并对当前的主流实现平台进行了分析归纳。

大数据技术使人们能够更好地利用之前不能使用的各个数据类型，找出被忽略的信息，促进企业组织更加高效、智能。但随着对大数据研究的不断深入，人们也更加意识到当大数据技术向人们敞开“方便之门”的同时，也带来了众多的挑战：

（1）大数据需要更为专业化的管理技术人才。

（2）大数据的合理利用需要解决容量大、类别多和时效性高的数据处理问题。

（3）大数据的利用对信息安全提出了更高要求。

（4）大数据的集成与管理问题。

这些挑战已成为关系到未来大数据发展的重要因素，同时也成为未来引领大数据发展的推动力。

9.1.2 云计算的产生和发展

云计算（Cloud Computing）是网格计算（Grid Computing）、分布式计算（Distributed Computing）、并行计算（Parallel Computing）、效用计算（Utility Computing）、网络存储（Network Storage Technologies）、虚拟化（Virtualization）、负载均衡（Load Balance）等传统计算机技术和网络技术发展融合的产物。

21世纪初，Web2.0迅速兴起，引发了网络发展的新高潮。网络上需要处理的任务越来越多，需要存储的信息和处理的数据也越来越庞大。然而，随着移动终端的智能化和移动宽带网络越来越普遍，连接着移动终端的IT系统所承受的负载会越来越多，那些为用户提供信息服务的企业的任务就变得越来越繁重。此时由于高速网络的连接出现，芯片的磁盘驱动的功能变得更加强大且价格愈加便宜，拥有了快速处理大量复杂问题的能力。在技术方面，分布式计算、并行计算和网格计算快速发展且已经趋于成熟，可以不用再受地理资源的限制，充分利用世界各地的计算资源，将各地的软件、硬件和其他的信息资源通过网络连接在一起，从而实现大量的数据存储功能和完成复杂的数据处理和计算任务。以及包括计算机存储技术的发展、Web2.0的实现、多核技术的广泛应用，使得人们迫切需要产生一种更加强大的计算能力和服务，可提高计算能力和资源利用率，于是云计算应运而生。

云计算的核心思想，是将大量用网络连接的计算资源统一管理和调度，构成一个计算资源池向用户按需服务。通俗来说，云计算其实就是让计算、存储、网络、数据、算法、应用等软硬件资源像电一样，随时随地、即插即用。鉴于云计算兼顾存储容量大、计算力强、安全、服务全面、弹性扩展、部署简便、即插即用和费用低廉等明显的优势，云计算已经成为把企业的大数据变成商机的首选方法。

目前，云计算的服务形式主要有：SaaS（Software as a Service），PaaS（Platform as a Service），IaaS（Infrastructure as a Service）。

（1）软件即服务（SaaS）

SaaS服务提供商将应用软件统一部署在自己的服务器上，用户根据需求通过互联网向厂商订购应用软件服务，服务提供商根据客户所定软件的数量、时间的长短等因素收费，并且通过浏览器向客户提供软件的模式。这种服务模式的优势是，由服务提供商维护和管理软件、提供软件运行的硬件设施，用户只需拥有能够接入互联网的终端，即可随时随地使用软件。这种模式下，客户不再像传统模式那样花费大量资金在硬件、软件、维护人员，只需要支出一定的租赁服务费用，通过互联网就可以享受到相应的硬件、软件和维护服务，这是网络应用最具效益的营运模式。对于小型企业来说，SaaS是采用先进技术的最好途径。

目前，Salesforce是提供这类服务最有名的公司，Google Doc，Google Apps和Zoho Office也属于这类服务。

（2）平台即服务（PaaS）

把开发环境作为一种服务来提供。这是一种分布式平台服务，厂商提供开发环境、服务器平台、硬件资源等服务给客户，用户在其平台基础上定制开发自己的应用程序并通过其服务器和互联网传递给其他客户。PaaS 能够给企业或个人提供研发的中间件平台，提供应用程序开发、数据库、应用服务器、试验、托管及应用服务。Google App Engine，Salesforce 平台，八百客的 800APP 是 PaaS 的代表产品。

（3）基础设施服务（IaaS）

IaaS 即把厂商的由多台服务器组成的"云端"基础设施，作为计量服务提供给客户。它将内存、I/O 设备、存储和计算能力整合成一个虚拟的资源池为整个业界提供所需要的存储资源和虚拟化服务器等服务。这是一种托管型硬件方式，用户付费使用厂商的硬件设施。例如 Amazon Web Service 服务（AWS），IBM 的 BlueCloud 等均是将基础设施作为服务出租。

IaaS 的优点是用户只需低成本硬件，按需租用相应计算能力和存储能力，大大降低了用户在硬件上的开销。

目前，以 Google 云应用最具代表性，例如 GoogleApps、Googlesites、GoogleDocs，云计算应用平台 GoogleApp Engine。

9.1.3 大数据和云计算的关系

从大数据和云计算的定义来看，大数据要比云计算更加广泛。大数据是需要新处理模式才能具有更强的决策力、洞察发现力和流程优化能力来适应海量、高增长率和多样化的信息资产。大数据的总体架构包括三层：数据存储，数据处理和数据分析。即：数据先要通过存储从存储下来，然后根据数据需求和目标来建立相应的数据模型和数据分析指标体系对数据进行分析产生价值。而中间的时效性又通过云计算所提供的中间数据处理层强大的并行计算和分布式计算能力来完成。三层相互配合，让大数据最终产生价值。

大数据和云计算的异同点具体如表 9-1 所示。

表 9-1 云计算和大数据技术的异同

	大 数 据	云 计 算
总体关系	云计算为大数据提供了有力的工具和途径，大数据为云计算提供了有价值的用武之地	
相同点	① 都是为数据存储和处理服务 ② 都需要占用大量的存储和计算资源，因而都要用到海量数据存储技术、海量数据管理技术、MapReduce 等并行处理技术	
背景	现有的数据处理不能胜任社交网络和物联网产生的大量异构数据，但这些数据存在很大价值	基于互联网的相关服务日益丰富和频繁
目的	充分挖掘海量数据中的信息	通过互联网更好地调用、扩展和管理计算及存储方面的资源和能力
对象	数据	IT 资源、能力和应用
推动力量	从事数据存储与处理的软件厂商；拥有大量数据的企业	生产计算及存储设备的厂商；拥有计算及存储资源的企业
价值	发现数据中的价值	节省 IT 部署成本

由表 9-1 可知，大数据着眼于"数据"，关注实际业务，包括数据采集、分析与挖掘

服务，看重的是信息积淀，即数据存储能力；云计算着眼于“计算”，关注 IT 解决方案，提供 IT 基础架构，看重的是计算能力，即数据处理能力。

大数据技术能处理各种类型的海量数据，包括微博、图片、文章、电子邮件、文档、音频、视频以及其他类型的数据；它对数据的处理速度非常快，几乎实时；它具有普及性，因为它使用的都是最普通的低成本硬件。云计算技术则将计算任务分布在大量计算机构成的资源池上，使用户能够按需获取计算处理能力、存储空间和其他服务，实现了廉价获取超能计算和存储的能力，这种“低成本硬件+低成本软件+低成本运维”模式更加经济和实用，能够很好地支持大数据存储和处理需求，使得从大数据中获得有价值的信息成为可能。

综上，云计算的根本是计算，而大数据就是这一计算之内的对象。大数据重视存储能力而云计算则是计算能力的表现。一方面，大数据需要对自身进行计算和处理，但需要借助云计算的强大计算能力。另一方面，大数据的业务需求，实现了云计算的实际应用能力的体现。如果没有云计算的支持，即便统计出大数据的可视化海量信息，技术人员也无法完成对其数据的总结和分析，大数据只能作为一种被统计出的简单数据信息，而无法应用于实际计算需要的众多行业。但没有大数据统计的海量信息，其云计算的数据处理能力也无法发挥其根本能力，对于简单数据的处理也失去了云计算能力的体现。因此大数据与云计算相辅相成，体现出各自的实用价值，同时在其计算发展的过程中不断相互促进，完成了超乎传统理解的信息处理和分析技术的实现，成为众多领域挖掘自身潜在价值与发展方向的有效方式。

9.1.4 矿业大数据与云计算的应用

矿业是一个知识密集、数据密集型的产业。在这一国民经济社会发展的基础性行业中，矿产资源勘查、开发利用、贸易、管理以及矿业权市场、矿业资本市场建设和运行每时每刻都在产生大量的数据，且积累了海量数据。

当前，矿业经济处于低谷，但部分矿种如石墨等非金属矿产、“三稀”金属等战略性新兴产业所需资源，正面临新的发展机遇，亟待矿业重振雄风。党的十八大以来，生态文明建设对矿产资源开发和绿色发展又提出了更高要求。如何实现矿业的发展转型升级？一个很重要的方式就是用大数据、云计算的技术与方法去嫁接矿业的发展转型。

从全球矿业来看，通过互联网平台构建全球矿业数据，可以迅速有效地完成矿产资源的资讯收集、数据库构建、地质模型构建、矿床模型构建、矿产资源储备、分布、开采条件、分析模式等，从而更好地帮助我国矿业企业“走出去”勘查开发境外矿产资源，特别是我国急缺的矿产资源。

从实施“一带一路”战略来看，不论是沿线国家的资源与中国产业的互补，还是“走出去”产业链的构建，都离不开全球矿业大数据与云计算的支持。

从国内供给侧结构性改革的角度来看，优化产业结构，去除过剩产能，保护生态环境，政府监管市场，都需要大数据与云计算的支撑。

在微观层面，大数据时代，矿山企业的内部管理将产生大的变革。在矿山企业的生产与经营过程中，仅仅勘探、开发、生产、运输和销售就会产生大量数据。如何扩大数据采集规模，把不同系统的数据整合在一起，然后进行相应的数据挖掘和分析使其产生价值，是最关键的。

德勤披露，世界第二大的巴里克黄金公司正在建立大数据基础设施，即打造综合数据平台。这主要是因为巴里克公司在世界各地的矿山和办公室的数据库中拥有重要的信息，然而，通过站点快速访问数据并使用数据进行分析和比较不容易，并且数据库软件不兼容性通常需要数据库提供者的支持。此外，相同的数据有时存在不同的记录方式。综合数据平台将有助于打破这些数据孤岛，协助巴里克对各种数据库生成的大量原始数据进行建模、验证和整合。这些数据信息可以插入到商业智能应用程序和机器学习算法中，有助于改善诸如车队利用率、财务建模、能源和用水量、矿山加工和总体生产力等。

因而，以巴里克对大数据的应用为借鉴，分析认为，具体到矿山企业，大数据和云计算的应用可以体现在以下几个层面。

（1）通过对生产过程产生的大量数据进行规划、分析、挖掘、利用，加强设备的自主运行与智能控制，达到提高生产效率、保证生产安全，促进现场无人化、少人化的目的；

（2）利用预测模型控制生产流程成本、生产量及供需关系，并根据市场需要来进行反映，同时在生产过程中，基于对矿山生产资源的科学评价，借助于大量的历史数据保证生产过程的均衡与可持续；

（3）对矿石成本的管理进行优化；

（4）利用员工工作环境避免危险工作条件并消除环境风险，尤其是对大量的安全生产数据进行分析，及时辨识并消除安全隐患等。

9.2 互联网+矿业

9.2.1 互联网+的理论概述

2015 年 3 月，李克强总理在政府工作报告中提出：“制定‘互联网+’行动计划，推动移动互联网、云计算、大数据、物联网等与现代制造业融合，促进电子商务、工业互联网和互联网金融健康发展，引导互联网企业拓展国际市场”。由此引发产业与互联网结合的热议，开始各行业“互联网+”的时代。

对于“互联网+”概念的理解，可以分为两个层次的内容来表述。一方面，可以将“互联网+”概念中的文字“互联网”与符号“+”分开理解。符号“+”意为加号，即代表着添加与联合。这表明了“互联网+”的应用范围为互联网与其他传统产业，它是针对不同产业发展的一项新计划，应用手段则是通过互联网与传统产业进行联合和深入融合的方式进行；另一方面，“互联网+”作为一个整体概念，其深层意义是通过传统产业的互联网化，从而完成产业升级。互联网通过将开放、平等、互动等网络特性在传统产业的运用，通过大数据的分析与整合，试图理清供求关系，以优化生产要素、更新业务体系、重构商业模式等途径来完成经济转型和升级，增强经济发展动力，提升效益，从而促进国民经济健康有序发展。

继“互联网+”被写入政府工作报告之后，2019 年 3 月，李克强总理在政府工作报告中首次提及：“关于‘智能+’要围绕推动制造业高质量发展，强化工业基础和技术创新能力，促进先进制造业和现代服务业融合发展，加快建设制造强国。打造工业互联网平台，拓展‘智能+’，为制造业转型升级赋能”。与“互联网+”一样，“智能+”的本质也是通过信息化技术，促进各领域各产业融合，提高产业数字化、智能化水平，从而实现降本增效，全面提高产业竞争力。“智能+”更是“互联网+”的延伸，必须以“互联网+”为基础，基于工业互联网平台上集聚的大量工业的数据，来做“智能+”的分析，给制造业转型升级带来新的推动力，实现全要素、全产业链、全价值链的全面连接。

“互联网+”的主要特征可以概括为以下六个方面：

(1) 跨界融合。“+”就是跨界，是变革，是开放，也是重塑融合。敢于跨界了，创新的基础就更坚实；融合协同了，群体智能才会实现，从研发到产业化的路径才会更垂直。融合本身也指代身份的融合、客户消费转化为投资、伙伴参与创新等。

(2) 创新驱动。中国粗放的资源驱动型增长方式早就难以为继，必须转变到创新驱动发展这条正确的道路上来。这正是互联网的特质，用所谓的互联网思维来求变、自我革命，也更能发挥创新的力量。

(3) 重塑结构。信息革命、全球化、互联网业已打破了原有的社会结构、经济结构、地缘结构、文化结构。权力、议事规则、话语权不断在发生变化。互联网+社会治理、虚拟社会治理会是很大的不同。

(4) 尊重人性。人性的光辉是推动科技进步、经济增长、社会进步、文化繁荣的最根本的力量，互联网的力量之强大最根本地也来源于对人性的最大限度的尊重、对人体验的敬畏、对人的创造性发挥的重视，例如用户原创内容、卷入式营销、分享经济等。

(5) 开放生态。关于“互联网+”，生态是非常重要的特征，而生态的本身就是开放的。我们推进“互联网+”，其中一个重要的方向就是要把过去制约创新的环节化解掉，把孤岛式创新连接起来，让研发由人性决定的市场驱动，让创业并努力者有机会实现价值。

(6) 连接一切。连接是有层次的，可连接性是有差异的，连接的价值是相差很大的，但是连接一切是“互联网+”的目标。

9.2.2 互联网+矿业的核心体系

传统的矿山行业，相对于金融业、制造业、服务业等其他行业来说，产业的现代化改造和市场化进程稍慢。矿山行业的特有属性决定着它缺乏足够的主动自我革新、积极适应环境、紧跟时代潮流的内在驱动力和外在牵引力。在国家经济整体转型升级的大背景下，面对当前行业发展结构调整、转型升级的巨大压力和价格低迷、资金紧张、环保苛严、利润亏减的新常态，众多矿山企业陷入困境，诸多问题开始显现。如何破解发展困局、应对市场挑战，在新一轮矿山蜕变发展的浪潮中，赢占未来市场竞争的制高点，“互联网+”无疑提供了有力的平台。

参照“互联网+”理念，结合我国矿山工业特点及发展现状，“互联网+矿业”的内涵是以云计算、大数据、物联网及矿业工程专业技术为基础，以矿山工业安全、高效、绿色、可持续发展为目标，打造矿山工业高度网络化、大数据化、协同工作、分布式服务为战略思想的矿山工业新业态，以创新思维寻求支撑技术的突破和发展，最终实现矿山工业生产智能化、矿山工业管理高效化、矿山产业互联化、矿山工业决策数据化。其实现过程是矿山工业从生产技术、企业管理到产业链组合、行业部署的全方位的转型和升级，是以

“互联网+”引擎的矿山工业的产业革命。

按照“互联网+矿业”的内涵与具体表现，其核心体系框架主要包含四个方面内容，如图9-1所示。

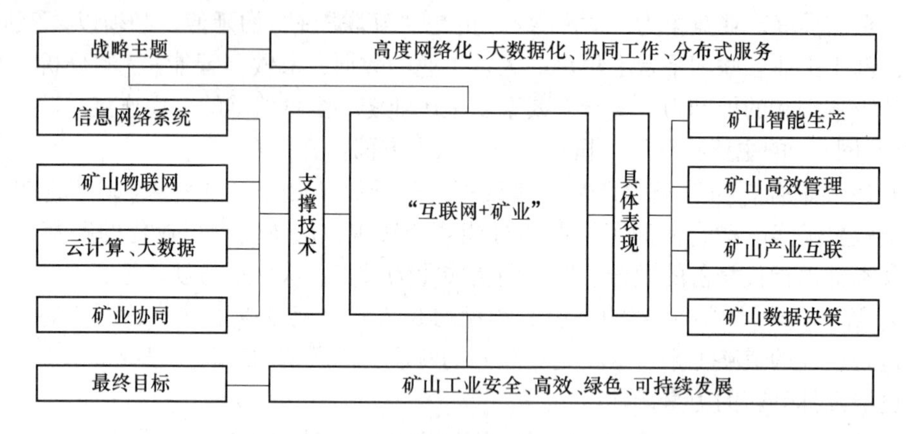

图9-1 “互联网+矿业”核心体系框架

（1）以矿山工业安全、高效、绿色、可持续发展目标为指引。矿山工业安全、高效、绿色、可持续发展目标是坚持“以人为本、全面协调可持续”发展理念的具体体现，是矿山工业一直以来不变的主题，也是矿山工业能够稳定、健康、良性发展的基础和前提。“互联网+矿业”是利用创新的思维和先进的技术推动行业变革和发展，其核心仍是“以人为本、全面协调可持续”的科学发展观，矿山工业安全、高效、绿色、可持续发展这一最终目标要始终贯穿“互联网+矿业”发展全过程。

（2）明确“高度网络化、大数据化、协同工作、分布式服务”的战略主题。

1）高度网络化使矿山工业设备与设备、设备与人、人与人之间高效互联，信息广泛共享。是“信息快速传递、连接一切”这一“互联网+”主要特征与矿山工业深度融合的必然结果，是实现矿山工业高效化的基本保障。

2）大数据化利用大数据技术挖掘分析海量矿山数据，给矿山工业从安全生产到产业布局决策提供数据支撑。

3）协同工作使矿山企业采矿、掘进、机电、运输、通风、安全等部门，瓦斯、水文、矿压等监控监测系统，设备管理、危险源预测预警、生产调度等安全生产技术管理系统协同配合工作，充分利用互联网优势，达到“1+1>2”的效果。

4）分布式服务突破时间和空间的限制，打破传统“矿山”的界限，通过建立统一的行业设备、技术和工程服务平台，实现资源的优化配置；基于统一平台，提供分布式的专家技术服务，节省了时间和经济成本。

（3）支撑技术为底层基础。充分发展利用物联网技术，具备智能感知采掘环境、采集传输数据、自动化控制、远程监控监测和诊断的智能矿山装备甚至工业机器人得以利用；统一网络传输标准，使瓦斯、通风、矿压、水文等监测系统，排水、供电、运输提升等监控系统，机电设备管理、调度通信、工业电视等安全生产技术管理系统得以有机汇接，实现信息共享；利用大数据和云计算技术，对矿山海量数据进行挖掘分析并及时响应，为矿山各管理层面决策提供数据支持；建立统一的矿业协同平台，使矿山采矿、掘进、机电、运输、通风、地测水文等部门协同工作，使矿业领域内专家远程实时介入企业生产，打破信息孤岛，实现矿山工业的协同工作和分布式技术服务，提高企业效率。

（4）“互联网+矿业”是从生产技术、企业管理到产业协作、行业决策的顶层设计，具体表现特征包括：

1）矿山工业生产智能化。要求实现矿山装备智能、统一网络传输标准、可靠的远程监控监测、统一平台的数据仓库、大数据分析技术，形成数字化、可视化、智能化的生产调度指挥中心，达到安全、少人、高效的智能生产模式。

2）矿山工业管理高效化。要求以互联网技术建立自动化办公平台，以互联网思维转变传统矿山组织结构和管理模式，实现矿山企业人力资源管理、财务管理、物资管理、项目管理等办公自动化，企业组织更加扁平，达到企业管理提质增效。

3）矿山产业互联化。要求改变固有的思维模式，重塑矿业产业链结构，以市场为导向，以数据为支撑，信息共享，建立新型的行业生态和灵活的上下游关系。

4）矿山行业决策数据化。决策数据化体现在两个层面，一是矿山企业的生产技术和企业管理决策，要求以信息融合技术渗透到生产、安全和管理各个层面的决策系统，完成从经验决策到数据决策的转变；二是矿山行业的宏观决策，要求以云计算和大数据技术为支撑，建立智库决策系统，以大数据引导产业布局，使资源配置最优。

9.2.3 互联网+矿业的关键技术

（1）创新与转变管理模式

“互联网+矿业”是在信息网络技术、矿山物联网技术、大数据和云计算技术、矿业协同技术推动下的矿山工业的产业革命，是利用信息化与矿山工业的融合创造出矿业行业新的先进生产力的过程。这一过程中，旧有的管理模式势必要不断地转变与创新，研究以现代管理制度为基础的、适应新型生产和组织关系的管理模式势在必行。

（2）建立矿山工业信息化标准

矿山工业生产智能化、管理高效、产业互联、数据化决策要求矿山企业从数据采集、传输到数据存储、分析、发布实现信息共享和协同工作，其中各环节的标准化建设是实现上述设计的基础。基于既有的国家和行业标准规范的基础上，制定从底层应用到行业顶层设计的矿山信息化标准体系。

1）矿山工业应用层系统标准，包含采矿、掘进、机电、运输、通风等基础应用层系统信息化标准；

2）矿山工业传输层系统标准，包含工业以太网、IP 网、矿山移动通信等，实现各系统的标准规范和接口统一，便于矿山网络的规划、建设、运行和维护；

3）矿山工业数据存储层系统标准，包含数据元、数据库规范、数据类型分类等标准，为各系统信息交互和共享提供平台；

4）矿山工业信息安全标准，包含应用层、传输层及存储层的系统安全标准，确保整体矿山信息系统的安全、稳定、可靠运行；

5）矿山工业信息化建设总体规范标准。包含信息化建设各类基本概念定义、总体规范指南等，指导矿山信息化建设工作。

（3）发展“互联网+矿业”的支撑技术

“互联网+矿业”战略构想最终要依靠先进的矿山信息化技术的推动和发展。利用物联网技术研发智能化、自动化的矿山装备，实现井下的少人、无人工作模式；利用先进的地球物理技术结合大数据分析，实现对矿区地层环境的整体感知和诊断；利用高精度传感器结合信息网络技术，实现对重大危险源的预测预警；利用协同管理平台结合现代化管理制度，实现矿山的高效管理调度。

参考文献

[1] 关于积极推进“互联网+”行动的指导意见［Z］. 2015.

[2] 李国杰，程学旗. 大数据研究：未来科技及经济社会发展的重大战略领域——大数据的研究现状与科学思考［J］. 中国科学院院刊，2012，27（06）：647-657.

[3] 孟小峰，慈祥. 大数据管理：概念、技术与挑战［J］. 计算机研究与发展，2013，50（01）：146-169.

[4] 石磊，邹德清，金海. XEN 虚拟化技术［M］. 武汉：华中科技大学出版社，2009.

[5] 覃雄派，王会举，杜小勇，王珊. 大数据分析——RDBMS 与 MapReduce 的竞争与共生［J］. 软件学报，2012，23（01）：32-45.

[6] 王安，杨真，张农，等. 矿山工业 4.0 与“互联网+矿业”：内涵、架构与关键问题［J］. 中国矿业大学学报（社会科学版），2017，19（02）：54-60，2.

[7] 王珊，王会举，覃雄派，等. 架构大数据：挑战、现状与展望［J］. 计算机学报，2011，34（10）：1741-1752.

[8] 武永卫，黄小猛. 云存储［J］. 中国计算机学会通讯，2009，5（6）：44-52.

[9] 英特尔开源软件技术中心，复旦大学并行处理研究所. 系统虚拟化：原理与实现［M］. 北京：清华大学出版社，2009.

[10] 中国制造业发展纲要（2015-2025）［Z］. 2015.

[11] Abadi D J. Data management in the cloud：Limitations and opportunities［J］. IEEE Data Eng. Bull.，2009，32（1）：3-12.

[12] Benjamin Woo World wide Big Data Technology and Services 2012-2015 Forecast. 2012. 5.

[13] Big data，http：// www. gartner. com/it-glossary/big-data.

[14] Big data，http：//en. wikipedia. org/wiki/Big_ data.

[15] Big Data. Nature，2008，455（7209）：1-136.

[16] Gantz J，Reinsel D. The digital universe in 2020：Big data，bigger digital shadows，and biggest growth in the far east［J］. IDC iView：IDC Analyze the future，2012，2007（2012）：1-16.

[17] Grossman R，Gu Y. Data mining using high performance data clouds：experimental studies using sector and sphere［C］//Proceedings of the 14th ACM SIGKDD international conference on Knowledge discovery and data mining. ACM，2008：920-927.

[18] Jonathan T O，Gerald A M，Sandrine B. Special online collection：dealing with data［J］. Science，2011，331（6018）：639-806.

[19] Weiss R，Zgorski L J. Obama administration unveils “big data” initiative：Announces ＄200 million in new R&D investments［J］. Office of Science and Technology Policy Executive Office of the President，2012.

附录　主要缩略名词中英文对照

AHS	Autonomous Haulage System	无人自动运输系统
AI	Artificial Intelligence	人工智能
AMT	Autonomous Mine Truck	矿用自动化卡车
AR	Augmented Reality	增强现实
BDS	BeiDou Navigation Satellite System	中国北斗卫星导航系统
BI	Business Intelligence	商务智能
CAN	Controller Area Network	控制器局域网络
CDS	Control and Dispatch System	指挥调度系统
DCS	Distributed Control System	分布式控制系统
DE	Digital Earth	数字地球
DM	Data Mine	数字矿山
DSM	Digital Surface Model	数字表面模型
DSS	Decision Support System	决策支持系统
DTM	Digital Terrain Model	数字地形模型
DW	Data Warehouse	数据仓库
ERP	Enterprise Resource Planning	企业资源计划
ETL	Extract-Transform-Load	加载
GIS	Geographic Information System	地理信息系统
GNSS	Global Navigation Satellite System	全球导航卫星系统
GPRS	General Packet Radio Service	通用分组无线服务
GPS	Global Positioning System	全球定位系统
IaaS	Infrastructure as a Service	基础设施即服务
IoT	Internet of Things	物联网
LHD	Load Haul Dump	铲运机
MES	Manufacturing Execution System	制造企业生产过程执行系统
NPV	Net Present Value	净现值
OA	Office Automation	办公自动化
OLAP	On-line Transaction Processing	联机分析处理
OLTP	On-Line Transaction Processing	联机事务处理
PaaS	Platform as a Service	平台即服务

PDCA	Plan-Do-Check-Act	闭环循环管理
PLC	Programmable Logic Controller	可编程逻辑控制器
RFID	Radio Frequency Identification	射频识别
RS	Remote Sensing	遥感
SaaS	Software as a Service	软件即服务
TCP/IP	Transmission Control Protocol/Internet Protocol	互联网协议
UPS	Uninterruptible Power Supply	不间断电源
VR	Virtual Reality	虚拟现实